近代物理实验

主编　冯玉玲　汪剑波　李金华

北京理工大学出版社
BEIJING INSTITUTE OF TECHNOLOGY PRESS

图书在版编目（CIP）数据

近代物理实验／冯玉玲，汪剑波，李金华主编. —北京：北京理工大学出版社，2015.1（2020.7 重印）

ISBN 978-7-5640-9976-3

Ⅰ. ①近⋯　Ⅱ. ①冯⋯ ②汪⋯ ③李⋯　Ⅲ. ①物理学-实验-高等学校-教材　Ⅳ. ①O41-33

中国版本图书馆 CIP 数据核字（2014）第 279901 号

出版发行／北京理工大学出版社有限责任公司

社　　址／北京市海淀区中关村南大街 5 号

邮　　编／100081

电　　话／（010）68914775（总编室）

　　　　　82562903（教材售后服务热线）

　　　　　68948351（其他图书服务热线）

网　　址／http：//www.bitpress.com.cn

经　　销／全国各地新华书店

印　　刷／北京虎彩文化传播有限公司

开　　本／710 毫米×1000 毫米　1/16

印　　张／18

字　　数／299 千字

版　　次／2015 年 1 月第 1 版　2020 年 7 月第 3 次印刷

定　　价／38.00 元

责任编辑／张慧峰

文案编辑／杜春英

责任校对／周瑞红

责任印制／王美丽

前　言

近代物理实验是继普通物理实验之后重要的专业基础实验，是后继专业实验的基础。近代物理实验所涉及的物理知识面广，具有较强的综合性和技术性，它能丰富和活跃学生的物理思想，锻炼他们对物理现象的洞察能力，使学生能够用实验方法研究物理现象和规律并掌握近代物理中的实验技术（如微波技术、低温技术、真空技术等）和实验方法，同时能培养学生严谨的科学作风、创新精神和实践能力，所以全国各高等院校都越来越重视近代物理实验，我校也如此。

实验教学是一项集体事业，从实验室的建设、教材的编写到每个实验项目的不断完善与改进，都与相关领导的关心和各位实验教师的辛勤工作分不开。可喜的是我校近代物理实验室得到了国家财政的资金支持，购进了一批先进的仪器设备，从而开设了一些新实验。同时我校近代物理实验室积累了多年的实验教学、科研及教学改革的经验，为了总结和肯定这些成果并且为学生提供一本反映近代科技、简明实用并与所用仪器密切配合的实验教学用书，我们集体编写了这本《近代物理实验》教材。

参加本书编写的是长春理工大学正在担任或曾经担任近代物理实验课的教师和实验技术人员，各位编者分别在所编写的内容后面署名。本书是集体智慧和劳动的结晶，主编做了组织和统编工作，我们感谢各位编者对本书出版的支持以及付出的辛勤劳动。在编写过程中参阅了其他高校的近代物理实验教材，在此一并致谢。同时感谢长春理工大学教务处和理学院领导的支持和帮助。

本书共收入 10 个领域的 33 个实验，是参考全国各高等院校的近代物理实验内容，并结合我校的实际情况而确定的，本书可以作为高校近代物理实验教学用书，也可以供相关专业的师生参考。

由于我们的实验条件和学术水平有限，加之时间仓促，书中难免有错误和不妥之处，恳请读者批评指正。

编　者

目 录

一、原子物理实验

实验 1.1 氢、钠原子光谱

引言

研究元素的原子光谱，可以了解原子的内部结构，认识原子内部电子的运动，并导致电子自旋的发现。原子光谱的观测，为量子理论的建立提供了坚实的实验基础。1885 年年末，巴尔末（J. J. Balmer）根据人们的观测数据，总结出了氢光谱线的经验公式（巴尔末公式）。1913 年 2 月，玻尔（N. Bohr）得知巴尔末公式后，3 月 6 日就寄出了氢原子理论的第一篇文章，他说："我一看到巴尔末公式，整个问题对我来说就清楚了。"1925 年，海森伯（W. Heisenberg）提出的量子力学理论，更是建立在原子光谱的测量基础之上的。现在，对原子光谱的观测研究，仍然是研究原子结构的重要方法之一。

20 世纪初，人们根据实验预测到氢有同位素，1912 年质谱仪发明出来后，物理学家用质谱仪测得氢的原子量为 1.007 78，而化学家由各种化合物测得氢的原子量为 1.007 99。基于上述微小的差异，伯奇（Birge）和门泽尔（Menzel）认为氢也有同位素 ^{2}H（元素左上角标代表原子量），它的质量约为 ^{1}H 的 2 倍，据此他们算得 ^{1}H 和 ^{2}H 在自然界中的含量比大约为 4 000 : 1。由于里德伯（J. R. Rydberg）常量和原子核的质量有关，^{2}H 的光谱相对于 ^{1}H 的光谱应该会有位移。1932 年，尤雷（H. C. Urey）将 3 L 液氢在低压下细心蒸发出 1 mL 以提高 ^{2}H 的含量，然后将那 1 mL 注入放电管中，用它拍得的光谱，果然出现了相对于 ^{1}H 移位了的 ^{2}H 的光谱，从而发现了重氢，取名为氘，化学符号用 D 表示。由此可见，对样品的考究、实验的细心以及测量的精确，对于推动科学的进步非常重要。

实验目的

1. 通过氢氘光谱的测量和氘氢质量比的测定，加深对氢光谱规律和同位素位移的认识，并理解精确测量的重要意义。

2. 通过对钠原子光谱的观察与分析，加深对碱金属原子的外层电子与原子实相互作用以及自旋与轨道运动相互作用的了解。

3. 学会使用光谱仪测量未知元素的光谱。

实验原理

1. 氢与氘原子光谱。

巴尔末总结出的可见光区氢光谱线的规律为：

$$\lambda_H = 364.56 \times \frac{n^2}{n^2 - 4} \tag{1.1.1}$$

式中，λ_H 为氢光谱线的波长，n 取 3、4、5 等整数。

若改用波数表示谱线，由于

$$\tilde{\nu} = 1/\lambda \tag{1.1.2}$$

则式（1.1.1）变为

$$\tilde{\nu} = 109\ 721 \times \left(\frac{1}{2^2} - \frac{1}{n^2} \right) \tag{1.1.3}$$

式中，109 721 叫氢的里德伯常量。

由玻尔理论或量子力学得出的类氢离子光谱规律为：

$$\tilde{\nu}_A = R_A \left[\frac{1}{(n_1/Z)^2} - \frac{1}{(n_2/Z)^2} \right] \tag{1.1.4}$$

式（1.1.4）中

$$R_A = \frac{2\pi^2 m e^4}{(4\pi\varepsilon_0)^2 ch^3 (1 + m/M_A)} \tag{1.1.5}$$

式（1.1.5）是元素 A 的理论里德伯常量；Z 是元素 A 的核电荷数；n_1，n_2 为整数；m 和 e 是电子的质量和电荷；ε_0 是真空介电常量；c 是真空中的光速；h 是普朗克常量；M_A 是原子核的质量。显然，R_A 随 A 不同略有不同，当 $M_A \to \infty$ 时，便得到里德伯常量：

$$R_\infty = \frac{2\pi^2 m e^4}{(4\pi\varepsilon_0)^2 ch^3} \tag{1.1.6}$$

所以

$$R_A = \frac{R_\infty}{1 + m/M_A} \tag{1.1.7}$$

将上述结论应用到 H 和 D 中，有：

$$R_H = \frac{R_\infty}{1 + m/M_H} \tag{1.1.8}$$

$$R_{\mathrm{D}} = \frac{R_\infty}{1 + m/M_{\mathrm{D}}} \tag{1.1.9}$$

可见 R_{D} 和 R_{H} 是有差别的，其结果就是 D 的谱线相对于 H 的谱线会有微小位移，叫同位素位移。λ_{H} 和 λ_{D} 是能够直接精确测量的量，测出 λ_{H} 和 λ_{D}，也就可以计算出 R_{H}，R_{D} 和里德伯常量 R_∞，同时还可计算出 D 和 H 的原子核质量比：

$$\frac{M_{\mathrm{D}}}{M_{\mathrm{H}}} = \frac{m}{M_{\mathrm{H}}} \cdot \frac{\lambda_{\mathrm{H}}}{\lambda_{\mathrm{D}} - \lambda_{\mathrm{H}} + \lambda_{\mathrm{D}} m/M_{\mathrm{H}}} \tag{1.1.10}$$

式中，$m/M_{\mathrm{H}} = 1/1\,836.152\,7$ 是已知量。注意，式中各 λ 是指真空中的波长。同一光波，在不同介质中波长是不同的。我们的测量往往是在空气中进行的，所以应将空气中的波长转换成真空中的波长。但在实际测量中，受所用的实验仪器精度的限制，这种变化可以忽略不计。

氢的特征谱包括以下几部分。

① 紫外部分。赖曼系：$\dfrac{1}{\lambda} = R_{\mathrm{H}}\left(\dfrac{1}{1^2} - \dfrac{1}{n^2}\right)$，$n = 2,\ 3,\ 4,\ \cdots$。

② 可见光部分。巴尔末系：$\dfrac{1}{\lambda} = R_{\mathrm{H}}\left(\dfrac{1}{2^2} - \dfrac{1}{n^2}\right)$，$n = 3,\ 4,\ 5,\ \cdots$。

③ 红外部分。

a. 帕邢系：$\dfrac{1}{\lambda} = R_{\mathrm{H}}\left(\dfrac{1}{3^2} - \dfrac{1}{n^2}\right)$，$n = 4,\ 5,\ 6,\ \cdots$。

b. 布喇开系：$\dfrac{1}{\lambda} = R_{\mathrm{H}}\left(\dfrac{1}{4^2} - \dfrac{1}{n^2}\right)$，$n = 5,\ 6,\ 7,\ \cdots$。

$$\tag{1.1.11}$$

c. 蓬得系：$\dfrac{1}{\lambda} = R_{\mathrm{H}}\left(\dfrac{1}{5^2} - \dfrac{1}{n^2}\right)$，$n = 6,\ 7,\ 8,\ \cdots$。

d. 汉弗莱斯系：$\dfrac{1}{\lambda} = R_{\mathrm{H}}\left(\dfrac{1}{6^2} - \dfrac{1}{n^2}\right)$，$n = 7,\ 8,\ 9,\ \cdots$。

2. 钠原子光谱。

（1）原子光谱的线系。

碱金属原子只有一个价电子，价电子在核和内层电子组成的原子实的中心力场中运动，和氢原子有些类似。若不考虑电子自旋和轨道运动的相互作用引起的能级分裂，可以把光谱项表示为：

$$T_{n,l} = \frac{(Z_Q^*)^2 R}{n^2} \tag{1.1.12}$$

式中，n，l 分别是主量子和轨道量子数；Z_Q^* 是原子实的平均有效电荷，$Z_Q^* > 1$。因此还可以把式（1.1.12）改写为：

$$T_{n,l} = \frac{R}{(n/Z_Q^*)^2} = \frac{R}{n^*} = \frac{R}{(n-\Delta l)^2} \qquad (1.1.13)$$

式中，Δl 是一个与 n 和 l 都有关的正修正数，称为量子缺。理论计算和实验观测都表明，当 n 不太大时，量子缺的大小主要取决于 l，而随 n 变化不大。本实验中近似地认为 Δl 与 n 无关。

电子由上能级（量子数为 n，l）跃迁到下能级（n'，l'）发射的光谱线的波数由式（1.1.14）决定。

$$\tilde{\nu} = \frac{R}{(n'-\Delta l')^2} - \frac{R}{(n-\Delta l)^2} \qquad (1.1.14)$$

如果令 n'，l' 固定，而 n 依次改变（l 的选择定则为 $\Delta l = \pm 1$），则得到一系列的 $\tilde{\nu}$ 值，它们构成一个光谱线系。光谱中常用 n'，l'，$-nl$ 这种符号表示线系。$l = 0$，1，2，3 分别用 S，P，D，F 表示。钠原子光谱有四个线系，分别为：

主线系（P 线系）：$3S-nP$，$n = 3$，4，5，…；

漫线系（D 线系）：$3P-nD$，$n = 3$，4，5，…；

锐线系（S 线系）：$3P-nS$，$n = 4$，5，6，…；　　　　　（1.1.15）

基线系（F 线系）：$3P-nF$，$n = 4$，5，6，…。

在各个线系中，式（1.1.14）中的 n'，l' 固定不变，称为定项，以 $A_{n',l'}$ 表示；n，l 项称为变动项。因此式（1.1.14）可写作

$$\tilde{\nu} = A_{n',l'} - \frac{R}{(n-\Delta l)^2} \qquad (1.1.16)$$

其中，$A_{n',l'}$ 为常量；$n = n_c$，n_c+1，n_c+2，…。

在钠原子光谱的四个线系中，只有主线系的下级是基态（$3S_{1/2}$能级）。在光谱学中，称主线系的第一组线（双线）为共振线，钠原子的共振线就是有名的黄双线（589.0 nm 和 589.6 nm）。

钠原子的其他三个线系，基线系在红外区域，漫线系和锐线系除第一组谱线在红外区域，其余都在可见区域。

（2）钠原子光谱的双重结构。

碱金属原子只有一个价电原子，由于原子实的角动量为零（暂不考虑原子核自旋的影响），因此价电原子的角动量就等于原子的总角动量。对于 S 轨道（$I=0$），电子的轨道角动量为零，总角动量就等于电子的自旋角动量，因此 j 只取一个数值，即 $j=1/2$，从而 S 谱项只有一个能级，是单重能级。对于 $I \neq 0$ 的 p，d，f…轨道，j 可取 $j = I \pm 1/2$ 两个数值，依次相应的谱项分裂为双重能级。由于能级分裂，用式（1.1.13）表示的光谱项相应发生变化，根据量子力学计算结果，双重能级的项值可以分别表示为

$$T_{n,l,j=l+1/2} = \frac{R}{(n-\Delta l)^2} - \frac{l}{2}\xi_{n,l} \tag{1.1.17}$$

$$T_{n,l,j=l-1/2} = \frac{R}{(n-\Delta l)^2} + \frac{l+1}{2}\xi_{n,l} \tag{1.1.18}$$

式中，$\xi_{n,l}$ 是只与 n, l 有关的因子，可表达为

$$\xi_{n,l} = \frac{Ra^2(Z_s^*)^4}{n^3 l(l+1/2)(l+1)} \tag{1.1.19}$$

式中，R 为里德伯常数，$R = 109\,737.312\ \text{cm}^{-1}$；$a$ 为精细结构常数，$a = 2\pi e^2/4\pi\varepsilon_0 ch = 1/137.036$；$Z_s^*$ 为原子实的有效电荷，实验中根据式（1.1.14）从量子缺确定的原子实有效电荷 Z 和根据光谱线双重结构确定的有效电荷 Z_s^* 不完全相同。由式（1.1.17）~式（1.1.19），双重能级的间隔可以用波数表示为

$$\Delta\tilde\nu = \left(l+\frac{1}{2}\right)\xi_{n,l} = \frac{Ra^2(Z_b^*)^4}{n^3 l(l+1)} \tag{1.1.20}$$

由上式可知，双重能级的间隔随 n 和 l 的增大而迅速减小。

① 光谱线双重结构不同成分的波数差。

对钠原子而言，主线系光谱线对应的电子跃迁的下能级是 3S 谱项，为单重能级，$j = 1/2$；上能级分别是 3P，4P 等谱项，都为双重能级，量子数 j 分别是 1/2 和 3/2。由于电子在不同能级之间跃迁时，量子数 j 的选择定则为 $\Delta j = 0$, ± 1，因此，主线系各组光谱线均包含双重结构的两部分，它们的波数差分别是上能级中双重能级的波数差。因而测量主线系光谱双重结构两个成分的波长，可以确定 3P，4P 等谱项双重分裂的大小。根据式（1.1.20），$\Delta\tilde\nu \propto 1/n^3$，因此主线系光谱线双重结构两个成分的波数差随谱线波数的增大而迅速减小。

根据锐线系所对应的跃迁，作同样的分析，不难看出，锐线系光谱也包含双重结构的两部分，但两个成分的波数相等，其值等于 3P 谱项双重分裂的大小。

漫线系和基线系谱线对应的跃迁的上、下能级，根据选择定则 $\Delta j = 0$, ± 1，每一组谱线的多重结构中应有三个成分，但这样一组线不叫三重线，而称为复双重线，因为它们仍然是由双重能级的跃迁产生的。这三个成分中，有一个成分的强度比较弱，而且它与另一个成分十分靠近，仪器的分辨率如果不够高，通常只能观察到两个成分。在钠原子的弧光光谱中，由于漫线系十分弥漫，从而也只能观察到两个成分。由于 nD 谱项的双重分裂比较小，因此这两个成分的波数差近似等于 3P 谱项的双重分裂。

② 光谱线双重结构不同成分的相对强度。

碱金属原子光谱不同线系的差别还表现在强度方面。

在实验室中通常用电弧、火花或辉光放电等光源拍摄原子光谱，在这种情况下考虑谱线的强度时只需考虑自发辐射跃迁。原子从上级 n 至下能级 m 的跃迁发出的光谱线强度为

$$I_{nm} = N_n A_{nm} h\nu_{nm} \tag{1.1.21}$$

式中，N_n 为处于上能级的原子数目，$h\nu_{nm}$ 为上、下能级的能量差，A_{nm} 为单位时间内原子从上能级 n 跃迁到下能级 m 的跃迁概率。

考虑碱金属原子在不同能级之间跃迁时，如果没有外场造成双重能级的进一步分裂，每一能级的统计权重为 $g = 2j + 1$。在许多情况下（如所考虑的能级间隔不是太大或者光源中电子气体的温度很高），处于不同能级的原子数目和它们的统计权重成正比，对能级 n 和 m，有

$$\frac{N_n}{N_m} = \frac{g_n}{g_m} \tag{1.1.22}$$

若计算出原子在不同能级之间的自发跃迁概率 A_{nm}，利用式（1.1.21）和式（1.1.22）可以计算不同谱线的强度比。

考虑到各个能级的统计权重，可以利用谱线跃迁的强度和定则来估算谱线的相对强度。强度和定则是：① 从同一上能级跃迁产生的所有谱线成分的强度和正比于该能级的统计权重 $g_\text{上}$；② 同一下能级的所有谱线的强度和正比于该能级的统计权重 $g_\text{下}$。把强度和定则分别应用于碱金属原子光谱的不同线系，即可得到各个线系双重结构不同成分的相对强度。

主线系光谱的双重线是 $3^2S_{1/2} - n^2P_{3/2,1/2}$（$n = 3, 4, \cdots$）之间跃迁产生的（图1.1.1），其中上能级是双重的，下能级是单重的，根据强度和定则，两个成分 λ_A 和 λ_B 的强度比为

$$\frac{I_{PA}}{I_{PB}} = \frac{g_{3/2}}{g_{1/2}} = \frac{2 \times \frac{3}{2} + 1}{2 \times \frac{1}{2} + 1} = \frac{2}{1} \tag{1.1.23}$$

其中，$g_{3/2}$ 和 $g_{1/2}$ 分别是两个上能级 $n^2P_{3/2}$ 和 $n^2P_{1/2}$ 的统计权重，图中 λ_A 是短波成分，λ_B 为长波成分。因此，主线系光谱双重结构的两个成分中短波成分与长波成分的强度比是 2∶1。它与根据式（1.1.21）和式（1.1.22）计算得到的结果是一致的。

锐线系光谱的双重线是 $3^2S_{3/2,1/2} - n^2P_{1/2}$（$n = 4, 5, \cdots$）之间跃迁产生的（图1.1.2），上能级是单重的，下能级是双重的。根据强度和定则，两成分 λ_A 和 λ_B 的强度比为

$$\frac{I_{SA}}{I_{SB}} = \frac{g_{1/2}}{g_{3/2}} = \frac{2 \times \frac{1}{2} + 1}{2 \times \frac{3}{2} + 1} = \frac{1}{2} \tag{1.1.24}$$

其中，$g_{3/2}$ 和 $g_{1/2}$ 是能级 $3^2P_{3/2}$ 和 $3^2P_{1/2}$ 的统计权重。图中 λ_A 和 λ_B 分别是短波成分和长波成分，因此锐线系光谱线双重结构的两个成分中短波成分和长波成分的强度比是 1∶2，这与主线系的情形正相反。

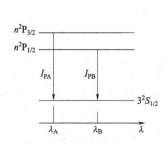

图 1.1.1 主线系光谱线双重结构两个成分的强度比示意图

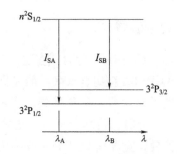

图 1.1.2 锐线系光谱线双重结构两个成分的强度比示意图

漫线系光谱的复双重线是：$3^2P_{3/2,1/2} - n^2D_{5/2,3/2}$（$n = 3$，4，…）之间跃迁产生的（图 1.1.3），这时上、下能级都是双重的。复双重线的三个成分的波长从小到大依次为 λ_A、λ_B 和 λ_C；强度分别为 I_{DA}、I_{DB} 和 I_{DC}。根据强度和定则我们有

$$\frac{I_{DB}}{I_{DA} + I_{DC}} = \frac{g_{5/2}}{g_{3/2}} = \frac{2 \times \frac{5}{2} + 1}{2 \times \frac{3}{2} + 1} = \frac{6}{4} \tag{1.1.25}$$

其中，$g_{5/2}$ 和 $g_{3/2}$ 分别是上能级 $n^2D_{5/2}$ 和 $n^2D_{3/2}$ 的统计权重。

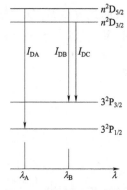

图 1.1.3 漫线系光谱复双重结构各个成分的强度比示意图

$$\frac{I_{DB} + I_{DC}}{I_{DA}} = \frac{g_{3/2}}{g_{1/2}} = \frac{2 \times \frac{3}{2} + 1}{2 \times \frac{1}{2} + 1} = \frac{4}{2} \tag{1.1.26}$$

其中，$g_{3/2}$ 和 $g_{1/2}$ 分别是下能级 $3^2P_{3/2}$ 和 $3^2P_{1/2}$ 的统计权重。

由以上两式可得

$I_{DA} : I_{DB} : I_{DC} = 5 : 9 : 1$，但由于 λ_B 和 λ_C 相距很近，通常无法分开，两个成分合二为一，其波长用 λ_{BC} 表示，这个成分比 λ_A 的波长要长，这时有

$$\frac{I_{DA}}{I_{DB,C}} = \frac{5}{9+1} = \frac{1}{2} \tag{1.1.27}$$

因漫线系双重短波成分与长波成分的强度比也是 $1:2$，与锐线系的情形相同，而与主线系相反。

基线系的情形和漫线系类似。

实验装置

1. WGD-8A 型组合式多功能光栅光谱仪。

WGD-8A 型组合式多功能光栅光谱仪由光栅单色仪、接收单元、扫描系统、电子放大器、A/D 采集单元和计算机组成。该设备集光学、精密机械、电子学、计算机技术于一体。光学系统采用 C-T 型，入射狭缝、出射狭缝均为直狭缝，宽度在 $0\sim2$ mm 范围内连续可调，顺时针旋转为狭缝宽度加大，反之减小，每旋转一周狭缝宽度变化 0.5 mm。

WGD-8A 型组合式多功能光栅光谱仪的光学原理如图 1.1.4 所示。光源发出的光束进入入射狭缝 S_1，S_1 位于过反射式准光镜 M_2 的焦平面上，通过 S_1 射入的光束经 M_2 反射成平行光束投向平面光栅 G 上，衍射后的平行光束经物镜 M_3 成像在 S_2 或 S_3 上。

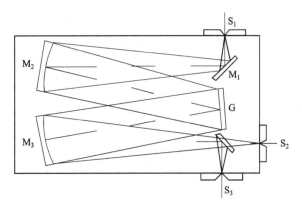

图 1.1.4　WGD-8A 型组合式多功能光栅光谱仪的光学原理图

M_1—反射镜；M_2—准光镜；M_3—物镜；G—平面光栅；

S_1—入射狭缝；S_2—光电倍增管；S_3—CCD

WGD-8A 型组合式多功能光栅光谱仪的参数包括以下几个。

M_2、M_3：焦距 500 mm；

平面光栅 G：每毫米刻线 2 400 条，闪耀波长 250 nm；

波长范围：200～660 nm；

相对孔径：$D/F=1/7$，其中 D 为镜头的有效孔径，即通过镜头前镜片的光束直径，F 为透镜焦点到主平面的距离；

杂散光$\leqslant 10^{-3}$；

分辨率优于 0.06 nm。

光电倍增管接收波长参数范围如下：

（1）波长范围：200～660 nm；

（2）波长精度$\leqslant \pm 0.2$ nm；

（3）波长重复性$\leqslant$ 0.1 nm。

CCD（电荷耦合器件）的参数如下：

（1）接收单元：2 048；

（2）光谱响应区间：300～660 nm；

（3）重量：25 kg。

两块滤光片工作区间：

（1）白片：350～600 nm；

（2）红片：600～660 nm。

2. 汞灯。

低压汞灯点燃后能发出较强的汞的特性光谱线，在可见区辐射光谱波长为 577.0 nm、579.0 nm、546.1 nm、404.7 nm，可供干涉仪、折射仪、分光光度计、单色仪等仪器作为单色光源使用。汞灯的主要技术数据见表 1.1.1。

表 1.1.1　汞灯的主要技术数据

灯泡型号 ITEM	功率/ W	电压/ V	工作电压/V	工作电流/A	平均寿命/h	主要尺寸			
						灯头型号	外径/ mm	长度/ mm	发光中心
GD–20	20	220	15	1.3	200	E27	28	155	75
						胶木八角		142	90

3. 钠灯。

钠灯是由特种的抗钠玻璃吹成管胆，管内充有金属钠，外面封接玻璃外壳而成。钠灯点燃后能辐射出较强的 589.0 nm、589.6 nm 钠谱线，单色性好，常作为旋光仪、折射仪、偏振计等仪器中的单色光源，目前在农业、医学工业、食品工业、石油工业、卫生事业等领域中应用广泛。钠灯的主要技术数据见表 1.1.2。

表 1.1.2　钠灯的主要技术数据

灯泡型号 ITEM	功率/ W	电压/ V	工作电压/V	工作电流/A	稳定时间/s	平均寿命/h	主要尺寸			
							灯头型号	外径/ mm	长度/ mm	发光中心
ND-20	20	220	15	1.3	600	≥200	E27	28	155	75
							胶木八角		142	90

4. 氢氖灯。

氢氖灯的工作电压为 4 000 V 左右，可观测到的氢光谱线波长为 410.17 nm、434.05 nm、486.13 nm 和 656.28 nm。

实验内容

1. 利用汞原子光谱校正光谱仪。

检查仪器，接通光谱仪及电脑、打印机电源，将光谱仪电压调到 500 V 左右，使狭缝宽度小于 0.10 mm。接通汞灯电源，预热 3 min 后测量。可测光谱波长为 365.01 nm、365.46 nm、366.32 nm、404.66 nm、404.98 nm、435.83 nm、546.07 nm、576.89 nm、579.07 nm。

2. 观察钠原子光谱并打印测得的图像。

将光谱仪电压调到 500 V 左右，可见的光谱为 589.0 nm、589.6 nm。

3. 观察氢氖原子光谱并打印测得的图像，利用测得的数据值计算里德伯常数。

将光谱仪电压调到 1 000 V 左右，可测的氢光谱波长为 410.17 nm、434.05 nm、486.13 nm、656.28 nm。

注意事项

1. 光电倍增管不宜受强光照射（会引起雪崩效应），因此测量时不要使入射光太强。

2. 氢、氖光的谱线相隔很近，因此测量时要求灵敏度要高（能量间隔 0.01 nm），电压接近 1 000 V；保持室内安静。同时，由于氢、氖灯的电压很高（600 V 左右），在使用过程中不要轻易触摸。

3. 为了保证测量仪器的安全，在测量中不要任意切换光电倍增管和 CCD；入射狭缝的调节范围在 2 mm 内，若入射狭缝已经关闭就不要再逆时针旋动螺栓，以免损坏狭缝。

思考题

1. 氢原子能级有何特点？

2. 谱线计算值具有唯一的波长，但实测谱线有一定宽度，其主要原因是什么？

3. 本实验是如何测定氢和氘原子核的质量比的？

参考文献

［1］褚圣麟. 原子物理学［M］. 北京：人民教育出版社，1979.

［2］赵凯华. 光学［M］. 北京：北京大学出版社，1984.

（王雪萍）

实验 1.2　塞曼效应

引言

19 世纪，伟大的物理学家法拉第研究电磁场对光的影响，发现了磁场能改变偏振光的偏振方向。1896 年，荷兰物理学家塞曼（Pieter Zeeman）根据法拉第的想法，探测磁场对谱线的影响，发现钠双线在磁场中的分裂。洛伦兹根据经典电子论解释了分裂为三条的正常塞曼效应。由于研究这个效应，塞曼和洛伦兹共同获得了 1902 年的诺贝尔物理学奖。他们这一重要研究成就，有力地支持了光的电磁理论，使人们对物质的光谱、原子和分子的结构有了更多的了解。至今塞曼效应仍是研究能级结构的重要方法之一。

实验目的

1. 通过观察塞曼效应现象，了解塞曼效应是由于电子的轨道磁矩与自旋磁矩共同受到外磁场作用而产生的，证实原子具有磁矩和空间取向量子化的现象，进一步认识原子的内部结构，并把实验结果和理论进行比较。

2. 掌握法布里—珀罗标准具的原理和使用方法，了解使用 CCD 及多媒体计算机进行实验图像测量的方法。

实验原理

当发光的光源置于足够强的外磁场中时，由于磁场的作用，每条光谱线分裂成波长很靠近的几条偏振化的谱线，分裂的条数随能级的类别不同而不同，这种现象称为塞曼效应。正常塞曼效应谱线分裂为三条，而且两边的两条与中间的频率差正好等于 $eB/4\pi mc$，可用经典理论给予很好的解释。但实际上大多数谱线的分裂多于三条，谱线的裂矩是 $eB/4\pi mc$ 的简单分数倍，称反常塞曼效应，它不能用经典理论解释，只有用量子理论才能得到满意的解释。

1. 原子的总磁矩与总动量的关系。

塞曼效应的产生是原子的总磁矩（轨道磁矩和自旋磁矩）受外磁场作用的结果。在忽略核磁矩的情况下，原子中电子的轨道磁矩 $\boldsymbol{\mu}_L$ 和自旋磁矩 $\boldsymbol{\mu}_S$ 合成原子的总磁矩 $\boldsymbol{\mu}$，电子的轨道角动量 $\boldsymbol{P}_L$ 和自旋角动量 $\boldsymbol{P}_S$ 合成总角动量 $\boldsymbol{P}_J$，它们之间的关系可用矢量图 1.2.1 来计算。

已知

$$\mu_L = (e/2m)P_L, P_L = (h/2\pi)\sqrt{L(L+1)} \tag{1.2.1}$$

$$\mu_S = (e/m)P_S, P_S = (h/2\pi)\sqrt{S(S+1)} \tag{1.2.2}$$

式中，L, S 分别表示轨道量子数和自旋量子数；e, m 分别为电子的电荷和质量。

由于 μ_L 和 P_L 的比值不等于 μ_S 和 P_S 的比值，因此，原子的总磁矩 $\boldsymbol{\mu}$ 不在总角动量 $\boldsymbol{P}_J$ 的方向上。但由于 $\boldsymbol{P}_L$ 和 $\boldsymbol{P}_S$ 是绕 $\boldsymbol{P}_J$ 旋进的，所以 $\boldsymbol{\mu}_L$、$\boldsymbol{\mu}_S$ 和 $\boldsymbol{\mu}$ 都绕 $\boldsymbol{P}_J$ 的延长线旋进。$\boldsymbol{\mu}$ 在 $\boldsymbol{P}_J$ 方向上的分量 $\boldsymbol{\mu}_J$ 是有确定方向的恒量，另一个是垂直于 $\boldsymbol{P}_J$ 方向的分量，它绕 $\boldsymbol{P}_J$ 转动，对外的平均效果为零。因此对外发生的效果是 $\boldsymbol{\mu}_J$，按照图 1.2.1 进行矢量运算，得到 $\boldsymbol{\mu}_J$ 与 $\boldsymbol{P}_J$ 的数值关系为

$$\mu_J = g\frac{e}{2m}P_J \tag{1.2.3}$$

式中，g 为朗德因子。对于 LS 耦合情况下，有

$$g = 1 + \frac{J(J+1) - L(L+1) + S(S+1)}{2J(J+1)} \tag{1.2.4}$$

如果知道原子态的性质，它的磁矩就可以通过式（1.2.3）和式（1.2.4）计算出来。

2. 在外磁场作用下原子能级的分裂。

当原子放在外磁场中时，原子的总磁矩 μ_J 受到力矩的作用，力矩使角动量发生旋进（见图 1.2.2），旋进引起附加的能量为

$$\Delta E = -\mu_J B\cos\alpha \tag{1.2.5}$$

将式（1.2.3）代入式（1.2.5），得

$$\Delta E = g\frac{e}{2m}P_J B\cos\beta \tag{1.2.6}$$

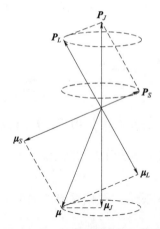

图 1.2.1 角动量和磁矩矢量图

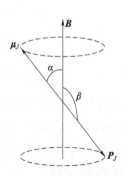

图 1.2.2 角动量的旋进

由于 μ_J 或 P_J 在外磁场中取向是量子化的，也就是 β 角不是任意的，则 P_J 在外磁场方向的分量 $P_J\cos\beta$ 是量子化的，它只能取如下数值。

$$P_J\cos\beta = M\frac{h}{2\pi} \tag{1.2.7}$$

式中，M 为磁量子数，只能取 $M=J$，$(J-1)$，…，$-J$，共 $(2J+1)$ 个值。

把式（1.2.7）代入式（1.2.6），得

$$\Delta E = Mg\frac{he}{4\pi m}B \tag{1.2.8}$$

上式说明在稳定磁场作用下，由原来的只有一个能级，分裂成 $(2J+1)$ 个能级，每个能级的附加量由式（1.2.8）计算得出，它正比于外磁场强度 B 和朗德因子 g。

3. 能级分裂下的跃迁。

设某一光谱线是由能级 E_2 和 E_1 之间的跃迁而产生的，则其谱线的频率 υ 同能级有如下关系：

$$h\upsilon = E_2 - E_1$$

在外磁场作用下，上下两能级分裂为 $(2J_2+1)$ 个和 $(2J_1+1)$ 个子能级，附加能量分别为 ΔE_2、ΔE_1，从上能级各子能级到下能级各子能级的跃迁产生的光谱线频率 υ' 应满足下式：

$$h\upsilon' = (E_2+\Delta E_2)-(E_1+\Delta E_1) = (E_2-E_1)+(\Delta E_2-\Delta E_1)$$

$$= h\upsilon + (M_2g_2-M_1g_1)\frac{eh}{4\pi m}B \tag{1.2.9}$$

即 $\upsilon'-\upsilon = (M_2g_2-M_1g_1)\frac{e}{4\pi m}B$

换以波数差来表示 $\left(\tilde{v}=\dfrac{v}{c}\right)$，则

$$\Delta v = \tilde{v}' - \tilde{v} = (M_2 g_2 - M_1 g_1)\,\frac{e}{4\pi mc}B$$

$$= (M_2 g_2 - M_1 g_1)\,L \qquad (1.2.10)$$

其中，$L=\dfrac{eB}{4\pi mc}$，称为洛伦兹单位。$L=0.467B$，B 的单位用 T（特斯拉）表示，L 的单位是 cm^{-1}，这也正是正常塞曼效应中谱线分裂的裂距。

M 的选择定则与偏振定则为：$\Delta M = 0,\ \pm 1$。

当 $\Delta M = 0$ 时，垂直于磁场观察时产生线偏振光，线偏振光的振动方向平行于磁场，称为 π 线。

$\Delta M = \pm 1$ 时，线偏振光的振动方向垂直于磁场，称为 σ 线。

当 $g_1 = g_2 = 1$ 时，从式（1.2.4）可知，总自旋量子数 S 为 0，$J=L$。这意味着原子总磁矩唯一由电子轨道磁矩决定，这时原子磁矩与磁场相互作用能量为

$$\Delta E = M\,\frac{eh}{4\pi m}B$$

塞曼能级跃迁谱线的频率为

$$v = v_0 \pm v_L \qquad （当 M_L = \pm 1 时）;$$
$$v = v_L \qquad （当 M_L = 0 时）$$

式中，$v_0 = (E_2 - E_1)/h$，为拉莫尔旋进频率；$v_L = eB/4\pi m$。

跃迁谱线对称分布在 v_0 两侧，其间距等于 v_L。即没有外加磁场时的一条谱线，在磁场作用下分裂成频率为 v_0 和 $v_0 \pm v_L$ 的三条谱线，这就是正常塞曼效应。由此可见，原子内纯电子轨道运动的塞曼效应，为正常塞曼效应。

根据式（1.2.10）可知：正常塞曼效应所分裂的裂距为一个洛伦兹单位，即 $\Delta\tilde{v} = \dfrac{e}{4\pi mc}B$，我们将波数差 $\Delta\tilde{v}$ 换成波长差 $\Delta\lambda$ 时，则

$$\Delta\lambda = \lambda^2 \Delta\tilde{v} = \lambda^2\,\frac{eB}{4\pi mc} \qquad (1.2.11)$$

设 $\lambda = 500$ nm，磁场强度 $B=1$ T，则 $\Delta\lambda = 0.1$ Å，由此可知，塞曼效应分裂的波长差的数值是很小的，欲观察如此小的波长差，普通棱镜摄谱仪是不能胜任的，必须使用具有高分辨能力的光谱仪器。我们所使用的是法布里—珀罗（F-P）标准具和测量望远镜联合装置来进行观察和测量。

4. F—P 标准具。

（1）F—P 标准具的结构为两块平面玻璃板，板面的平整度要求为 1/20~

1/100 波长。为了避免背面的反射所产生的干涉与正面的反射所产生的干涉重叠，每块都不是严格的平行平面玻璃板，板的两个面成一很小的夹角，通常是 20′~30′。平板的表面涂多层介质薄膜，以提高反射率。两块板的中间放一玻璃环，其厚度为 d，装于固定的载架中。该装置为多光束干涉的应用，其干涉条纹为一组明暗相间、条纹清晰、细锐的同心圆环，其经典用处是作为具有高分辨能力的光谱仪器。

F—P 标准具的光路图如图 1.2.3 所示，当单色平行光束 S_0 以小角度 θ 入射到标准具的 M 平面时，入射光束 S_0 经过 M 表面及 M′表面多次反射和透射，形成一系列相互平行的反射光束。这些相邻光束之间有一定的光程差 Δl，而且有 $\Delta l = 2nd\cos\theta$，d 为平板之间的间距，n 为两平板之间介质的折射率（标准具在空气中使用，$n=1$），θ 为光束入射角。这一系列互相平行并有一定光程差的光在无穷远处或用透镜汇聚

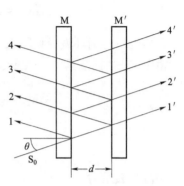

图 1.2.3　F—P 标准具光路图

在透镜的焦平面上发生干涉，光程差为波长整数倍时产生干涉极大值。

$$2d\cos\theta = N\lambda$$

式中，N 为整数，称为干涉序。由于标准具的间距是固定的，在波长不变的条件下，不同的干涉序 N 对应不同的入射角 θ。在扩展光源照明下，F—P 标准具产生等倾干涉，故它的干涉条纹是一组同心圆环。

由于标准具是多光束干涉，干涉花纹的宽度是非常细锐的，花纹越细锐表示仪器的分辨能力越高。

（2）标准具测量波长差的公式为

$$2d\left(1 - \frac{D^2}{8f^2}\right) = k\lambda \tag{1.2.12}$$

式中，D 为圆环的直径，f 为透镜的焦距。由式（1.2.12）可见，公式左边第二项的负号表明直径越大的干涉环纹序越低。同理，对于同一级序的干涉环，直径大的波长小。对于同一波长相邻级项 k 和 $k-1$，圆环直径分别为 D_k 和 D_{k-1}，其直径平方差用 ΔD^2 表示，由式（1.2.12）可得

$$\Delta D^2 = D_{k-1}^2 - D_k^2 = 4\lambda f^2/d \tag{1.2.13}$$

由上式知，ΔD^2 是与干涉级项 k 无关的常数。对于同一级项不同波长 λ_a、λ_b、λ_c 而言，相邻两个环的波长差的关系由式（1.2.12）得

$$\Delta\lambda_{ab} = \lambda_a - \lambda_b = \frac{d(D_b^2 - D_a^2)}{4f^2k}$$

$$\Delta\lambda_{bc} = \lambda_b - \lambda_c = \frac{d(D_c^2 - D_b^2)}{4f^2k}$$

把由式（1.2.13）求得的 f^2 代入上式，则有

$$\Delta\lambda_{ab} = \lambda_a - \lambda_b = \frac{\lambda(D_b^2 - D_a^2)}{k(D_{k-1}^2 - D_k^2)} \tag{1.2.14}$$

$$\Delta\lambda_{bc} = \lambda_b - \lambda_c = \frac{\lambda(D_c^2 - D_b^2)}{k(D_{k-1}^2 - D_k^2)} \tag{1.2.15}$$

本实验对应圆环直径见图 1.2.5。

由于 F—P 标准具中，大多数情况下，$\cos\theta = 1$，所以 $k = 2d/\lambda$，于是有

$$\Delta\lambda_{ab} = \lambda_a - \lambda_b = \frac{\lambda^2(D_b^2 - D_a^2)}{2d(D_{k-1}^2 - D_k^2)} \tag{1.2.16}$$

$$\Delta\lambda_{bc} = \lambda_b - \lambda_c = \frac{\lambda^2(D_c^2 - D_b^2)}{2d(D_{k-1}^2 - D_k^2)} \tag{1.2.17}$$

用波数表示为

$$\Delta\tilde{\nu}_{ab} = \tilde{\nu}_a - \tilde{\nu}_b = (D_b^2 - D_a^2)/2d(D_{k-1}^2 - D_k^2) = \Delta D_{ab}^2/(2d\Delta D^2) \tag{1.2.18}$$

$$\Delta\tilde{\nu}_{bc} = \tilde{\nu}_b - \tilde{\nu}_c = (D_c^2 - D_b^2)/2d(D_{k-1}^2 - D_k^2) = \Delta D_{bc}^2/(2d\Delta D^2) \tag{1.2.19}$$

由上式可知，波长差或波数差与相应干涉圆环的直径平方差成正比。

实验装置

研究塞曼效应的实验装置如图 1.2.4 所示。在本实验中，光源用水银放电管，由专用电源点燃；N、S 为电磁铁的磁极，电磁铁用直流稳压电源供电；L_1 为会聚透镜，使通过标准具的光强增强；A、B 为 F—P 标准具；P 为偏振片，在垂直磁场方向观察时用以鉴别 π 成分和 σ 成分；K 为 1/4 波片，在沿磁场方向观察时用以鉴别左圆偏振光和右圆偏振光；后部分是测量望远镜和 CCD 图像采集处理部分。

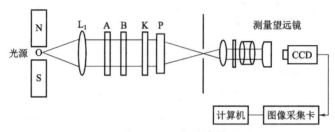

图 1.2.4　实验装置示意图

本实验中用 CCD 作为光探测器，通过图像采集卡使 F—P 标准具的干涉

花样成像在计算机显示器上，实验者可使用本实验专用的实时图像处理软件读取实验数据，这样装置所观察到的干涉圆环如图1.2.5所示。

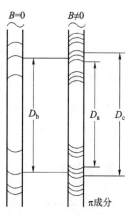

图1.2.5　干涉圆环

实验内容与步骤

观察汞5 461 Å的塞曼现象，测量塞曼分裂的谱线直径，算出波数差和核质比，并与理论值比较。

实验步骤如下：

1. 接通灯源，调整各个部件，使之与灯源在同一轴线上。

2. 解脱锁紧螺钉，沿导轨方向调整聚光镜位置，使灯管位于透镜的焦面附近。

3. 纵横向调节 F—P 标准具的位置，使之靠近聚光镜组，并与灯源同轴。

4. 当垂直磁场方向观察、测定横效应时，将 1/4 波片组拿掉。

5. 通过可调滑座，可纵横向调整测量望远镜位置，若像偏高或偏低，可解脱望远镜镜筒螺钉，调整镜筒俯仰，使之与标准具同轴。此时，各级干涉环中心应位于视场中央，亮度均匀，干涉环细锐，对称性好。

6. 接通电磁铁与晶体管稳流电源，缓慢增大激磁电流，这时，从测量望远镜目镜中可观察到细锐的干涉环逐渐变粗，然后发生分裂。随着激磁电流的逐渐增大，谱线的分裂宽度也在不断增宽，当激磁电流达到 2 A 时，谱线分裂得很清晰、细锐。当旋转偏振片在 0°、45°、90° 各不同位置时，可观察到偏振性质不同的 π 成分和 σ 成分。此时，可用测量望远镜进行测量：旋转测微目镜读数鼓轮，用测量分划板的铅垂线依次与被测圆环相切，从读数鼓轮上即可读得相应的一组数据，它们的差值即为被测的干涉环直径。

7. 分别测量连续三个圆环 D_a、D_b、D_c 的值，算出 $D_{k-1}^2 - D_k^2$，$D_b^2 - D_a^2$，$D_c^2 - D_b^2$ 的平均值，然后用式（1.2.18）和式（1.2.19）求出塞曼分裂的波数差 $\Delta \tilde{\nu}_{ab}$ 和 $\Delta \tilde{\nu}_{bc}$ 值。

8. 实验值与理论值比较。由公式（1.2.10）

$$\Delta \tilde{\nu} = (M_2 g_2 - M_1 g_1) \frac{Be}{4\pi mc}$$

试计算出 e/m 的实验值。B 为实验时的磁场强度，$\Delta \tilde{\nu}$ 为 $\Delta \tilde{\nu}_{ab}$ 和 $\Delta \tilde{\nu}_{bc}$ 的平均值。

理论值：基本物理常数 $e/m = 1.758\ 819\ 62 \times 10^{11}$ C/kg。

注意事项

所有光学元件应保持清洁，标准具和滤光片的光学面严禁触摸。

思考题

1. 根据标准具的间距 d，计算出自由光谱范围。
2. 实验中如何判断标准具中两反射面是否严格平行？

参考文献

［1］吴思诚，王祖铨. 近代物理实验［M］. 第二版. 北京：北京大学出版社，1999.
［2］王魁香，韩炜，杜晓波. 新编近代物理实验［Z］. 长春：吉林大学实验教学中心，2007.

（杨　慧）

实验 1.3　电 子 衍 射

引言

1924 年法国物理学家德布罗意在爱因斯坦光子理论的启示下，提出了一切微观实物粒子都具有波粒二象性的假设。1927 年戴维逊与革末用镍晶体反射电子，成功地完成了电子衍射实验，验证了电子的波动性，并测得电子的波长。两个月后，英国的汤姆逊和雷德用高速电子穿透金属薄膜的办法直接获得了电子衍射花纹，进一步证明了德布罗意波的存在。1928 年以后的实验还证实，不仅电子具有波动性，一切实物粒子如质子、中子、α 粒子、原子、分子等都具有波动性。

实验目的

1. 通过拍摄电子穿透晶体薄膜时的衍射图像，验证德布罗意公式，加深对电子的波粒二象性的认识。
2. 了解电子衍射仪的结构，掌握其使用方法。

实验原理

1. 德布罗意假设和电子波的波长。

1924年德布罗意提出物质波或称德布罗意波的假说，即一切微观粒子，也像光子一样，具有波粒二象性，并把微观实物粒子的动量 P 与物质波波长 λ 之间的关系表示为

$$\lambda = \frac{h}{P} = \frac{h}{mv} \tag{1.3.1}$$

式中，h 为普朗克常数，m、v 分别为粒子的质量和速度。这就是德布罗意公式。

对于一个静止质量为 m_0 的电子，当加速电压在 30 kV 时，电子的运动速度很大，已接近光速。由于电子速度的加大而引起的电子质量的变化就不可忽略。根据狭义相对论的理论，电子的质量为

$$m = \frac{m_0}{\sqrt{1 - \frac{v^2}{c^2}}} \tag{1.3.2}$$

式中，c 是真空中的光速。将式（1.3.2）代入式（1.3.1），即可得到电子波的波长

$$\lambda = \frac{h}{mv} = \frac{h}{m_0 v} \sqrt{1 - \frac{v^2}{c^2}} \tag{1.3.3}$$

在实验中，只要电子的能量由加速电压所决定，则电子能量的增加就等于电场对电子所做的功，并利用相对论的动能表达式

$$eU = mc^2 - m_0 c^2 = m_0 c^2 \left(\frac{1}{\sqrt{1 - \frac{v^2}{c^2}}} - 1 \right) \tag{1.3.4}$$

得到

$$v = \frac{c\sqrt{e^2 U^2 + 2m_0 c^2 eU}}{eU + m_0 c^2} \tag{1.3.5}$$

及

$$\sqrt{1 - \frac{v^2}{c^2}} = \frac{m_0 c^2}{eU + m_0 c^2} \tag{1.3.6}$$

将式（1.3.5）和式（1.3.6）代入式（1.3.3），得

$$\lambda = \frac{h}{\sqrt{2m_0 eU \left(1 + \frac{eU}{2m_0 c^2} \right)}} \tag{1.3.7}$$

将 $e = 1.602 \times 10^{-19}$ C，$h = 6.626 \times 10^{-34}$ J·s，$m_0 = 9.110 \times 10^{-31}$ kg，$c = 2.998 \times 10^8$ m/s 代入式（1.3.7），得

$$\lambda = \frac{12.26}{\sqrt{U(1+0.978\times10^{-6}U)}} \approx \frac{12.26}{\sqrt{U}}(1-0.489\times10^{-6}U) \text{ (Å)} \quad (1.3.8)$$

2. 电子波的晶体衍射。

本实验采用汤姆逊方法，让一束电子穿过无规则取向的多晶金属薄膜。电子入射到晶体上时各个晶粒对入射电子都有散射作用，这些散射波是相干的。对于给定的一族晶面，当入射角和反射角相等，而且相邻晶面的电子波的波程差为波长的整数倍时，便出现相长干涉，即干涉加强。

从图1.3.1可以看出，满足相长干涉的条件由布拉格方程

$$2d\sin\theta = n\lambda \qquad\qquad (1.3.9)$$

决定。式中，d 为相邻晶面之间的距离；θ 为掠射角；n 为整数，称为反射级。

由于多晶金属薄膜是由相当多的任意取向的单晶粒组成的多晶体，当电子束入射到多晶薄膜上时，在晶体薄膜内部各个方向上，均有与电子入射线夹角为 θ 的而且符合布拉格公式的反射晶面。因此，反射电子束是一个以入射线为轴线，其张角为 4θ 的衍射圆锥。衍射圆锥与入射轴线垂直的照相底片或荧光屏相遇时形成衍射圆环，这时衍射的电子方向与入射电子方向夹角为 2θ，如图1.3.2所示。

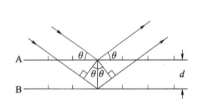

图 1.3.1　相邻晶面的电子波的程差

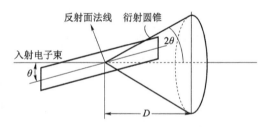

图 1.3.2　多晶体的衍射圆锥

在多晶金属薄膜中，有一些晶面（它们的面间距为 d_1，d_2，d_3，…）都满足布拉格方程，它们的反射角分别为 θ_1，θ_2，θ_3，…因而，在底片或荧光屏上形成许多同心衍射环。

可以证明，对于立方晶系，晶面间距为

$$d = \frac{a}{\sqrt{h^2+k^2+l^2}} \qquad\qquad (1.3.10)$$

式中，a 为晶格常数；(h, k, l) 为晶面的密勒指数。每一组密勒指数唯一地确定一族晶面，其面间距由式（1.3.10）给出。

图1.3.3为电子衍射的示意图。设样品到底片的距离为 D，某一衍射环的半径为 r，对应的掠射角为 θ。

电子的加速电压一般为 30 kV 左右，与此相应的电子波的波长比 X 射线

的波长短得多。因此，由布拉格公式（1.3.9）看出，电子衍射的衍射角（2θ）也较小。由图 1.3.3 近似有

$$\sin \theta \approx r/2D \qquad (1.3.11)$$

将式（1.3.10）和式（1.3.11）代入式（1.3.9），得

$$\lambda = \frac{r}{D} \times \frac{a}{\sqrt{h^2+k^2+l^2}} = \frac{r}{D} \times \frac{a}{\sqrt{M}}$$

式中，（h，k，l）为与半径 r 的衍射环对应的晶面族的晶面指数；$M = h^2 + k^2 + l^2$。

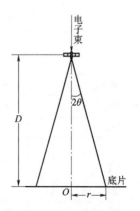

图 1.3.3　电子衍射示意图

对于同一底片上的不同衍射环，上式又可写成

$$\lambda = \frac{r_n}{D} \times \frac{a}{\sqrt{M_n}} \qquad (1.3.12)$$

式中，r_n 为第 n 个衍射环半径，M_n 为与第 n 个衍射环对应晶面的密勒指数平方和。在实验中只要测出 r_n，并确定 M_n 的值，就能测出电子波的波长。将测量值 $\lambda_{测}$ 和用式（1.3.8）计算的理论值 $\lambda_{理}$ 相比较，即可验证德布罗意公式的正确性。

3. 电子衍射图像的指数标定。

实验获得电子衍射相片后，必须确认某衍射环是由哪一组晶面密勒指数（h，k，l）的晶面族的布拉格反射形成的，才能利用式（1.3.12）计算波长 λ。根据晶体学知识，立方晶体结构可分为三类，分别为简单立方、面心立方和体心立方晶体，依次如图 1.3.4（a）、（b）、（c）所示。由理论分析可知，在立方晶系中，对于简单立方晶体，任何晶面族都可以产生衍射；对于体心立方晶体，只有 $h+k+l$ 为偶数的晶面族才能产生衍射；而对于面心立方晶体，只有 $h+k+l$ 同为奇数或同为偶数的晶面族才能产生衍射，这样可得到表 1.3.1。

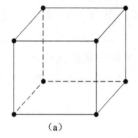
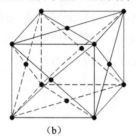
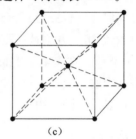

（a）　　　　　　　（b）　　　　　　　（c）

图 1.3.4　三类立方晶体结构

（a）简单立方晶体；（b）面心立方晶体；（c）体心立方晶体

表 1.3.1　三类立方晶体可能产生衍射环的晶面族

晶面密勒指数 (h, k, l)		100	110	111	200	210	211	220	211 300	310
M_n	简单立方	1	2	3	4	5	6	8	9	10
	体心立方		2		4		6	8		10
	面心立方			3	4			8		
晶面密勒指数 (h, k, l)		311	222	320	321	400	410 322	411 330	331	420
M_n	简单立方	11	12	13	14	16	17	18	19	20
	体心立方		12		14	16		18		20
	面心立方	11	12			16			19	20

表中，空白格表示不存在该晶面族的衍射。现在我们以面心立方晶体为例说明指数标定的过程。

按照表 1.3.1 的规律，对于面心立方晶体可能出现的衍射，我们按照 $h^2 + k^2 + l^2 = M$ 由小到大的顺序列出表 1.3.2。

表 1.3.2　面心立方晶体各衍射环对应的 M_n/M_1

N	1	2	3	4	5	6	7	8	9	10
(h,k,l)	111	200	220	311	222	400	331	420	422	333 511
M_n	3	4	8	11	12	16	19	20	24	27
M_n/M_1	1.000	1.333	2.667	3.667	4.000	5.333	6.333	6.667	8.000	9.000

因为在同一张电子衍射图像中，λ 和 a 均为定值，由式（1.3.12）可以得出

$$\left(\frac{r_n}{r_1}\right)^2 = \frac{M_n}{M_1} \tag{1.3.13}$$

利用式（1.3.13）可将各衍射环对应的晶面密勒指数（h, k, l）定出，或将 M_n 定出。方法是：测得某一衍射环半径 r_n 和第一衍射环半径 r_1，计算出 $(r_n/r_1)^2$ 值，在表 1.3.2 的最后一行 M_n/M_1 值中，查出与此值最接近的一列，则该列中的（h, k, l）和 M_n 即为此衍射环所对应的晶面密勒指数。完成指数标定以后，即可用式（1.3.12）计算波长了。

实验装置

本实验采用 WDY-Ⅲ型电子衍射仪，该仪器主要由衍射腔、真空系统和

电源三部分组成，图 1.3.5 为电子衍射仪的外形图。

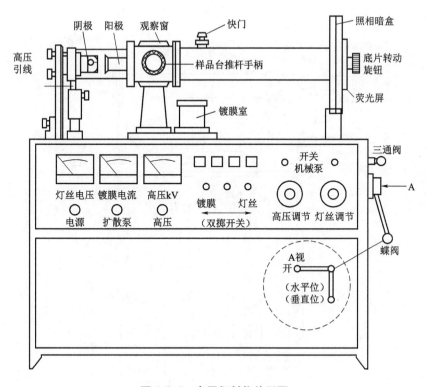

图 1.3.5 电子衍射仪外形图

1. 衍射腔。

图 1.3.6 为衍射腔示意图，图中 A 为阴极，B 为阳极，C 为光阑，F 为样品，E 为荧光屏或底片。阴极 A 内装有 V 形灯丝，通电后发射电子。灯丝一端加有数万伏的负高压，阳极接地。电子经高压加速后通过光阑 C 时被聚焦。当直径只有

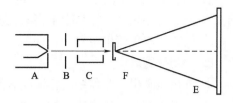

图 1.3.6 衍射腔示意图

0.5 mm 的电子束穿过晶体薄膜 F（样品）后，在荧光屏上形成电子衍射图像。在衍射腔的右端内设有照相装置，一次可以拍摄两张照片。

2. 真空系统。

真空系统由机械泵、扩散泵和储气筒组成（见图 1.3.7）。扩散泵与衍射腔之间由真空蝶阀控制"开"或"关"。三通阀可使机械泵与衍射腔连通（"拉"位）或与储气筒连通（"推"位）。实验或镀膜时需先将衍射腔抽成低

真空，然后抽成高真空。只有在抽高真空时才能打开蝶阀，其他时间都要关闭蝶阀和切断电离规管灯丝电流，以保护扩散泵和电离规管。

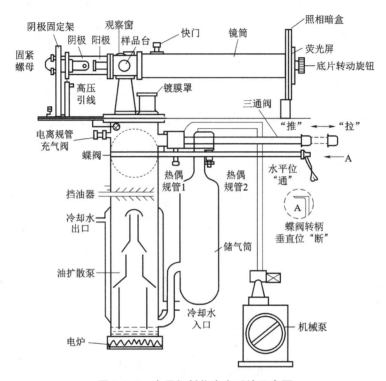

图 1.3.7　电子衍射仪真空系统示意图

若需将衍射腔部分通大气时（如取底片或取已镀好的样品架），可用充气阀充入空气。但在打开充气阀前，需注意以下几点：

① 切断电离规管电源。

② 关闭蝶阀。

③ 若机械泵仍在工作中，三通阀必须置于"推"位。

④ 为防止充气过程中吹破样品薄膜，应将样品架向前旋紧，以使样品架封在装取样品架的窗口内。

3. 电气部分。

电气部分主要包括真空机组的供电，高压供电，镀膜及灯丝供电三部分，电气控制部分见图 1.3.5 面板。

（1）真空机组的供电：扩散泵电炉（1 000 W）直接由市电 220 V 单相电源供电，机械泵由 380 V 三相电源供电。

（2）高压供电：取 220 V 市电，经 0.5 kW 自耦变压器调压，供给变压器

（220/40 000 V）进行升压，经整流滤波后变为直流高压，正端接阳极，负端接阴极，作为电子的加速电压。

（3）镀膜和灯丝供电：此两组供电线路同用一个 0.5 kW 自耦变压器调压，经转换开关转换，或接通镀膜电路，或接通灯丝电路。

实验内容及步骤

1. 样品的制备。

由于电子束穿透能力很差，作为衍射体的多晶样品必须做得极薄才行。样品的制备是在预制好的非晶体底膜上蒸镀上几百埃厚的金属薄膜而成。非晶底膜是金属的载体，但它将对衍射电子起漫射作用而使衍射环的清晰度变差，因此底膜必须极薄才行。

（1）制底膜。

将一滴用乙酸正戊酯稀释的火棉胶溶液滴到水面上，待乙酸正戊酯挥发后，在水面上悬浮一层火棉胶薄膜（薄膜有皱纹时，其胶液太浓；薄膜为零碎的小块时，则胶液太稀），用样品架将薄膜慢慢捞起并烘干。将制好底膜的样品架插入镀膜室支架孔内，使底膜表面正好对准下方的钼舟，待真空达到 $10 \sim 4$ mmHg（1 mmHg = 133.32 Pa）以后，即可蒸发镀膜。

（2）镀膜。

将"灯丝-镀膜"转换开关倒向"镀膜"侧（左侧），接通镀膜电流开关（向上）。转动"灯丝-镀膜"自耦调压器，使电流逐渐增加（镀银时约为 20 A）。当从镀膜室的有机玻璃罩上看到一层银膜时，立即将电流降到零，并关闭镀膜开关，蒸镀样品的工作即完成。

2. 观察电子衍射现象。

（1）开机前将仪器面板上各开关置于"关"位，"高压调节"和"灯丝-镀膜调节"均调回零，蝶阀处于"关"位。

（2）为了观察到衍射图像后随即进行拍照，应在抽真空前装上底片。

（3）启动真空系统，按照实验室的操作规程将衍射腔内抽至 $5 \times 10 \sim 5$ mmHg 以上的高真空度。

（4）灯丝加热。首先将面板上的双掷开关倒向"灯丝"一侧（右侧），接通灯丝电流开关（向上），调节"灯丝-镀膜"旋钮，使灯丝电压表指示为 120 V。

（5）加高压。接通"高压"开关（向上），缓慢调节"高压调节"旋钮，调至 $20 \sim 30$ kV，在荧光屏上可以看到一个亮斑。

（6）调节样品架的位置（平移或转动），直到在荧光屏上观察到满意的衍射环。

（7）照相与底片冲洗。在荧光屏上观察到清晰的衍射图像后，先记录下加速电压 U 值，然后用快门挡住电子束，转动"底片转动"旋钮，让指针指示在"1"位。用快门控制曝光时间为 2~4 s。用相同的方法可拍摄两张照片。在拍摄电子衍射图像时，要求动作快些，尽量减小加高压的时间。取出底片后，冲洗底片。整个拍摄和冲洗过程可在红灯下进行。

3. 分析与计算。

（1）仔细观察衍射图像，区分出各衍射环，因有的环强度很弱，特别容易漏数。然后测量出各环直径，确定其半径 r_1，r_2，r_3，…，r_n 的值。

（2）计算出 r_n^2/r_1^2 的值，并与表 1.3.2 中 M_n/M_1 值对照，标出各衍射环相应的晶面密勒指数。

（3）根据衍射环半径用式（1.3.12）计算电子波的波长，并与用式（1.3.8）算出的德布罗意波长比较，以此验证德布罗意公式。

本实验中所用的样品银为面心立方结构，晶格常数 $a = 4.085\ 6$ Å，样品至底片的距离 $D = 315$ mm。

注意事项

1. 电子衍射仪为贵重仪器，必须熟悉仪器的性能和使用方法，严格按照操作规程使用。特别是真空系统的操作不能出错，否则会损坏仪器。

2. 阴极加有几万伏的负高压，操作时不要接触高压电源，注意安全。调高压和样品架旋钮时要缓慢，如果出现放电现象，应立即降低电压，实验中应缩短加高压的时间。

3. 调节样品架观察衍射环时，应先将电离规管关掉，以防调节样品架时出现漏气现象而烧坏电离规管。

4. 衍射腔的阳极、样品架和观察窗处都有较强的 X 射线产生，必须注意防护。

思考题

1. 德布罗意假说的内容是什么？

2. 在本实验中是怎样验证德布罗意公式的？

3. 本实验证实了电子具有波动性，衍射环是单个电子还是大量电子所具有的行为表现？

4. 简述衍射腔的结构及各部分作用。

5. 根据衍射环半径计算电子波的波长时，为什么首先要指标化？怎样指标化？

6. 改变高压和灯丝电压时衍射图像有什么变化？为什么？

7. 简述样品银多晶薄膜的制备过程。

8. 观察电子衍射环和镀金属薄膜时为什么都必须在高真空条件下进行？它们要求的真空度各是多少？

9. 加高压时要缓慢，并且尽量缩短加高压的时间，这是为什么？

10. 拍摄完电子衍射图像取底片时，三通阀和蝶阀应处于什么位置？为什么？

附录：做电子衍射实验的另一种装置 DF-8 型电子衍射仪

实验装置

DF-8 型电子衍射仪主要由机箱、电子衍射管和高压电源部分三部分组成。

1. 电子衍射管。

DF-8 型电子衍射仪的电子衍射管示意图如图 1.3.8 所示。

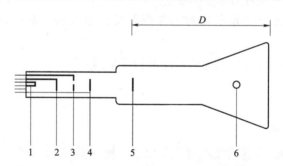

图 1.3.8　DF-8 型电子衍射仪的电子衍射管示意图
1—灯丝；2—阴极；3—加速极；4—聚焦极；5—金属薄靶；6—高压帽；
D—靶到荧光屏的距离（衍射管出厂时会标明距离及误差）

2. 高压电源部分。

加在晶体薄膜靶与阴极之间高压 0~20 kV 连续可调，面板上有数显高压表可直接显示晶体薄膜靶与阴极之间电位差。阴极、灯丝和各组阳极均由另几组电源供电。本仪器要求高压可调电源波动要小，以保证被反射的电子波长的稳定性。否则，将影响衍射环的清晰度。

3. 主要技术数据。

（1）输入电压：交流 220 V。

（2）输出电压：直流 0~20 kV 可调。

（3）灯丝电压：6.3 V。

（4）电流：0.8 mA。

（5）衍射样品：金 Au，面心立方结构，晶格常数 $a = 4.078\ 6$ Å。

（6）荧光屏尺寸：130 mm。

（7）外形尺寸：360 mm×200 mm×500 mm。

参考文献

吴思诚，王祖铨．近代物理实验［M］．第二版．北京：北京大学出版社，1999.

（冯玉玲　杨　慧）

实验 1.4　激光拉曼光谱实验

实验目的

1. 了解拉曼散射的基本原理。

2. 理解激光拉曼光谱仪的工作原理及使用方法，掌握简单的谱线分析方法。

3. 测试和分析 CCl_4 及其他样品的拉曼光谱。

实验原理

1. 拉曼散射。

当频率为 ν_0 的单色光入射到介质上，除了被介质吸收、反射和透射外，还有一部分被介质散射。如果按散射光相对于入射光波数的改变情况分类，可将散射光分为三类：第一类，其波数基本保持不变，这类散射称为瑞利散射；第二类，其波数变化大约在 $0.1\ \text{cm}^{-1}$ 量级，称为布里渊散射；第三类是波数变化大于 $1\ \text{cm}^{-1}$ 的散射，称为拉曼散射。

经典理论认为，拉曼散射可看作入射光的电磁波使介质原子或分子电极化以后所产生的。因为原子和分子都是可以极化的，因而产生瑞利散射，又因为极化率随着分子内部的运动（转动、振动等）而变化，所以产生拉曼散射。

而在量子理论中，把拉曼散射看作光子与介质分子相碰撞时产生的非弹性碰撞过程。图 1.4.1 是光散射机制的一个形象描述，图中 E_i 和 E_j 分别表示分子的两个振动能级，虚线表示的不是分子的可能状态，只是用它来表示入射光和散射光的能量。在弹性碰撞过程中，光子与分子没有能量交换，光子只改变运动方向而不改变频率和能量，这就是瑞利散射，如图 1.4.1（a）所示。在非弹性碰撞过程中光子与分子有能量交换，光子转移一部分能量给散射分子，或者从散射分子中吸收一部分能量，从而使它的频率发生改变，它取自或给予散射分子的能量只能是分子两定态之间的差值 $\Delta E = E_j - E_i$。当光子把一部分能量交给分子时，光子则以较小的频率散射，称为斯托克斯线，散射分子接收的能量转变为分子的振动或转动能量，从而处于激发态 E_j，如图 1.4.1（b）所示，这时光子的频率为 $\nu' = \nu_0 - \Delta\nu$；当分子已经处于振动或转动的激发态 E_j 时，光子则从散射分子中取得了能量 ΔE（振动或转动能量），以较高的频率散射，称为反斯托克斯线，这时光子的频率为 $\nu' = \nu_0 + \Delta\nu$。最简单的拉曼光谱如图 1.4.2 所示，在光谱图中有三种线，中间的是瑞利散射线（简称瑞利线），频率为 ν_0，强度最强；低频一侧的是斯托克斯线，与瑞利线的频差为 $\Delta\nu$，强度比瑞利线强度弱很多，约为瑞利线强度的几百万分之一至上万分之一；高频一侧的是反斯托克斯线，与瑞利线的频差亦为 $\Delta\nu$，和斯托克斯线对称地分布在瑞利线两侧，强度比斯托克斯线的强度又要弱很多，因此并不容易观察到反斯托克斯线的出现，但反斯托克斯线的强度随着温度的升高而迅速增大。斯托克斯线和反斯托克斯线通常称为拉曼线，其频率常表示为 $\nu = \nu_0 \pm \Delta\nu$，$\Delta\nu$ 称为拉曼频移，这种频移和激发线的频率无关，以任何频率激发这种物质，拉曼线均能伴随出现。因此从拉曼频移，我们可以鉴别拉曼散射池所包含的物质。

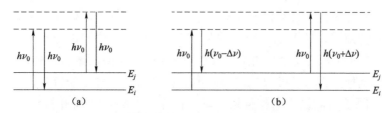

图 1.4.1 光的瑞利散射与拉曼散射产生的物理机制示意图

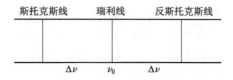

图 1.4.2 拉曼光谱示意图

Δν 的计算公式为

$$\Delta\nu = \frac{1}{\lambda} - \frac{1}{\lambda_0}$$

式中，λ 和 λ_0 分别为散射光和入射光的波长，$\Delta\nu$ 的单位为 cm^{-1}。

拉曼谱线的频率虽然随着入射光频率而变化，但拉曼光的频率和瑞利散射光的频率之差却不随入射光频率而变化，而与样品分子的振动、转动能级有关。拉曼谱线的强度与入射光的强度和样品分子的浓度成正比，即有

$$\phi_k = \phi_0 S_k NHL4\pi \sin^2(\alpha/2)$$

式中　ϕ_k——在垂直入射光束方向上通过聚焦镜所收集的拉曼散射光的通量（W）；

　　　ϕ_0——入射光照射到样品上的光通量（W）；

　　　S_k——拉曼散射系数；

　　　N——单位体积内的分子数；

　　　H——样品的有效体积；

　　　L——考虑折射率和样品内场效应等因素影响的系数；

　　　α——拉曼光束在聚焦透镜方向上的半角度。

利用拉曼效应及拉曼散射光与样品分子的上述关系，可对物质分子的结构和浓度进行分析和研究，于是建立了拉曼光谱法。

2. CCl_4 分子的对称结构及振动方式。

CCl_4 分子为四面体结构，一个碳原子在中心，四个氯原子在四面体的四个顶点，当四面体绕其自身的某一轴旋转一定角度，分子的几何构形不变的操作称为对称操作，其旋转轴称为对称轴。CCl_4 有 13 个对称轴，有 24 个对称操作。我们知道，N 个原子构成的分子有（$3N-6$）个内部振动自由度，因此，CCl_4 分子可以有 9 个自由度，或称为 9 个独立的简正振动。根据分子的对称性，这 9 种简正振动可归成四类。第一类，只有一种振动方式，4 个 Cl 原子沿与 C 原子的连线方向作伸缩振动，记作 ν_1，表示非简并振动。第二类，有两种振动方式，相邻两对 Cl 原子在与 C 原子连线方向上，或在该连线垂直方向上同时作反向运动，记作 ν_2，表示二重简并振动。第三类，有三种振动方式，4 个 Cl 原子与 C 原子作反向运动，记作 ν_3，表示三重简并振动。第四类，有三种振动方式，相邻的一对 Cl 原子作伸张运动，另一对作压缩运动，记作 ν_4，表示另一种三重简并振动。上面所说的"简并"，是指在同一类振动中，虽然包含不同的振动方式，但具有相同的能量，它们在拉曼光谱中对应同一条谱线。因此，CCl_4 分子振动拉曼光谱应有 4 个基本谱线，根据实验测得各谱线的相对强度依次为 $\nu_1 > \nu_2 > \nu_3 > \nu_4$。

实验仪器

CNI-785 激光拉曼光谱仪（主要由激光器、拉曼探头、光纤光谱仪、数据处理单元和人机界面等部分组成）、样品池和待测样品等。

拉曼散射强度正比于入射光的强度，并且在产生拉曼散射的同时，必然存在强度大于拉曼散射至少一千倍的瑞利散射。因此，在设计或组装拉曼光谱仪和进行拉曼光谱实验时，必须同时考虑尽可能增强入射光的光强和最大限度地收集散射光，又要尽量地抑制和消除主要来自瑞利散射的背景杂散光，提高仪器的信噪比。CNI-785 拉曼光谱仪的基本结构框图如图 1.4.3 所示。

图 1.4.3　CNI-785 拉曼光谱仪的基本结构框图

1. 光源。

一般采用一体化的半导体激光器作为拉曼散射的激励光源。

2. 拉曼探头。

拉曼探头的功能是向被测样品发射激光，并收集散射光信号，同时过滤掉非拉曼散射光。

3. 光谱仪光电接收单元。

光谱仪光电接收单元主要由紧凑型光纤光谱仪组成，由拉曼探头收集导入的光信号经准直后入射到光栅，经过光的衍射之后，不同频率的光投射到 CCD 的不同像素上，经过光电转换和放大等过程，CCD 将得到的数据经计算机接口由分析软件进行处理。

4. 信息处理与显示系统。

通过计算机软件，将光谱仪的数据绘制成光谱图。同时，光谱仪的工作参数也通过计算机软件进行调节控制。

实验内容与步骤

1. 实验内容。

（1）测量待测样品的拉曼散射光谱。

（2）分析测量得到的拉曼谱线的频移，并分辨各种振动模式。

2. 实验步骤。

（1）打开总电源和电脑电源。

（2）将待测样品放入样品池。

（3）连接拉曼探头。

（4）启动应用程序。

（5）在参数设置区设置合适的积分时间及其他参数，逐步提高激光功率，获得样品的拉曼光谱图。

（6）与数据库现有标准谱对比，分析待测样品类别，存储数据。

（7）取出样品，测量分析下一个待测样品，重复以上步骤。

（8）降低激光功率，关闭应用程序和电脑。

（9）关闭总电源。

注意事项

1. 保证使用环境干净整洁。

2. 每次测试结束，需要取出样品，关断电源。

3. 激光对人眼有害，请不要直视拉曼探头。

思考题

1. 简述瑞利散射与拉曼散射的区别。

2. 简述拉曼散射的强度受哪些因素的影响。

3. 简述一般不能用拉曼散射来分析金属样品的原因。

参考文献

［1］崔宏滨. 原子物理学［M］. 合肥：中国科学技术大学出版社，2009.

［2］程光煦. 拉曼布里渊散射［M］. 北京：科学出版社，2008.

［3］熊俊. 近代物理实验［M］. 北京：北京师范大学出版社，2007.

［4］邹晗，郑晓燕，潘玉莲. 乙醇和甲醇混合溶液的拉曼光谱法研究［J］. 大学物理实验，2005，18（4）：1-6.

（张兰芝）

二、光 学 实 验

实验 2.1　法拉第效应

引言

光与电磁的相互作用，是一类重要的物理现象，称为磁光效应。磁光效应分为塞曼效应、佛埃特效应、法拉第效应等。

1845 年英国科学家法拉第（Faraday）在研究光现象与电磁现象的联系时，发现平面偏振光沿着磁场方向通过磁场中的透明介质时，光的偏振面发生偏转，即磁场使介质具有了旋光性，这种现象叫作磁致旋光效应或法拉第效应。这个发现在物理学史上具有重要意义，这是光学过程与电磁过程有密切联系的最早证据。法拉第效应有着多方面的应用，如物质分析，电工测量技术中的电流、磁场的测量，激光技术中的光波隔离器以及激光通信、雷达技术中的光频环行器、调制器等。

实验目的

1. 理解法拉第效应，掌握旋转角的测量方法。
2. 计算核质比来检验实验精度。

实验原理

实验表明，在磁场不是非常强时，偏振面旋转的角度 α 与磁感应强度 B 及光波通过介质的路程 D 成正比。后来维尔德（Verdet）对许多物质进行了全面研究，结果是

$$\alpha = \gamma B D \tag{2.1.1}$$

式中，比例系数 γ 称为维尔德常数，表征各种物质的旋光特性。

需要注意的一点是，磁致旋光的方向仅与磁场方向有关，与光的传播方向无关。它是一个不可逆的光学过程，这与物质固有的旋光不同，固有旋光的方向与光的传播方向有关。

习惯上，规定偏振面旋转方向与产生磁场的螺线管中电流方向一致时，$\gamma>0$，称为正旋；反之 $\gamma<0$，称为负旋。

当一束平面偏振光沿着磁场方向通过磁场中的样品介质时（取磁场方向为 Y 方向，光的电矢量偏振方向为 Z 方向），便产生如图 2.1.1 所示的情况。

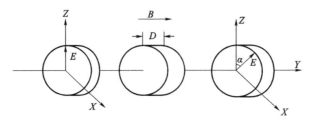

图 2.1.1　平面偏振光沿 B 方向通过样品介质

设平面偏振光的电矢量为 E、角频率为 ω，考虑问题时，我们可以把 E 看成两个圆偏振光成分（左旋圆偏振光 E_L 和右旋圆偏振光 E_R）的矢量合成。在磁场作用下通过样品介质时，如果 E_R 传播速度比 E_L 慢，那么通过样品介质后 E_R、E_L 将产生位相差 θ。合成矢量 E 则旋转了一个角度，见图 2.1.2（b），旋光角 α 为

$$\alpha=\theta/2 \qquad\qquad (2.1.2)$$

D 为样品厚度，若 v_L 为 E_L 的传播速度；v_R 为 E_R 的传播速度，于是

$$\theta=\omega(t_R-t_L)=\omega(D/v_R-D/v_L)=\omega D(n_R-n_L)/c$$

由式（2.1.2）得

$$\alpha=\omega D(n_R-n_L)/2c \qquad\qquad (2.1.3)$$

式中，n_R 为右旋圆偏振光通过样品介质时的折射率，n_L 为左旋圆偏振光通过样品介质时的折射率，c 为光速。

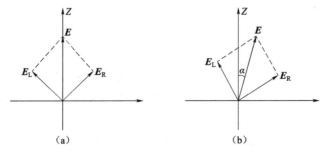

图 2.1.2　在波阵面内的法拉第旋光效应

（a）入射样品前；（b）入射样品后

由量子理论知道，介质中原子的轨道电子具有磁偶极矩

$$\boldsymbol{\mu} = -\frac{e}{2m}\boldsymbol{L} \qquad (2.1.4)$$

其中，e 为电子电荷，m 为电子质量，$\boldsymbol{L}$ 为电子的轨道角动量。

在磁场 $\boldsymbol{B}$ 作用下，一个电子磁矩具有势能 V

$$V = -\boldsymbol{\mu} \cdot \boldsymbol{B} = \frac{e}{2m}\boldsymbol{L} \cdot \boldsymbol{B} = \frac{eB}{2m}L_{\text{轴}} \qquad (2.1.5)$$

其中，$L_{\text{轴}}$ 为电子轨道角动量的轴向分量。

在磁场作用下，当平面偏振光通过介质时，光子与轨道电子发生互相作用，使轨道电子发生能级跃迁。跃迁时轨道电子吸收角动量 $\Delta L = \Delta L_{\text{轴}} \pm h$，跃迁后轨道电子动能不变，而势能则增加了 ΔV。

$$\Delta V = \frac{eB}{2m}\Delta L_{\text{轴}} = \pm\frac{eB}{2m}\hbar \qquad (2.1.6)$$

当左旋光子参与相互作用时

$$\Delta V_{\text{L}} = \frac{eB}{2m}\hbar \qquad (2.1.7)$$

而右旋光子参与相互作用时

$$\Delta V_{\text{R}} = -\frac{eB}{2m}\hbar \qquad (2.1.8)$$

我们知道，介质对光的折射率是光子能量（$\hbar\omega$）的函数，即

$$n = n(\hbar\omega) \qquad (2.1.9)$$

其函数形式取决于介质的轨道电子能级结构。

可以认为，在磁场作用下，具有能量为（$\hbar\omega$）的左旋光子所遇到的轨道电子能级结构，等价于不加磁场时能量为（$\hbar\omega-\Delta V_{\text{L}}$）的左旋光子所遇到的轨道电子能级结构。因此有

$$n_{\text{L}}(\hbar\omega) = n(\hbar\omega - \Delta V_{\text{L}})$$

或

$$n_{\text{L}}(\omega) = n\left(\omega - \frac{\Delta V_{\text{L}}}{\hbar}\right) \approx n(\omega) - \frac{dn}{d\omega} \cdot \frac{\Delta V_{\text{L}}}{\hbar}$$

$$= n(\omega) - \frac{eB}{2m} \cdot \frac{dn}{d\omega} \qquad (2.1.10)$$

同理

$$n_{\text{R}}(\omega) = n\left(\omega - \frac{\Delta V_{\text{R}}}{\hbar}\right) \approx n(\omega) - \frac{dn}{d\omega} \cdot \frac{\Delta V_{\text{R}}}{\hbar}$$

$$= n(\omega) + \frac{eB}{2m} \cdot \frac{dn}{d\omega} \qquad (2.1.11)$$

把式（2.1.10）和式（2.1.11）代入式（2.1.3）得到

$$\alpha = \frac{DBe}{2mc} \cdot \omega \cdot \frac{\mathrm{d}n}{\mathrm{d}\omega} \qquad (2.1.12)$$

因为 $\omega = \frac{2\pi c}{\lambda}$，由式（2.1.12）得

$$\alpha = -\frac{DBe}{2mc} \cdot \lambda \cdot \frac{\mathrm{d}n}{\mathrm{d}\lambda} \qquad (2.1.13)$$

或

$$\alpha = \gamma_{(\lambda)} \cdot D \cdot B \qquad (2.1.14)$$

$$\gamma_{(\lambda)} = -\frac{e}{2mc} \cdot \lambda \cdot \frac{\mathrm{d}n}{\mathrm{d}\lambda} \qquad (2.1.15)$$

其中，$\gamma_{(\lambda)}$ 是维尔德常数。

法拉第效应旋光角的计算公式为（2.1.13），式中 e 和 m 分别为电子的电荷和质量，$\mathrm{d}n/\mathrm{d}\lambda$ 为介质在无磁场时的色散，λ 为传输光波长，B 为磁感应强度在光传播方向上的投影。公式表明法拉第旋光角的大小和样品介质厚度成正比，和磁感应强度成正比，并且和入射光的波长及样品介质的色散 $\mathrm{d}n/\mathrm{d}\lambda$ 有密切关系。

公式（2.1.14）适合于 SI 制，B 单位为特斯拉，1 特斯拉 $= 10^4$ 高斯。

实验装置及调整方法

1. 实验装置。

如图 2.1.3 所示，法拉第效应实验装置具体包括以下几个部分。

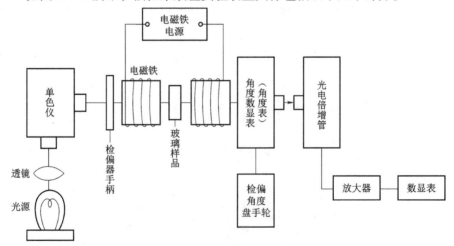

图 2.1.3　法拉第效应实验装置示意图

（1）光源系统。

白炽灯产生白光，再通过单色仪可以得到 360~800 nm 范围内的单色光，单色仪的鼓轮读数与对应光的波长 λ 曲线由实验给出。单色光再经过偏振片后变成平面偏振的单色光，此光进入磁铁通光孔。

（2）磁场和样品介质系统。

电磁铁的磁极中间有通光孔，因此保证入射光的光轴方向和磁场 B 的方向一致。电磁铁用直流电源提供激磁电流，产生 0~1 T 的磁场。用高斯计量出激磁电流与磁感应强度的关系曲线（实验室已给出）。

磁极间隙为 11 mm，样品介质是 ZF6 重火石玻璃，加工成正三棱柱形状，厚度为 D（1 cm），样品放在电磁铁两极中间。

（3）旋光角检测系统。

旋光角检测系统含有检偏装置和光强测量装置。检偏装置由起偏器和检偏器组成，旋光角则由角度数显表直接读出，角度示值范围为 0~99°59′，分辨率为 1′。光强测量装置中，用光电倍增管（GDB404）接收旋光信号，经放大后反映到数显表上，以监测透射光的大小。

2. 实验装置的调整方法。

（1）预热：接通仪器电源及白炽灯电源，预热 5 min 后，将单色仪读数手轮置于待测位置 5.0 处（对应波长为 589.3 nm）。

（2）灵敏度旋钮，顺时针为增加，逆时针为减小。灵敏度的高低，直接反映在数显表数字跳动的快慢上，使其适中为好。

（3）起偏器与检偏器相互垂直：在 $B=0$ 的情况下，把检偏测角的手轮（以下简称手轮）顺时针转到头，再逆时针转两周后，按一下清零按钮，角度表示值为零，这时即满足起偏器垂直于检偏器的条件。

（4）微动调零旋钮使数显表的示值为零。

（5）在测量前，验证一下角度表的零位正确与否，可通过加磁场来检验。将激磁电流分别加到 1 A，2 A，…，5 A，观察数显表的示值应呈线性增加，否则微动调零及灵敏度旋钮修正。

注意：调零后，整个测量过程中不要再调。

（6）测量旋光角：调节激磁电流，使 B 达到预定值，此时数显表示值已发生变化，转动检偏角度盘手轮，使数显表示值回到最小点，这时的角度表示值即为待测的旋光角的数值。

（7）去掉磁场时，数显表示值发生变化，再调节角度手轮，使数显表示值回到最小点，进行下一步的测量。

实验内容

1. 固定波长，改变激磁电流测旋光角 α，每对应点测三次，绘出 $B-\alpha$

曲线。

2. 分别在 $I=1，2，3$ 条件下，测不同波长对应的旋光角，分别绘出 $\lambda-\alpha$ 曲线。

3. 检验实验精度，计算核质比。在实验所测各曲线的线性范围内，选择 α、B、λ 及 $\mathrm{d}n/\mathrm{d}\lambda$（实验室已给出），取三组数据。

由公式（2.1.13）导出

$$e/m = \frac{-2c\alpha}{DB\lambda \dfrac{\mathrm{d}n}{\mathrm{d}\lambda}} \qquad (2.1.16)$$

利用公式（2.1.16）计算出 e/m 值。比较 e/m 值和经典 $e/m = 1.758\,8 \times 10^{11}$ C/kg，求出本实验的相对误差，并分析误差来源。

注意事项

1. 施加或撤除磁化电流时，应先将电源输出电位器逆时针旋回到零，以防止接近或切断电源时磁体电流的突变。

2. 为了保证能重复测得磁感强度及与之相应的磁体激磁电流的数据，磁体电流应从零上升到正向最大值，否则要进行消磁。

思考题

1. 试分析测量结果与理论结果的误差来源。

2. 尝试一下法拉第原理的应用设计。

3. 本实验为什么用消光检测，而不用起偏器、检偏器相互平行的位置检测？

附录

测样品介质色散 $\mathrm{d}n/\mathrm{d}\lambda$ 与波长 λ 的关系曲线方法。

用光源系统加单色仪产生单色光，把样品的三棱镜放置在分光计上。采用测量最小偏向角法，如图 2.1.4 所示测出入射光波长和最小偏向角 θ 的对应关系，然后利用公式

$$n = \frac{\sin\left[(\theta+\beta)/2\right]}{\sin(\beta/2)} \qquad (2.1.17)$$

对式（2.1.17）两边微分并同除以 $\mathrm{d}\lambda$ 有

$$\mathrm{d}n/\mathrm{d}\lambda = \frac{\cos\left[(\theta+\beta)/2\right]}{\sin(\beta/2)} \times \frac{\mathrm{d}\theta}{2\mathrm{d}\lambda} \qquad (2.1.18)$$

根据式（2.1.18），计算出 $\mathrm{d}n/\mathrm{d}\lambda \sim \lambda$ 的对应关系。式中，n 为材料的折射率，

β 为样品的三棱镜的顶角。

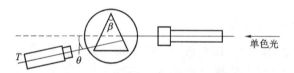

图 2.1.4　分光仪测量最小偏向角示意图

参考文献

［1］戴道宣，戴乐山．近代物理实验［M］．第 2 版．北京：高等教育出版社，2006.

［2］赵凯年．光学［M］．北京：北京大学出版社，2008.

（姜　丽）

实验 2.2　光拍频法测量光速

引言

光速是物理学中一个具有代表性的基本常数，许多物理概念和物理量都与它有着密切的联系。光速值的精确测量将关系到许多物理量值精确度的提高，所以长期以来对光速的测量一直是物理学家十分重视的课题。无论是哪一个时代，几乎都动员了最先进的科学技术对光速进行测量。尤其近几十年来天文测量、地球物理、空间技术的发展以及计量工作的需要，使得光速的精确测量已变得越来越重要。光的偏转和调制，则为光速测量开辟了新的前景，并已成为当代光通信和光计算机技术的中心课题。

1676 年，丹麦物理学家罗默（Romer）第一个测出光的速度为 215 000 km/s；法国人菲索于 1849 年用旋转齿轮法测得光的速度为 315 000 km/s；1941 年，美国人安德森（H. L. Andreson）用克尔盒调制法，测出光速为 $2.997\,76\times10^8$ m/s；1966 年，Karolus 和 Helmberger 用声光移频法，测得光速为（$299\,792.47\pm0.25$）$\times10^3$ m/s。1975 年，第十五届国际计量大会确认光速值为（$299\,792\,458\pm1.2$）m/s。

实验目的

1. 理解光拍频概念及其获得方法。
2. 掌握光拍频法测量光速的技术。

实验原理

1. 光拍的产生和接收。

根据振动叠加原理，频差较小、速度相同的二同相共线传播的简谐波相叠加形成拍。拍频波的频率（即拍频）是相叠加二简谐波的频差。考虑频率分别为 f_1 和 f_2（频差 $\Delta f = f_1 - f_2 \ll f_1, f_2$）的二光束（为简化讨论，假定它们振幅相同）

$$E_1 = E\cos\ (\omega_1 t - k_1 x + \varphi_1)$$
$$E_2 = E\cos\ (\omega_2 t - k_2 x + \varphi_2)$$

叠加成的合成波为

$$E_s = E_1 + E_2 = 2E\cos\left[\frac{\omega_1 - \omega_2}{2}\left(t \cdot \frac{x}{c} + \frac{\varphi_1 - \varphi_2}{2}\right)\right] \times \cos\left[\frac{\omega_1 + \omega_2}{2}\left(t \cdot \frac{x}{c} + \frac{\varphi_1 + \varphi_2}{2}\right)\right]$$

$$(2.2.1)$$

用光电接收器（平方律检波器）接收这个合成波，输出光电流

$$i_0 = gE_s^2 \qquad (2.2.2)$$

式中，g 为接收器的光电转换常数。把式（2.2.1）代入式（2.2.2），同时注意到，由于光频甚高（$f_0 \approx 10^{14}$ Hz），光电接收器的光敏面来不及反映频率如此之高的光强变化。迄今优秀的光检测器只能对频率在 10^9 Hz 以下的光强变化响应，输出相应变化的光电流。光电检测器对光的接收和转换过程可视为将 i_0 对时间积分，并取对光电检测器响应时间 τ 的时间平均的过程。此处 $1/f < \tau < 1/\Delta f$，f 为光频，Δf 为光拍频。注意到 i_0 的展开式中含有若干高频项、常数项和差频缓变项（差频项）。高频项的积分为零，常数项和差频项的时间积分平均即为它们本身。于是

$$\overline{i_0} = \frac{1}{\tau}\int_\tau gE_s^2 \mathrm{d}t = gE^2\left\{1 + \cos\left[\Delta\omega\left(t - \frac{x}{c}\right) + \Delta\varphi\right]\right\} \qquad (2.2.3)$$

式中，$\Delta\omega$ 是与 Δf 相应的角频率，$\Delta\varphi = \Delta\varphi_1 - \Delta\varphi_2$ 为二光束的位相差。可见光电检测器输出的光电流包含有直流和光拍频交变信号两种成分，滤去直流成分，即得频率为光拍频 Δf、位相与光程有关的光拍频电信号。

图 2.2.1 是光拍信号在某一时刻的空间分布，如果在接收电路中将直流成分滤掉，即得纯粹光拍信号的空间分布。这就是说，处在不同空间位置的光检测器在同一时刻有不同位相的光电流输出。这就提示我们可以用比较光拍信号的空间位相的方法间接地测定光速。

事实上，由式（2.2.3）可知，光拍信号的同位相诸点有如下关系：

$$\Delta\omega\,\frac{x}{c} = 2n\pi \quad \text{或} \quad x = \frac{nc}{\Delta f} \qquad (2.2.4)$$

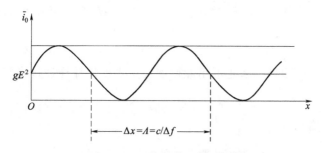

图 2.2.1　光拍信号的空间分布

式中，n 为整数，相邻二同相点间的距离 $\Lambda = c/\Delta f$ 相当于拍频波的波长。测定了 Λ 和光拍频 Δf，即可确定光速 c。

2. 相拍二光束的获得。

光拍频波要求相拍二光束具有一定的频差，使激光束产生固定频移的办法很多，用得最多的是声光频移法。利用声光互相作用产生频移的方法有两种：一种是行波法，另一种是驻波法。

（1）行波法。在声光介质与声源（压电换能器）相对的端面上敷以吸声材料，以保证只有声行波通过，如图 2.2.2 所示。互相作用的结果使激光束产生对称多级衍射。第 l 级衍射光的角频率为 $\omega_l = \omega_0 + l\Omega$，其中 ω_0 为入射光的角频率，Ω 为声角频率，衍射级 $l = \pm 1，\pm 2，\cdots$。如其中 +1 级衍射光频为 $\omega_0 + \Omega$，衍射角 $\alpha = \lambda/\Lambda$，λ 和 Λ 分别为介质中的光波长和声波长。通过仔细调节光路，我们可使 +1 级和 0 级二光束平行叠加产生频差为 Ω 的拍频光波，这种拍频光波就可以达到测量光速的目的。但是这两束光必须平行叠加，因而对光路的可靠性和稳定性提出了较高的要求，相拍二光束稍有相对位移即破坏形成光拍的条件。

（2）驻波法。如图 2.2.3 所示，利用声波的反射，使介质中建立驻波声场（相应于介质的传声厚度为半声波长的整数倍的情况）。它也产生 l 级对称

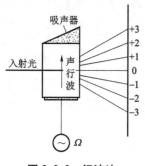

图 2.2.2　行波法

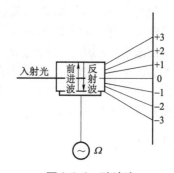

图 2.2.3　驻波法

衍射，而且衍射光比行波法时强得多（衍射效率高）。第 l 级的衍射光频为 $\omega_{l,m}=\omega_0+(l+2m)\,\Omega$，其中 l，$m=0$，±1，±2，…。可见驻波声光器件的任一衍射光束内含有多种频率成分，这相当于许多束不同频率的激光的叠加（当然强度各不相同），因此不用像行声波声光器件那样通过光路调节才能获得拍频光波。

实验装置

图 2.2.4 是用光拍频法测量光速的实验装置图。从驻波声光频移器出射的任一级衍射光，都可用来作本实验的工作拍频光束，本实验采用零级光，因为其光强最强。零级光分近程和远程二路光达到光电接收器，不同光程的拍频光波具有不同的位相。若两束光同相位，则其光程差等于波长的整数倍，在本实验范围内光程差就等于一个波长 Λ，又 $\Lambda=c/\Delta f$，用数字式频率计测出拍频 Δf，即可确定光速 $c=\Lambda\cdot\Delta f$。

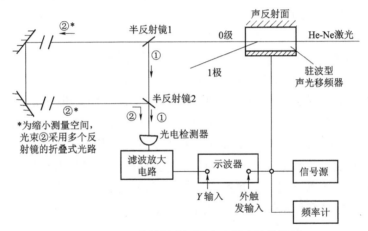

图 2.2.4　用光拍频法测量光速的实验装置图

注意光电接收和显示系统任一时刻都只接收和显示二光路之一的拍频波信号。我们用一小电动机驱动旋转式斩光器，在任何时刻只让一束光通过它到达光电接收器，而截断另一束。斩光器的旋转，使两路光交替到达接收器并显示出波形。利用示波器的余辉，单通道示波器上可"同时"看到两路拍频光波的波形，以达到比较两路光拍频波位相的目的。应当指出，为了正确比较位相，必须用统一的时基，示波器工作切不可用内触发同步，要用功率信号作示波器的外触发同步信号，否则将会引起较大测量误差。

实验内容和步骤

1. 实验内容。

按图 2.2.4 在同相位的情况下测量并计算光在空气中的传播速度，将测得的数据填入表 2.2.1 中，并计算光速及相对误差。要求相对误差小于 1%。

表 2.2.1　实验数据及处理表

近程光光程 L_1/cm		
远程光光程 L_2/cm	第 1 段	
	第 2 段	
	第 3 段	
	第 4 段	
	第 5 段	
	第 6 段	
	第 7 段	
	第 8 段	
	第 9 段	
	第 10 段	
	第 11 段	
	第 12 段	
声波频率 F/Hz		
波长 Λ/cm		
拍频光波频率 Δf/Hz		
光速 c/($\mathrm{m \cdot s^{-1}}$)		
相对误差		

2. 实验步骤。

（1）将高频信号源的输出接到频率计，以检测拍频频率；将选频放大器的输出接至示波器的 Y 输入端，将选频放大器的触发输出接至示波器的外触发端。

（2）连接好示波器、频率计、激光器以及系统电源线；经过检查无误后，打开示波器、频率计、激光器及系统电源。

（3）激光器预热 15 min 左右；启动声光调制器。调节高频信号源的输出频率（15 MHz 左右），使衍射光最强。

（4）用斩光器挡住光束 2，调整光束 1，使其准确入射到探测器上，即可在示波器上看到正弦曲线。

（5）用斩光器挡住光束 1，预计光束 2 所需光程。调整光束 2，使其准确入射到探测器上，即可在示波器上看到正弦曲线。

（6）启动斩光器，使得光束 1（近程光）和光束 2（远程光）交替入射到探测器上，调整探测器的位置使得两个正弦曲线幅值接近（不要相同）。

（7）通过调整按键来调整相位，使得两个正弦曲线严格同相位，此时即可记录数据。

3. 测量与计算。

（1）拍频 $\Delta f = 2F$，其中 F 为功率信号源的工作频率，即声波频率。

（2）分别测量同相位时光束 1 和光束 2 的光程（半反射镜 1 和半反射镜 2 之间的光程），其光程差 ΔL 即等于 Λ（用钢卷尺测量各镜框中心距离，精确到毫米）。

（3）根据公式 $c = \Lambda \cdot \Delta f$ 计算光速。

注意事项

1. 声光频移器引线及冷却铜块不得拆卸。
2. 切勿用手或其他污物接触光学表面。
3. 切勿带电触摸激光管电极等高压部位。

思考题

1. 有人建议用双光电检测器和双踪示波器代替本实验所采用的单光电检测器和单通道示波器测量光速，对此你有何评论？
2. 为什么说用示波器内触发同步会引起较大的光速测量误差？
3. 尽可能简要而准确地表述光拍频法测量光速的原理。

参考文献

[1] 叶柳 . 近代物理实验 [M] . 合肥：中国科学技术大学出版社，1999.
[2] 梁柱 . 光学原理教程 [M] . 北京：北京航空航天大学出版社，2005.

（范　雅）

实验 2.3　光探测器光谱特性研究

实验目的

1. 了解光电器件，学习光探测器光谱特性的测量方法。
2. 学会使用光栅光谱仪及其他测量设备。
3. 应用设计能力训练。

实验原理

1. 光探测器的分类。

光辐射入射到物体表面时，会出现光电效应和热电效应两种物理现象。由此特性研制出的可以度量光辐射的探测器件称为光辐射探测器，按相应原理其可分为光电探测器（简称光探测器）与热电探测器，热电探测器有热电堆、热敏电阻、热电偶。热电探测器对各种波长的辐射有平坦的响应，被视为无选择性探测器，在某些应用上，是光探测器所不能替代的。

光探测器是应用最广泛的探测器，按使用材料和工作原理的不同，又分为外光电效应探测器和内光电效应探测器。各种类型的光电管和光电倍增管属于外光电效应探测器。光探测器对各种波长的辐射的响应是不同的，而且仅对具有足够能量的光子才有响应，所以，光探测器都属于选择性探测器，都有一个长波限。

光探测器，尤其是内光电效应探测器，发展极为迅速。各种新型的光探测器还在不断地推出，并且从单元探测器发展到多元阵列式探测器。本实验拟对外光电效应探测器的光电倍增管开展初步研究，可供对其他器件研究的同学们借鉴。

光探测器按工作原理和结构的分类如图 2.3.1 所示。

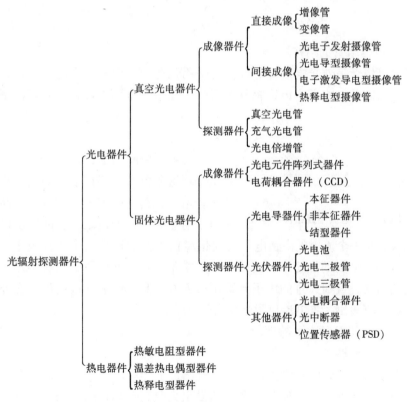

图 2.3.1　光探测器按工作原理和结构的分类

2. 光探测器的工作原理。

（1）外光电效应。

光照射某物质时，若入射光子能量足够大，它和物质中电子相互作用，使电子逸出物质表面（称为光电子），此现象称为外光电效应。

外光电效应遵守以下基本定律：

1）入射光分布不变时，光电流 I 与入射光通量 ϕ 成正比。

2）发射的光电子的动能与入射光强度无关，光电子的最大动能与入射光的频率呈线性关系。

（2）内光电效应。

被光激发所形成的自由载流子（电子和空穴或其中的一种），仍在物质内部运动，并不逸出物质表面，此现象称为内光电效应。

（3）次级电子发射效应。

次级电子发射现象是指在能量足够大的电子轰击物质表面时，物质内部发射电子，次级电子的数目 N_2 可能超过一次电子的数目 N_1 好多倍。两种电子的比值 σ 称为次级电子增益系数，即

$$\sigma = \frac{N_2}{N_1}$$

3. 光电倍增管的结构。

光电倍增管是外光电效应器件，是采用光电子发射和二次电子发射原理制成的光探测器。除了光电阴极和阳极外，还有光电倍增极，它们都被密封在高真空的玻璃管壳内，如图 2.3.2 所示。

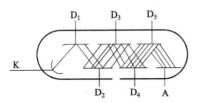

图 2.3.2 光电倍增管结构示意图

在各电极间加上适当的电压，当光电倍增管阴极 K 受光照后，阴极发出电子，电子在真空中被电场加速，当高速电子射至第一倍增极之后，因二次电子发射效应，每一个入射的高速电子会使倍增极表面发射出几个二次电子。这些二次电子在电场的加速下，再撞击第二个倍增极，使电子数再次倍增，这样，逐渐倍增，直到大量的电子到达阳极而被收集，形成阳极电流。在外电路中形成电流输出，该电流比阴极发出的电子流大得多。

4. 光电倍增管的主要特性。

（1）光电特性。

光电倍增管的光电特性如图 2.3.3 所示，由光照而产生的电流，在相当宽的范围内呈线性关系，但是，在光通量很大时将会出现明显的非线性。光

电倍增管属于测弱光器件，不适用于强光测量，否则电极容易疲乏，使灵敏度下降以至损坏管子。

（2）光谱特性。

光电倍增管的光谱响应主要取决于阴极材料和窗口材料，阴极材料决定管的长波限，窗口材料决定短波限。图 2.3.4 是 Sb-K-Cs 为阴极材料的光电倍增管的光谱响应曲线。光谱响应曲线是本实验的主要研究内容。

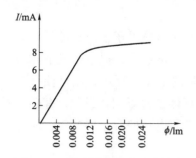
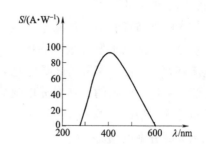

图 2.3.3　光电倍增管的光电特性　　　　图 2.3.4　光电倍增管（Sb-K-Cs 为
　　　　　　　　　　　　　　　　　　　　　　　　阳极材料）的光谱响应曲线

（3）灵敏度。

通常，灵敏度有两种表示形式：辐射灵敏度与光照灵敏度。辐射灵敏度是指单位光辐射功率所引起的光电探测器输出电信号的大小。能量单位以光度学的计量单位表示的为光照灵敏度。它们的关系是：$1\ \text{W} = 685\phi(\lambda)\ \text{lm}$，$\Phi(\lambda)$ 为波长的光见度函数。

光电倍增管是目前最灵敏的光探测器，其灵敏度分为阴极灵敏度和阳极灵敏度。阴极被光照射后发射的光电流与入射至阴极的辐射通量之比称为阴极辐照灵敏度，单位为毫安/瓦（mA/W）；阴极发射的光电流与入射光通量之比为阴极光照灵敏度，单位为微安/流明（μA/lm）；阳极输出的信号电流与入射到阴极的辐射通量之比称为阳极辐射灵敏度，单位为安培/瓦（A/W）；阳极输出的信号电流与入射到阴极的光通量之比称为阳极光照灵敏度，单位为安培/流明（A/lm）。阳极辐射灵敏度是表征倍增系统的重要参数，它与倍增极结构、材料、制造工艺，分压器参量及供电电压有关。光电倍增管的阳极信号电流与阴极信号电流之比称为光电倍增管的放大倍数。当光电倍增管的阳极光照灵敏度和阴极光照灵敏度已知时，放大倍数有

$$G = 阳极光照灵敏度/阴极光照灵敏度 \tag{2.3.1}$$

光电倍增管的放大倍数一般在 $10^6 \sim 10^8$ 范围内。

（4）响应时间。

光电倍增管的响应时间很短暂，一般在 10^{-8} s 以下，通常用上升时间，

渡越时间表征光电倍增管的时间特性。当管子被一个很窄的光脉冲照射后，输出电流脉冲从峰值的 10% 上升到 90% 所需的时间称为上升时间。设闪光到达阴极的时刻为 t_1，输出电流脉冲前沿半幅点出现的时刻为 t_2，t_2-t_1 称为渡越时间。

(5) 暗电流。

暗电流是光电倍增管的一个重要参数，尤其是在微弱光信号时，暗电流的影响是很大的。

光电倍增管的暗电流源于漏电流，主要来自热电子发射、场致发射、气体放电等。热电子发射来自阴极和倍增极，温度越高，热电子发射越多，暗电流越大，可见，采取措施降低光电倍增管的工作（环境）温度便可减小暗电流。磁场、电场的存在对光电倍增管的特性也有影响，因此，有必要采取屏蔽措施，最简单的方法是采用一个和阴极同电位的合金屏蔽筒，既能屏蔽磁场又能屏蔽电场。

5. 光探测器的光谱响应测量。

在一定波长下，探测器输出信号电压 $V(\lambda)$（或电流 $I(\lambda)$）与入射辐射光通量 $\Phi(\lambda)$ 之比，称为光探测器光谱灵敏度 $S(\lambda)$，亦称为光谱响应度。

$$S(\lambda) = V(\lambda)/\Phi(\lambda) \tag{2.3.2}$$

式中，$S(\lambda)$ 的单位为 V/W，V/lm（A/W，A/lm）。光谱灵敏度 $S(\lambda)$ 与波长 λ 的对应关系称为光谱响应，光谱灵敏度 $S(\lambda)$ 与波长 λ 的关系曲线，称为光谱响应曲线。常把光谱灵敏度分布曲线（亦即光谱响应曲线）的最大值定为 100%，求出其他光谱灵敏度对这一最大值的相对值，这样得出的光谱响应曲线，称为相对光谱响应曲线。

光谱灵敏度对选择光探测器和辐射源具有重要意义。所使用的光电探测器的光谱灵敏度分布与光源的光谱能量分布一致的情况下，将有助于光探测器性能的发挥，也会获得较高的探测效率。

由定义可知，要测定光谱灵敏度，就要测定光电倍增管阴极接收的单色光辐射功率及由它产生的光电流。因此，测量时要用一束已知波长值和辐射功率的光入射到光电倍增管的阴极上，并测出相应的光电流。已知辐射功率光谱分布的光源，叫标准光源。最理想的标准光源是绝对黑体，但是由于黑体制作和使用都比较麻烦，故常用钨带灯作为次级标准光源（简称标准光源）。

实验装置如图 2.3.5 所示，光源发出的光，经过照明系统后，照在单色仪的狭缝上，经过单色仪后，分成不同波长的单色光。将待测光探测器置于单色仪的出射狭缝处，再将单色仪入射、出射狭缝开至适当宽度（试想想看：

应开到怎样的宽度？为什么?)，转动单色仪，使各波长之单色光依次入射至待测光探测器的接收面上，记录对应各波长的单色光所产生的光电流 $I_x(\lambda)$（或电压），在探测器的光照特性呈线性的条件下，光电流 $I_x(\lambda)$ 与光源的光谱功率分布 $P(\lambda)$、单色仪的光谱透射比 $\tau(\lambda)$ 和待测光探测器的光谱灵敏度 $S_x(\lambda)$ 成正比。

$$I_x(\lambda) \approx P(\lambda)\tau(\lambda)S_x(\lambda)$$
$$I_x(\lambda) = K_1\tau(\lambda)S_x(\lambda) \qquad (2.3.3)$$

其后，在保持光源系统、单色仪不变的条件下，用热释电器件代替待测光探测器，用来校单色仪出射光谱功率分布，其输出光电流 $I_s(\lambda)$ 同样有：

$$I_s(\lambda) \approx P(\lambda)\tau(\lambda)S_s(\lambda)$$
$$I_s(\lambda) = K_2\tau(\lambda)S_s(\lambda) \qquad (2.3.4)$$

用式（2.3.3）除以式（2.3.4）

$$I_x(\lambda)/I_s(\lambda) = (K_2/K_1) \cdot [S_x(\lambda)/S_s(\lambda)]$$
$$S_x(\lambda) = KI_x(\lambda)S_s(\lambda)/I_s(\lambda) \qquad (2.3.5)$$

对一定的探测系统，$K = K_2/K_1$ 为一常数，热释电器件基本上可视为无选择性的探测器，故常将热释电器件的光谱灵敏度 $S_s(\lambda)$ 视为常数（如在精密测量时，热释电器件的光谱选择性亦应考虑在内），所以

$$S_x(\lambda) = KI_x(\lambda)/I_s(\lambda)$$

实验设备及装置连接

实验设备及装置包括白炽光源，WDG-Sb 精密光栅单色仪，GDB159、R928 光电倍增管，连续谱激光能量计等。实验装置连接如图 2.3.5 所示。

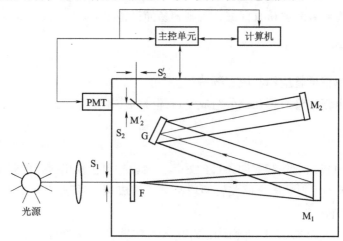

图 2.3.5　实验装置连接图

实验步骤

1. 调整光源、光路、光门，给单色仪系统定位。

2. 将欲测量的光电接收器放置在单色仪的狭缝处，转动单色仪，测量其各波长的输出电流 $I_x(\lambda)$ 及对应 λ。

3. 用已标定过的激光能量计，放置在单色仪的狭缝处，测量对应各波长的输入光探测器的光通量，得到对应的光电流 $I_s(\lambda)$ 与对应 λ。

4. 算出 $S_x(\lambda)$、$S_相(\lambda)$，绘出其光谱特性曲线。

5. 可选择不同的光电倍增管、光电池、光电二极管等光探测器，分别予以测量，绘出它们的光谱灵敏度曲线，予以比较研究。

6. 可选择不同的光源、测试条件测量相应的光谱，并予以比较研究。

7. 同学们可尝试测算一下不同工作条件下光探测器的光电转换效率（量子效率）。其公式为

$$\eta(\lambda) = \frac{S(\lambda)\hbar c}{q\lambda}$$

8. 条件允许时学生可试设计光电倍增管的分压电路并焊接安装。

注意事项

1. 光电倍增管是弱光器件，测量光探测器光谱灵敏度时，要严格控制光通量及光电倍增管的工作电压，以免损坏。

2. 光栅单色仪光门是精密部件，调节时一定要注意狭缝的读数，且不可使读数小于零，否则将使狭缝刀口损坏。

3. 设置参数时要认真仔细，否则容易使设备损坏。

思考题

1. 光电倍增管应用领域有哪些?

2. 光电倍增管有哪几部分组成? 每部分的作用是什么?

附录

1. 单色仪入射狭缝照明条件的好坏，会影响单色仪出射光的强度，因此，可以在光源和入射狭缝之间安置两块凸透镜构成聚光系统（见图 2.3.6），以改善照明条件。

L 是单色仪的入射准直物镜，S_1 是入射狭缝，S 是光源，L_1 和 L_2 为照明透镜。L_2 把光源 S 成像于 S_1 上，照亮入射缝，L_2 放置在入射缝 S_1 前，当 L_2 的

焦距 f_2 满足条件：$1/l_1 + 1/l_2 = 1/f_2$，则 L_1 经 L_2 成像在 L 上，如果 L_1 的直径 D_1 和 L 的直径 D 满足：$D_1/D = l_1/l_2$ 时，L_1 的像充满 L，这样，凡被 L_1 接收的光，除一部分被狭缝挡住外，其余全部投影到 L 上，这就增加了经单色仪的出射光强度。

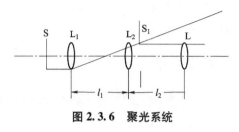

图 2.3.6　聚光系统

2. 光电倍增管的配压电路如图 2.3.7 所示。光电倍增管的电路很有讲究，同时需细心，管子工作电压是 700~2 000 V，阳极的输出端各电极间的电位通过相应的分压电阻获得。各电极的电位从阴极到阳极依次递增，从而建立起依次递增的电子加速电场。阳极电流对电源电压十分敏感，因此，允许电源电压的相对变化量为允许的阳极电流相对变化量的 10%。光电倍增管的高压电源，根据需要可采用正高压或负高压供电。采用负高压供电时，电源正极接地，此时，阳极输出可直接接入放大器的输入端，而不需要隔直电容，便于用直流法测量阳极输出电流。但是，屏蔽筒距离管壳至少要 10~20 mm，否则会增加管子的不稳定性和暗电流。采用正高压供电时（电源负极接地），可使管子有低的暗电流和噪声，但在阳极与后续电路之间，需接上耐高压、噪声小的隔直电容。由于负高压供电简单，一般采用负高压供电，除非对管子的暗电流和噪声有苛刻的要求。

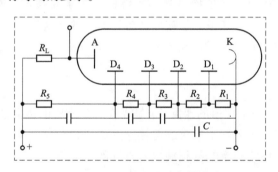

图 2.3.7　光电倍增管配压电路

光电倍增管的分压器的设计很重要，设计不当会影响管子的线性、稳定性等性能。无论是测量直流光电信号还是脉冲光电信号，中间各级一般都采用均匀分压，对直流信号，后极也采用均匀分布，对脉冲光电信号，后极一般是非均匀分布的，使最后几个倍增极之间有较高电场，以避免空间电荷的影响。阴极与第一倍增极之间应具有适当高的电场，使第一倍增极有较高的二次发射效应。测量直流光电信号时，为保证管子工作在线性状态，通过分压器的电流一般不应小于阳极电流的 20 倍。测量大的脉冲信号时，电流流过时影响极间电位分布，可以在后几级电阻上并联储能电容。

参考文献

[1] 安毓英，曾晓东. 光电探测原理［M］. 西安：西安电子科技大学出版社，2004.

[2] 张以谟. 应用光学［M］. 第 3 版. 北京：电子工业出版社，2008.

（姜　丽）

实验 2.4　用 V 棱镜仪测光学玻璃折射率

实验目的

1. 掌握 V 棱镜仪的结构、原理及调节使用方法。
2. 用 V 棱镜仪测光学玻璃折射率。

实验原理

1. 折射率及色散。

光学玻璃的折射率和色散是光学零件的一个重要参量，例如从光学系统的设计计算来看，需要知道光学玻璃的各种波长的折射率。

大家都知道，光学介质的折射率 n 与光在此介质中的传播速度有关，可表示为

$$n = c/v \tag{2.4.1}$$

式中，c 是光在真空中传播的速度；v 是光在此介质中的传播速度。

一般情况下，把光在空气中的传播速度看成和在真空中一样，均为 c，通常所指的光学玻璃折射率都是指玻璃对空气的折射率。

光学玻璃的折射率除了和原料的配方比例有关外，还和它在生产过程中的受热过程有关，如升温和降温的速度快慢、保温时间的长短、退火温度的高低及退火时间的长短，等等，都会影响到折射率数值。

不仅不同牌号的光学玻璃的折射率是不一样的，而且对同一种光学玻璃来讲，不同波长的光的折射率也是不一样的，也就是说，各种不同波长的光线经过光学玻璃时具有不同的折射率。光学玻璃的折射率是光的波长的函数，即 $n = f(\lambda)$。

光学介质（其中包括光学玻璃）对波长不同的光线具有不同的折射率这

种特性，叫作色散。色散和折射率一样，都是光学玻璃的重要特性参数。

正因为光学介质的折射率与光线的波长有关，所以在表示某一介质的折射率时应该同时指出它是针对哪一种波长而言的，不过通常为了方便起见，当笼统地讲某一介质的折射率时，总是指对波长 $\lambda = 589.3$ nm 的 D 谱线的折射率，并表示为 n_D。在普通的光学仪器中，经常采用的光学玻璃的折射率都是在 $n_D = 1.50 \sim 1.75$ 之间。

2. 光学玻璃色散的表示方法。

光学玻璃的折射率和波长有关。一般情况下，折射率随着光线波长的增大而减小。在光线波长为 $365 \sim 1\,014$ nm 范围内，光学玻璃的折射率和光线波长之间的关系可以由下面经验公式给出。

$$n = A_0 + A_1/\lambda^2 + A_2/\lambda^4 + \cdots \qquad (2.4.2)$$

式（2.4.2）称为光学玻璃的色散经验公式。各种不同牌号的光学玻璃的色散曲线不同，反映在式（2.4.2）中仅仅是系数 A_1，A_2，$A_3 \cdots$ 不相同。当系数确定后，对应的这种光学玻璃的色散曲线就确定了。也就是说，可以通过式（2.4.2）求出每一种波长所对应的折射率。

具有单一波长的光波称为单色光，意思就是某一种波长的光对应于某一种色散。那么光学玻璃的色散应该给出哪几种波长（即单色光）的折射率呢？指定这几种波长的原则是：要求在可见光谱区域内每隔适当的一段距离给出一种单色光，并且要求给出的几种单色光是容易获得的。因为在测量光学玻璃折射率时，单色光都是由有利于某些元素的放电发生原理制成的光谱灯产生的，不是任意波长的单色光都是容易获得的。我国无色光学玻璃的国家标准规定，在可见光谱区域内，应该给出指定的七种波长的光线（或称谱线）的折射率。

这几种波长的谱线都有相应的谱线符号（见附录），对应这几种谱线的折射率分别表示为 n_H、n_G、n_F、n_E、n_D、n_C、n_R 等。

在光学玻璃目录中，除了规定各种牌号的光学玻璃对上述几种谱线的折射率外，为了光学系统设计的方便，还给出了通过由这几种谱线的折射率计算出的如下几个特殊的量，以此来衡量色散的大小。

（1）$n_F - n_C$：即 F 谱线的折射率和 C 谱线的折射率之差，把这个量称为中部色散。这是一个很重要的量，光学玻璃指标之一就是规定了中部色散的误差范围。

（2）$(n_D - 1)/(n_F - n_C)$：把这个量称为色散系数，用符号 V 表示。这是一个在光学系统设计中非常有用的量，并把它叫作阿贝数。

（3）$(n_F - n_D)/(n_F - n_C)$，$(n_F - n_E)/(n_F - n_C)$，$(n_G - n_E)/(n_F - n_C)$：把这些

量称为相对色散系数。

3. 光学玻璃折射率和色散的质量指标。

国家标准中根据光学玻璃的实际折射率和色散与标准值的允许偏差值的大小，把光学玻璃折射率和色散质量指标分成三类，见表 2.4.1。

例如 K^9 玻璃的标准值为：$n_D = 1.516\,3$，$n_F - n_C = 0.008\,06$。如果出厂的 K^9 玻璃折射率和色散在 $n_D = 1.515\,8 \sim 1.516\,8$，$n_F - n_C = 0.008\,01 \sim 0.008\,11$ 之间时，则这种玻璃折射率和中部色散的质量为 1 类；如果在 $n_D = 1.515\,6 \sim 1.517\,0$，$n_F - n_C = 0.007\,99 \sim 0.008\,13$ 之间时，这种光学玻璃的折射率和中部色散的质量为 2 类；如果在 $n_D = 1.515\,3 \sim 1.517\,3$，$n_F - n_C = 0.007\,96 \sim 0.008\,16$ 之间时，这种光学玻璃的折射率和中部色散的质量为 3 类。

表 2.4.1　光学玻璃折射率和色散质量指标分类

类别	允　许　差　值	
	折射率 n_D	中部色散 $n_F - n_C$
1	$\pm 5 \times 10^{-4}$	$\pm 5 \times 10^{-5}$
2	$\pm 7 \times 10^{-4}$	$\pm 7 \times 10^{-5}$
3	$\pm 10 \times 10^{-4}$	$\pm 10 \times 10^{-5}$

从上面叙述可知，测量折射率的方法和仪器如果能保证在测量折射率时精度为 1×10^{-4}，在测量中部色散时精度为 1.5×10^{-5}，就能满足光学玻璃出厂时的分类要求。

测量光学玻璃折射率的方法有很多种，本实验只介绍一种最常用的方法：V 棱镜法。

实验装置

V 棱镜仪。

1. V 棱镜仪的构造原理。

如图 2.4.1 所示为 V 棱镜仪的构造原理图。

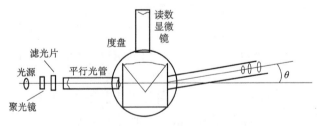

图 2.4.1　V 棱镜仪的构造原理图

实质上它是一台垂直式的测角仪，度盘的旋转主轴呈水平状态。V棱镜相当于精密测角的工作台，并且要求度盘的旋转主轴和V棱镜的V形缺口的底棱平行。V棱镜仪主要是由平行光管、对准望远镜、度盘、读数显微镜和V棱镜组成。平行光管给出一组平行光线，平行光管的光轴和与V棱镜的V形缺口底棱相平行的细线作为瞄准线用。为了减小在测量中杂光的影响，分划板上的透光只有中间一条窄缝，其余部分不透光，窄缝用光谱线的光来照亮。

对准望远镜是用来观察平行光管的瞄准线经过V棱镜和被测样品后的像的，对准望远镜和度盘连接在一起并能绕度盘的水平主轴旋转。用对准望远镜的旋转找出从V棱镜射出光的方向。对准望远镜的分划板上刻有一对短的双线，用平行光管瞄准线的像平分短的双线。此时在对准望远镜的视场里见到的情况如图2.4.2所示。

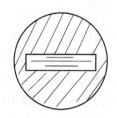

图 2.4.2　对准望远镜的视场里看到的图

读数显微镜用来读出度盘所在的位置，也就是用来读取出射光线的偏折角 θ 值，度盘上从 0° 向两边分别刻有 0°~30° 和 360°~330° 范围的刻线，刻线每格的格值为 10′。读数显微镜有测微目镜，可以读出角 θ 的精度为 0.05′。由于度盘是和对准望远镜一起转动的，因此读出度盘位置的度数也就确定了对准望远镜的位置。

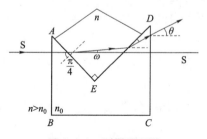

图 2.4.3　测量原理图

2. 用V棱镜仪测量光学折射率的测量原理。

图2.4.3即为用V棱镜仪测量光学折射率的测量原理图。V棱镜是由两块材料完全相同并且已知其折射率为 n_0 的直角棱镜胶合成的一个有V形缺口的长方形棱镜。测量时，需要先将待测的光学玻璃磨成90°直角，正好放入该V形缺口内，为使它们密切切合，中间应滴进和样品折射率相近的折射液。

测量时，一束平行光线沿着S的方向垂直地入射在V棱镜的AB面上。如果待测块和V棱镜折射率完全相等，则光线不发生任何偏折，入射光线沿着S方向射出。如果待测块和V棱镜的折射率不相同，则根据折射定律，光线要发生偏折。设待测块折射率为 n，V棱镜折射率为 n_0，当 $n > n_0$ 时，光线要发生如图2.4.3所示方向的偏折。很明显，偏折角 θ 的大小与 n 和 n_0 有关。用V棱镜法测量光学玻璃的折射率就是利用这个关系。通过测量出偏折角 θ，然后根据一定的关系计算出被测样品的折射率 n。

利用图 2.4.3 来推导偏折角 θ 和被测样品折射率 n 之间的关系，图 2.4.3 中是假定了被测样品折射率 n 大于 V 棱镜材料的折射率 n_0 的情况，即 $n>n_0$。

对四个面应用折射率定律，则有

在 AB 面上：$\sin 0° = n_0 \sin 0°$；

在 AE 面上：$n_0 \sin \pi/4 = n\sin (\pi/4-\omega)$；

在 ED 面上：$n\sin (\pi/4+\omega) = n_0\sin (\pi/4+\varphi)$；

在 DC 面上：$n_0 \sin \varphi = \sin \theta$。

其中，ω 是光线在 AE 面上的折射方向和最初入射光线方向的夹角，φ 是光线在 ED 面上的折射方向和最初入射光线方向的夹角。

从上面四组方程中可以看出，只要能设法消去 ω 和 φ 角，就能找出 θ 和 n 的关系，而 V 棱镜材料的折射率 n_0 是已知的。经过一系列计算，可得到

$$n = \left[n_0^2 + \sin \theta (n_0^2 - \sin^2\theta)^{1/2} \right]^{1/2} \qquad (2.4.3)$$

式 (2.4.3) 就是用 V 棱镜法测量光学玻璃折射率所利用的关系式。θ 角是出射光线相对于入射光线方向的偏折角，测量出 θ 角后，根据已知的 V 棱镜材料的折射率 n_0 就可以计算出被测样品的折射率。

从图 2.4.3 中可知，这是当被测样品折射率 n 大于 V 棱镜材料折射率 n_0 时的光路情况，如果 $n<n_0$ 时，结果将会怎样呢？

与 $n>n_0$ 的情况类似，应用折射定律可以得到：

$$n = \left[n_0^2 - \sin \theta (n_0^2 - \sin \theta^2)^{1/2} \right]^{1/2} \qquad (2.4.4)$$

对于 V 棱镜仪，利用刻盘上的刻度及 $\sin \theta$ 符号，把公式 (2.4.3) 和公式 (2.4.4) 合写成

$$n(\lambda) = \left[n_{0\lambda}^2 + \sin \theta (n_{0\lambda}^2 - \sin^2\theta)^{1/2} \right]^{1/2} \qquad (2.4.5)$$

即用式 (2.4.5) 可直接求得折射率。

3. 测量方法。

测量的目的是要测出光线偏折角 θ 的数值。首先要找出零位，所谓零位是指对准望远镜直接瞄准从平行光管发出的不偏折的光线时，读数显微镜中得到的读数应该是 0°。但是由于种种原因，读数显微镜中的读数和 0° 有一个小的偏差，记住这个偏差，在最后测出偏折角时将该偏差减掉（或加上）。这个偏差不能太大，否则会影响有效数字。

确定零位的方法如下：实验室备有和 V 棱镜材料完全相同的玻璃样品，以它作为标准块，标准块和 V 棱镜是选自同一块光学玻璃，因此它们的特性完全一样。将该标准块放入 V 棱镜缺口内（中间需添加折射液，使它们密切贴和），此时从对准望远镜中找到平行光管分划板上的瞄准线的像，该位置即

为零位，从读数显微镜中读取这个数值。

零位找好后，就可进行待测块的测量。将标准块取出，分别用酒精棉、脱脂棉擦干净，放入瓷盘内，将待测块滴少许折射液放入 V 形缺口内。然后转动对准望远镜，找到平行光管分划板上瞄准的像，对准的方法如前文所述。

4. 读数方法。

首先将刹车手轮松开，用手轻轻转动对准望远镜，从目镜中找到狭缝的单丝像，使其基本平分目镜中的双线，然后锁紧刹车手轮，并轻轻地转动测微手轮，使单丝像准确地平分双线。接着观察读数系统，在读数系统视场中，首先看最上边的瞄准窗，转动测微手轮，使瞄准窗内单线平分双线，此后即可开始读数。先读取中间度盘上的数值，我们已经知道度盘从 0° 向右标出 0°~30°，向左标出 360°~330°，就是说偏折角在 ±30° 之内都可测出。盘上每度之间有六个小格，每小格的格值为 10′。最下边的是测微尺，从测微尺上读到的每一等份为 0.05′。由于度盘是和对准望远镜一起转动的，因此读出度盘和测微尺的度数，也就确定了对准望远镜的位置。将度盘读数和测微尺的读数加在一起即为偏折角的度数。

图 2.4.4　读数用的视图

具体读法如图 2.4.4，先读取度盘数值，在 0°~1° 之间为 0°，不足 1° 的读数值图中为 30′，游标测微尺上还可读出 5′25″，合计应该读作 0°35′25″。

实验内容、步骤和数据处理

1. 点燃钠灯，稍等一会儿，待亮度保持稳定后，开始确定零位。

2. 将标准块取下，用酒精棉、脱脂棉擦净折射液，擦干净后将标准块放入瓷盘内。换上待测块，先用钠灯 D 线测出偏折角，再用汞灯 E 线、G 线测出偏折角，最后用氢灯 C 线、F 线测出偏折角。

3. 每条谱线的偏折角测三次，取算术平均值，由前述公式计算折射率，并计算该光学玻璃的中部色散。

4. 用查表法计算折射率。

从以上计算可知，这种计算方法较繁琐。实际工作中，是事先把不同偏折角 θ 和所对应的折射率 n 求出来，列成表格，然后在测量中用查表法求出折射率。

在编制表格时，通常并不是直接把被测样品的折射率 n 和偏折角 θ 列成表格，而是把被测样品的折射率 n 和 V 棱镜材料的折射率 n_0 的差值 $\Delta n = n - n_0$ 与偏折角 θ 列成表格，用余角插入法计算折射率。

当由 V 棱镜仪测出偏折角 θ 后，在 Δn-θ 表中可查出对应的 Δn 值。因为 V 棱镜材料的折射率 n_0 为已知量，根据 $n = n_0 + \Delta n$ 很快就能计算出被测样品的折射率，且比较准确。

用余角插入法计算光学材料折射率所依据的公式为

$$n_\lambda = n_{0\lambda} + \Delta n_D + g_\lambda \qquad (2.4.6)$$

式中　n_λ——待测块对应某种谱线的折射率；

　　　$n_{0\lambda}$——V 棱镜（标准块）对应某种谱线的折射率，为已知量；

　　　Δn_D——根据待测块对应某种谱线所测出偏折角 θ，在表中查出的 D 谱线的折射率差值；

　　　g_λ——根据待测块对应某种谱线所测出的偏折角，在表中查出对应该谱线的修正值。

本实验要求用计算器计算 D 谱线、C 谱线、F 谱线的折射率，并与直接应用公式计算的结果进行比较。

5. V 棱镜仪也可以测液体的折射率，方法及计算步骤同固体一样，只是需要换一下 V 形槽。要求测一种液体（酒精或煤油）折射率时，用余角插入法计算。

注意事项

1. 在使用氢灯和氦灯电源箱时，氢灯和氦灯转换开关拨向氢灯位置时输出端电压为 8 000 V，开关拨向氦灯位置时输出端电压为 5 000 V，所以请注意高压安全。

2. 使用氢氦灯电源箱时，必须接上负载才能接通电源，不准空载，以免烧坏氢氦灯电源箱。

3. 使用氢氦灯电源箱前，必须检查氢灯或氦灯是否与高压接线柱连接好；转换开关位置与所接灯是否相符；如对使用的灯不清楚是氢灯还是氦灯，开关应先放置氦灯位置一试，以此来进行判断。

4. 氢灯、氦灯寿命不长，希望随用随关。

5. 光学零件表面不得用油手或汗手触摸，尤其是 V 棱镜、标准块和待测块的通光面。使用后需用脱脂棉蘸少许酒精或乙醚擦干净，不得留有剩余浸液，以免破坏棱镜表面，清洁后盖上有机玻璃盖子，以防止损坏。

思考题

1. 分析实验误差产生的原因。

2. 本实验中使用的余角插入法对测量精度的作用是什么？

附录

光源波长（nm）		谱线符号	应用滤色片组
氦灯	706.5	r	r
	587.6		D
汞灯	546.1	e	e
	435.8	g	gG
	404.7	h	h
氢灯	656.3	C	C
	486.1	F	F
	434.1		gG
钠灯	589.3	D	D

参考文献

［1］机械工业部仪器仪表工业局. 光学测量［M］. 北京：机械工业出版社，1985.

［2］赵凯华，钟锡华. 光学［M］. 北京：北京大学出版社，1981.

（苟立丹）

实验 2.5　单光子计数

引言

随着近代科学技术的发展，人们对极微弱光的信息检测产生越来越浓厚的兴趣。在天文测光、大气测污、分子生物学、超高分辨率光谱学、非线性光学等现代科学技术领域中，都涉及极微弱光信息的检测问题。所谓弱光，是指光电流强度比光电倍增管本身在室温下的热噪声水平（10^{-14} W）还要低的光。因此，用通常的直流测量方法，已不能把淹没在噪声中的信号提取出来。单光子计数技术就是检测弱光信号的一种新技术，这一技术是通过分辨单个光子在检测器（通常是光电倍增管）中激发出来的光电子脉冲，把光信号从热噪声中以数字化的方式提取出来。弱光信号是时间上比较分散的光子流，因而由检测器输出的是自然离散化的电信号。针对这一特点，采用脉冲放大、脉冲甄别和数字计数技术，可以大大提高弱光检测的灵敏度，一般可以优于 10^{-17} W，这是其他检测方法所不能做到的。

现代光子计数技术的优点包括以下几个方面。

1. 有较高的信噪比。基本上消除了光电倍增管的高压直流漏电流和各倍增极的热电子发射形成的暗电流所造成的影响，可以区分强度只有微小差别的信号，测量精度很高。

2. 有较好的抗漂移性。在光子计数测量系统中，光电倍增管增益的变化、零点漂移和其他不稳定因素对计数影响不大，所以时间稳定性好。

3. 有比较宽的线性动态范围，最大计数率可达 $10^6\ \mathrm{s}^{-1}$。

4. 测量数据以数字显示，并可以以数字信号形式直接输送给计算机进行分析处理。

实验目的

1. 了解光子计数方法和弱光检测中的一些问题。
2. 学习光子计数方法的基本原理和基本实验技术。

实验原理

1. 光子流量和光流强度。

光是由光子组成的光子流，单个光子的能量 ε 与光波频率 ν 的关系是

$$\varepsilon = h\nu = hc/\lambda \tag{2.5.1}$$

式中，$c = 3.0 \times 10^8\ \mathrm{m/s}$ 是真空中的光速，$h = 6.6 \times 10^{-34}\ \mathrm{J \cdot s}$ 是普朗克常数。如果光源发出的是波长为 630 nm 的近单色光，由式（2.5.1）可以计算出这种光子的能量 ε 为

$$\varepsilon = \frac{hc}{\lambda} = \frac{6.6 \times 10^{-34} \times 3.0 \times 10^8}{6.3 \times 10^{-7}} = 3.16 \times 10^{-19}\ (\mathrm{J})$$

光子流量可用单位时间内通过某一截面的光子数 R 表示，光流强度是单位时间内通过的光能量，用光功率 P 表示。单色光的光功率 P 与光子流量 R 的关系是

$$P = R \cdot \varepsilon \tag{2.5.2}$$

当光功率为 $10^{-16}\ \mathrm{W}$ 时，由式（2.5.2）可求出这种近单色光的光子流量为

$$R = \frac{10 \times 10^{-17}}{3.16 \times 10^{-19}} = 3.2 \times 10^2$$

当光流强度小于 $10^{-16}\ \mathrm{W}$ 时，光通常被称为弱光，此时可见光的光子流量可降到一毫秒内不到一个光子，因此实验中要完成的将是对单个光子进行检测，进而得出弱光的光流强度，这就是单光子计数。

2. 光电倍增管输出的信号波形。

在弱光检测中光电倍增管是最合适的探测器件，图 2.5.1（a）为其结构

示意图。当光子入射到光电倍增管的光阴极上时，光阴极吸收光子后将发射出一些光电子，光阴极产生的光电子数与入射到光阴极上的光子数之比称为量子效率。大多数材料的量子效率都在 30% 以下，也就是说每 100 个入射光子大约只能记录下 30 个。在弱光下光电倍增管输出的光电子脉冲基本上不重叠，所以光子计数实际上是将光电子产生的脉冲逐个记录下来的一种探测技术，从统计意义上说也是单光子的计数。

如图 2.5.1（a）所示，光阴极上发射出的光电子，经聚焦和加速打到第一倍增极上，将在第一倍增极上"打出"几倍于入射电子数目的二次电子。这些二次电子被加速后打到第二倍增极上，依此类推接连经过几个或十几个倍增极的增殖作用后，电子数目最高可增加到 10^8。最后由阳极收集所有的电子，在阳极回路中形成一个电脉冲信号，如图 2.5.1（b）所示。

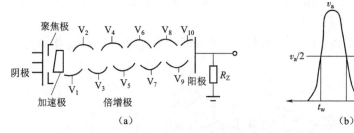

图 2.5.1 光电倍增管结构示意图及其输出的电脉冲信号

（a）光电倍增管结构示意图；（b）光电倍增管输出的电脉冲信号

然而，光电倍增管由于光阴极和倍增极的热电子发射，也会在阳极输出一个电脉冲，它与入射光的存在与否无关，所以称之为暗电流脉冲，即是光电倍增管中的热噪声（热电子）。光阴极造成的热噪声脉冲幅度与光电子脉冲幅度相同，而各倍增极造成的大量的热噪声脉冲幅度一般均低于光电子幅度。图 2.5.2 是这两种脉冲幅度的概率分布曲线。由此提供了一个去除噪声脉冲的简单方法，即将光电倍增管的输出脉冲通过一个幅度甄别器，调节甄别器阀值 h，使 $h > h_1$，则可以甄别掉大部分热噪声脉冲。而对信号脉冲来说，损失却很小，从而可以大大提高检测信号的信噪比。

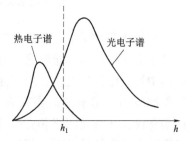

图 2.5.2 光电子脉冲与热电子脉冲的幅度概率分布曲线

3. 单光电子峰。

将光电倍增管的阳极输出脉冲接到脉冲高度记录仪器上，得到如图 2.5.3

所示的脉冲分布。光阴极发射的电子，包括光电子和热发射电子，都受到了所有倍增电极的增殖，因此它们的幅度大致接近，产生图中的"单光电子峰"。此外，除光电子脉冲外，还有各倍增极的热发射电子在阳极回路中形成的热噪声脉冲，它们经受倍增的次数要比光阴极发射的电子经受的少，因此前者在阳极上形成的脉冲幅度要比后者低。所以，图2.5.3中脉冲幅度较小的部分主要是热噪声脉冲。

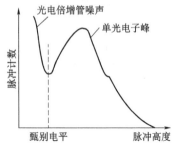

图 2.5.3　光电倍增管输出脉冲分布

用脉冲幅度甄别器将幅度高于甄别电平的脉冲加以甄别、输出并计数显示，就可实现高信噪比的单光子计数，大大提高检测灵敏度。

4. 光子计数器的组成。

光子计数器的原理框图如图 2.5.4 所示，各主要部分的功能和要求如下所述。

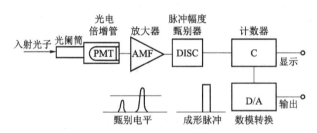

图 2.5.4　光子计数器框图

（1）光电倍增管。

从以上介绍可知，能够进行光子计数的一个重要条件是要有性能良好的光电倍增管。更具体地说，用于光子计数的光电倍增管必须具有适合于实验中工作波段的光谱响应，要有适当的阴极面积，量子效率高，暗计数率低，时间响应快，并且光阴极稳定性高。为了获得较高的稳定性，除尽量采用光阴极面积小的管子外，还采用冷技术来降低管子的环境温度，以减少各倍增极的热电子发射。

（2）放大器。

放大器的作用是将光电倍增管阳极回路输出的光电子脉冲和其他噪声脉冲线性地放大。放大器的增益可根据单光电子脉冲的高度和甄别器甄别电平的范围来选定。另外还要求放大器具有较宽的线性动态范围，上升时间≤3 ns（即通频带宽超过 100 MHz），噪声系数小，等等。光电倍增管与放大器的连线应尽量短以减少分布电容，有利于光电脉冲的形成与传输。

（3）脉冲幅度甄别器。

脉冲幅度甄别器有连续可调的阈电平，称甄别电平。只有当输入脉冲的幅度大于甄别电平时，甄别器才输出一个有一定幅度和形状的标准脉冲。在用于光子计数时，可以将甄别电平调节到图 2.5.3 所示单光电子峰的下限处，这时各倍增极所引起的热噪声脉冲因小于甄别电平而不能通过，经甄别器后只有光阴极形成的光电子脉冲和热电子脉冲的输出。对甄别器的要求是甄别电平稳定，灵敏度高，死时间短。当有一脉冲触发了甄别器中的线路以后，在它恢复原状以前甄别器不能接收后续脉冲，这段时间称为死时间，用于光子计数的甄别器的死时间要求小于 10 ns。

（4）计数器。

计数器（或称定标器）的作用是将甄别器输出的脉冲累计起来并予以显示。用于光子计数的计数器要满足高计数率的要求，即要能够分辨时间间隔为 10 ns 的二脉冲，相应的计数率为 100 MHz。不过当光子计数器用于微弱光的测量时，它的计数率一般很低，因此采用计数率低于 10 MHz 的计数器亦可，这部分还必须有控制计数时间的功能。

5. 光子计数器的噪声和信噪比。

光子计数器的噪声来源主要为光子发射的统计涨落、光阴极和倍增极的热电子发射以及脉冲堆积效应等。

（1）统计涨落噪声。

就热光源来说，在发光时各原子是相互独立的，相继的两个光子打到光阴极上的时间间隔是随机的。按照统计规律，在一定的时间间隔 t 内发出的光子数服从泊松分布。

（2）暗计数噪声。

由于光电倍增管的光阴极和各倍增极有热电子发射，即使入射光强为零时，还有暗计数，也称本底计数。通常采用降低管子的工作温度、选用小面积光阴极和选择合适的甄别电平等措施力图使暗计数率 R_d 降到最小。但对于极微弱的光信号，暗计数仍是一个不可忽视的噪声来源。

（3）脉冲堆积效应噪声。

分析光子计数器的噪声和计数误差时，除上述几个重要因素外，还应考虑脉冲堆积效应，这是计数率较高时的主要误差来源。

光电倍增管输出的脉冲有一定的宽度 t_w，只有在从一个光电子脉冲产生时算起，经过比 t_w 更长的时间间隔之后，光电倍增管阳极回路才能接着输出另一个光电子脉冲，t_w 又称为光电倍增管的分辨时间。当后续光电子脉冲与前一个脉冲的时间间隔小于 t_w 时，阳极回路只输出一个脉冲，这个现象称为脉冲堆积效应。如果接连有很多脉冲来临前的时间间隔都小于 t_w，这些脉冲都不能分辨。可见，光电倍增管也具有死时间。在这个意义下光电倍增管被称为"可瘫痪"的探测器，就是说它的计数率有上限，超过此上限就出现计数率的损失。

（4）光子计数器的信噪比。

在弱光的条件下，光子到达光阴极的统计分布特征近似地服从泊松分布。也就是说光子流量为 R 的光子流，在时间间隔 t 内，有 n 个光子到达探测器的概率是 $p\ (n \cdot t) = \dfrac{(Rt)^n \mathrm{e}^{-Rt}}{n!}$，由泊松分布的标准偏差得到 $\sigma = \sqrt{Rt}$，这个偏差值 σ 反映光信号的涨落，也就是光源的噪声，通常称为光子噪声。因此，被测信号的本征信噪比 $\mathrm{SNR_p}$ 为

$$\mathrm{SNR_p} = \frac{Rt}{\sqrt{Rt}} = \sqrt{Rt} \qquad (2.5.3)$$

它是被测量信号的极限信噪比。

在光子计数系统中，总存在热电子发射等造成的暗计数噪声。虽然甄别器可以剔除大部分暗电流脉冲，但总还剩余一些。设其暗计数率为 R_d，光阴极的量子效率为 η，那么测量结果的信噪比

$$\mathrm{SNR} = \frac{\eta R \sqrt{t}}{\sqrt{\eta R + 2R_d}} \qquad (2.5.4)$$

式中，R 为入射光子的平均流量，t 为测量时间间隔。当 $\mathrm{SNR} = 1$ 时，对应的接收信号功率即为仪器的探测灵敏度。根据信噪比的公式，光电倍增管的热电子发射和内部光子、离子反馈等产生的暗计数率，是决定系统测量动态范围下限的主要因素。

实验装置

本实验采用由天津港东生产的 SGD-2 单光子计数实验系统，其结构如图 2.5.5 所示，主要由单光子计数器、制冷系统、外光路、电脑控制软件等组成。系统采用了脉冲高度甄别技术和数字计数技术，具有较高的线性动态范围，输出的数字信号便于计算机处理。

1. 光源。

用高亮度发光二极管作光源，中心波长为 500 nm，半宽度为 30 nm，为提高入射光的单色性，仪器备有窄带滤光片，其半宽度为 18 nm。

2. 接收器。

接收器采用 CR125 型光电倍增管。实验采用半导体制冷器来降低光电倍

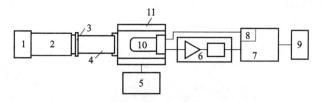

图 2.5.5　单光子计数实验系统结构图

1—光源；2—暗盒；3—入射光阑；4—光阑筒；5—光电倍增管；6—放大器与甄别器；
7—计数器；8—高压电源；9—记录仪；10—半导体制冷电源；11—半导体冷却管罩

增管的工作温度，最低温度可达−20 ℃。

3. 光路。

实验系统的光路如图 2.5.6 所示。

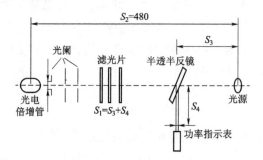

图 2.5.6　实验系统光路图

为了减小杂散光的影响和降低背景计数，在光电倍增管前设置了一个光阑筒，内设三片光阑，供不同光强时选用。

实验内容和步骤

1. 测量暗计数率 R_d 和光计数率 R_p 随光电倍增管工作温度变化的关系，研究工作温度对 R_d 和 R_p 的影响。

2. 研究光计数率 R_p 和入射光功率 P_i 的对应关系。

（1）画出接收光信号的信噪比与接收光功率 P_0 的关系曲线，确定最小可监视功率（即探测灵敏度）。

（2）测量几种入射光功率的光计数率 R_p，测量时间可自选。

（3）接收光功率 P_0 可按下式计算：

$P_0 = E_P(R_p/\eta)$，E_P 为光子在 500 nm 处的能量。

$E_P = h\gamma = hc/\lambda$，$c = 3×10^8$ m/s 为真空光速；$h = 6.6×10^{-34}$ J·s 为普朗克常数；$\lambda = 500$ nm（本实验）。

所以 $E_P = 4×10^{-19}$ J，又因为 $\eta = 0.8$（CR125 型光电倍增管对 500 nm 波段

光子的量计数效率)。

所以可计算出接收光功率 P_0 的大小。

注意事项

1. 测量时，不可打开光路的上盖，以避免杂散光的影响。

2. 绝对禁止光电倍增管在加高压时受强光（包括室内照明光）照射。

3. 光电倍增管要经过长时间工作才能趋于稳定，因此开机后需要预热半小时以上才能进行测量。

4. 调节光电倍增管时，一定要关闭高压后进行（细调除外），如带高压操作，机内容易引起高压打火，造成放大器、甄别器内晶体管击穿。

5. 在开启制冷电源前，一定先通冷却水。实验结束，关闭制冷器后，应保持冷却水继续流通 10 min 以上，否则会使水结冰而冻裂内部水箱。

6. 保存曲线时，若想将不同的曲线进行比较，应将这些曲线存在不同寄存器中，否则不能同时打开。

思考题

1. 影响光子计数系统的测量动态范围的主要因素是什么？

2. 试问在输入光强为 10^{-15} W（波长为 6.3×10^{-7} m）的情况下，能否用测量光电倍增管阳极电流方法进行测量？而当输入光强为 10^{-8} W 时，能否用光子计数的方法进行测量？

参考文献

[1] 吴思诚，王祖铨. 近代物理实验 [M]. 第三版. 北京：高等教育出版社，2005.

[2] 王仕璠. 现代光学实验教程 [M]. 北京：北京邮电大学出版社，2004.

（李　霜）

实验 2.6　单色仪的定标

实验目的

1. 了解单色仪的分光原理、仪器结构和使用方法。

2. 用已知的在可见光区域的氦灯光谱线对单色仪的读数系统进行定标，

并作色散曲线。

实验装置与原理

单色仪是分光仪器的一种，复色光经单色仪后分解为单色光。按所用色散元件不同，分为棱镜单色仪和光栅单色仪两类。棱镜单色仪采用棱镜作分光元件，光栅单色仪采用光栅作分光元件。单色仪可以把从紫外、可见到红外三个光谱区的复合光分解为单色光。如和电子束激发器，X射线激发器，光子激发器和高频等离子体、辉光放电等稳定光源相配套，可以进行光谱化学分析，如原子吸收光谱、荧光光谱、拉曼光谱、激光光谱的定性及定量分析。同时还可以进行物理量的测量，如测定接收元件的灵敏特性、滤光片吸收特性、光源的能谱分析、光栅的集光效率等。

1. 单色仪的结构及分光原理。

单色仪的结构和光路如图 2.6.1 所示，单色仪主要由以下三部分构成。

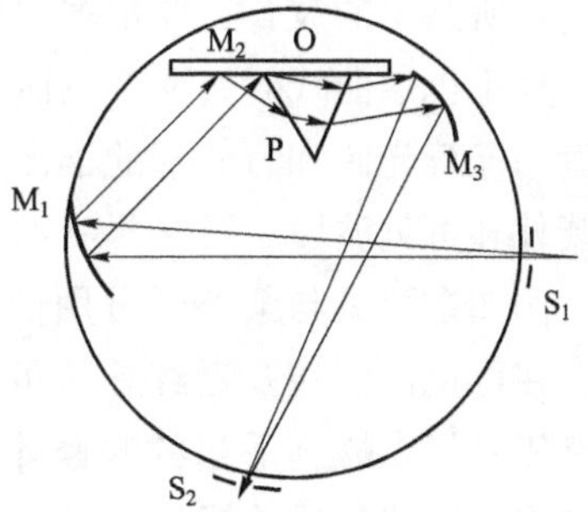

（1）入射准直系统。入射准直系统由反射式凹面物镜 M_1 与位于 M_1 焦平面处的狭缝 S_1 组成，使由外面进来的经狭缝 S_1 的光线变为平行光束，到达反射镜 M_2。

（2）色散系统。色散系统由反射镜 M_2 和色散棱镜 P 组成，棱镜 P 通常对可

图 2.6.1 单色仪的结构及光路图

见光而言是玻璃制成的，如果需要紫外和红外则另需要更换别的透紫外或红外的材料（如水晶、氯化钠等）制作的棱镜。

（3）出射聚光镜系统。出射聚光镜系统由聚光物镜 M_3 和位于其焦平面上的出射狭缝 S_2 构成，显然 M_3 把由棱镜 P 色散后的光会聚于狭缝 S_2 处，使 S_1 的像成在 S_2 处。

由 S_1 进入的复色光经由 M_1 反射后成为平行光，再经过 M_2 的反射就改变了方向，以适当的角度投射到棱镜的一个折射面上。其中有一组以最小偏折角通过棱镜的单色光（波长为 λ）投射到聚光物镜 M_3 上，并由其聚焦到出射狭缝 S_2 处，我们就得到了一束波长为 λ 的单色光。

反射镜 M_2 和色散棱镜 P 可以绕共同的竖直轴转动，此转轴通过棱镜 P 的底边中点。它们转动到不同的位置，就会使得不同颜色（波长）的单色光以最小偏折角通过棱镜，再经过聚光物镜 M_3 成像在出射狭缝 S_2 处。

2. 单色仪的定标方法。

转动仪器下方连着读数鼓轮的转杆即可使棱镜转动，因而鼓轮的指示数

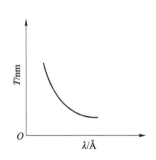

图2.6.2　单色仪的色散曲线

值反映出棱镜的转动位置，也就对应于出射光的波长。这种波长分度，一般在单色仪上是无法直接反映出来的，通常是以鼓轮指示数（T）为纵坐标，狭缝 S_2 处对应的出射波长（λ）为横坐标，作出 $T\sim\lambda$ 曲线，称之为单色仪的色散曲线或定标曲线，如图 2.6.2 所示。

单色仪在出厂时都附有色散曲线，如仪器的精度不受损失就可以使用原有的色散曲线，找出所需的波长。但是单色仪长期使用之后就会有所偏离，或色散曲线遗失，这就要求使用者用已知波长的光谱线找出与该波长对应的鼓轮读数 T，作出 $T\sim\lambda$ 曲线，此即为单色仪的定标。标定后的单色仪所给出的波长，要根据 T 值由色散曲线来确定。

校正色散曲线时，要选用谱线细锐且各波段都有光谱线的光谱灯作光源，或者用连续光源和有较窄的丰富吸收峰的材料来作校正色散曲线的波长标准。在紫外和可见波段，可选择一些低气压的元素灯，它们可发出一系列特征谱线。例如在可见与紫外区可用低压汞灯，因为其光谱线狭细且有紫外谱线出现；在可见区红端及近红外区可用几个大气压的高压汞灯，但红的谱线只有在高压汞灯点燃到适当的时候才会出现，而点燃时间太长，灯温升高产生的连续光谱会将红线淹没，因此有一定的缺陷。本实验中用氦灯作为可见区定标单色仪色散曲线的光源。

实验内容与步骤

1. 入射光源调整。

将氦灯、凸透镜（短焦距）、单色仪按顺序排列，使单色仪的狭缝 S_1 对准凸透镜和氦灯所发出来的光线。适当调节透镜和氦灯的位置，使氦灯发出的光成像在入射狭缝 S_1 上。加短焦距凸透镜的目的，主要是为了增强入射光的光强，也可不用，直接使氦灯发出的光对准入射狭缝。

2. 观测装置调整。

出射狭缝 S_2（缝宽约 2 mm 为宜）前放一读数显微镜，调节读数显微镜，使出射狭缝 S_2 和狭缝中的光谱线能够看清。如谱线较粗，可调节入射狭缝 S_1 上端的调节螺旋，使狭缝宽度减小。边调边看，直到谱线清晰而又亮度足够（适当将谱线调细能提高谱线的分辨率）。

3. 辨认氦灯谱线并测量。

氦灯在可见光波区的谱线，容易观察到的约有 7 条。观察谱线，首先根据谱线的颜色、顺序、间距和强弱的特征对谱线进行辨认（氦灯光谱波长见表 2.6.1）。谱线辨认清楚后即可进行测量。

表 2.6.1　氦（He）灯光谱波长表

光谱色	波长/Å
红	7 281
红	7 065
红	6 678
黄	5 875
绿	5 073
绿	5 015
绿	4 920
蓝	4 713
紫	4 471
紫	4 395

转动鼓轮（应注意向同一个方向转，动作要细心），依次记录下每条谱线对应的鼓轮读数 T。测量三次（每次朝同一个方向转动鼓轮）取平均值，绘出 $T \sim \lambda$ 曲线。

注意事项

1. 调节狭缝宽度时，务必注意，不要使单色仪的狭缝刃口损伤（入射狭缝不得小于 0.010 mm，出射狭缝不得小于 0.030 mm）。

2. 调节鼓轮读数时应小心缓动，如旋转时感到有阻力应立即停止操作。

思考题

1. 单色仪有何作用？

2. 本实验中如何对单色仪的读数装置进行定标？定标曲线如何画？

参考文献

[1] 赵凯华，钟锡华. 光学下册［M］. 北京：北京大学出版社，1980.

[2] 黄一石. 仪器分析［M］. 北京：化学工业出版社，2002.

（范　雅）

实验 2.7   晶体声光调制

引言

　　声光效应是指光通过某一受到超声波扰动的介质时发生衍射的现象，这种现象是光波与介质中声波相互作用的结果。早在 20 世纪 30 年代就开始了声光衍射的实验研究，60 年代激光器的问世为声光现象的研究提供了理想的光源，促进了声光效应理论和应用研究的迅速发展。声光效应为控制激光束的频率、方向和强度提供了一种有效手段。利用声光效应制成的声光器件，如声光调制器、声光偏转器和可调谐滤光器等，在激光技术、光信号处理和集成光通信技术等方面有着重要的应用。

实验目的

1. 理解声光效应的原理，了解 Raman-Nath 衍射和 Bragg 衍射的区别。
2. 观察布拉格衍射现象。
3. 研究声光调制和声光偏转的特性。
4. 模拟声光效应在通信技术中的应用。

实验原理

　　若有一超声波通过某种均匀介质，介质材料在外力作用下发生形变，分子间因相互作用力发生改变而产生相对位移，将引起介质内部密度的起伏或周期性变化，密度大的地方折射率大，密度小的地方折射率小，即介质折射率发生周期性改变。这种由于外力作用而引起折射率变化的现象称为弹光效应。弹光效应存在于一切物质中。

　　当声波在介质中传输时，将引起介质的弹性应变，产生和声波信号相应的、随时间和空间周期性变化的相位，这部分受超声波扰动的介质等效为一个"相位光栅"，其光栅常数就是声波波长 λ_s，这种光栅称为超声光栅。声波在介质中传播时，有行波和驻波两种形式，其特点是行波形成的超声光栅的栅面在空间是移动的，而驻波形成的超声光栅的栅面是驻立不动的。其产生过程如下：当超声波传播到声光晶体时，它由一端传向另一端，若遇到吸声物质，超声波将被吸声物质吸收，而在声光晶体中形成行波。由于机械波的压缩和伸长作用，在声光晶体中形成行波式的疏密相间的构造，也就是行波形式的光栅。若遇到反声物质，将被反声物质反射，在返回途中和入射波叠加而在声光晶体中形成驻波。由于机械波的压缩和伸长作用，在声光晶体中形成驻波形式的疏密相间的构造，也就是驻波形式的光栅。

声光效应是指光波在介质中传播时，被超声波场衍射或散射的现象。由于声波是一种弹性波，其在介质中传播会产生弹性应力或应变，这种弹性形变导致介质密度交替变化，从而引起介质折射率的周期变化，并形成折射率周期变化的光栅，当光波通过有超声波的介质后就会产生衍射现象，衍射光的强度、频率和方向等将随着超声波场的变化而变化。根据超声波频率的高低和声光作用的超声场长度的不同，声光效应可以分为拉曼-奈斯（Raman-Nath）衍射和布拉格（Bragg）衍射。

1. 拉曼-奈斯衍射。

当超声波的频率较低，且光波穿越声场的距离较短时，声波引起介质折射率的周期性变化起着"面相位光栅"的作用，光波垂直于超声波场的传播方向产生多级衍射，分布在出射光束两侧，此现象称为拉曼—奈斯衍射。

2. 布拉格衍射。

当超声波频率较高，且声光作用长度较长时，受声波扰动的介质也不再等效于"面相位光栅"，而形成了"体相位光栅"，如图 2.7.1 所示。这时，相对声波方向以一定角度入射的光波，其衍射光在介质内相互干涉，使高级衍射光相互抵消，只出现 0 级和 ±1 级的衍射光，这就是布拉格声光衍射。

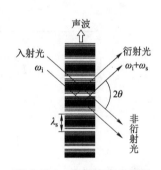

图 2.7.1　布拉格声光衍射

不管哪一种衍射，衍射光束都要产生偏转、频移和强度变化，变化的量值则随声波的强度、波长和传播速度等参量而改变。声光作用的应用就是利用衍射光束的这些性质来实现的。

声光调制是利用声光效应将信息加载于光频载波上的一种物理过程。调制信号是以电信号（调辐）形式作用于电声换能器上而转化为以电信号形式变化的超声场，当光波通过声光介质时，由于声光作用，使光载波受到调制而成为"携带"信息的强度调制波。

由于布拉格声光衍射产生条件需要超声波场足够强，可是入射光能量几乎全部转移到+1 级或−1 级衍射光上，光波能量可以得到充分利用，因此，利用布拉格衍射效应制成的声光器件可以获得较高效率。本实验主要研究布拉格声光调制。

下面从波的干涉加强条件来推导布拉格方程。把超声波通过的介质近似

看作许多相距 λ_s 的部分反射、部分透射的镜面。对于行波场，这些镜面将以速度 v_s 沿 x 方向移动（因为声速比光速小很多，所以在某一瞬间，超声场可近似看成是静止的，因而对衍射光的分布没有影响）。对于驻波超声场，这些镜面则完全是不动的。当平面波以 θ_i 入射至声波场，在 B、C、E 各点处部分反射，产生衍射光。各衍射光相干增强的条件是它们之间的光程差应为其波长的整数倍，或者说必须同相位。

图 2.7.2（a）表示在同一镜面上的衍射情况，入射光在 B、C 点的反射光同相位的条件是必须使光程差 $AC-BD$ 等于光波波长的整数倍，即

$$x(\cos \theta_i - \cos \theta_d) = m\frac{\lambda}{n} \quad (m=0, \pm 1) \tag{2.7.1}$$

其中，$\dfrac{\lambda}{n}$ 为介质中的光波长。要使声波面上所有点同时满足这一条件，只有使 $\theta_i = \theta_d$，即入射角等于衍射角才能实现。

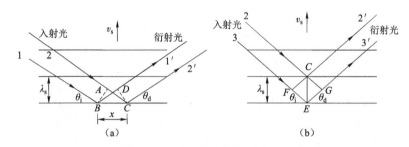

图 2.7.2 布拉格衍射的产生条件

图 2.7.2（b）表示在相距 λ_s 的两个不同的镜面上的衍射情况，入射光在 C、E 点的反射光同相位的条件是必须使光程差 $EF+EG$ 等于光波波长的整数倍，即

$$\lambda_s(\sin \theta_i + \sin \theta_d) = \frac{\lambda}{n} \tag{2.7.2}$$

考虑到 $\theta_i = \theta_d$，所以

$$2\lambda_s \sin \theta_i = \frac{\lambda}{n}$$

或

$$\sin \theta_i = \sin \theta_B = \frac{\lambda}{2n\lambda_s} = \frac{\lambda}{2nv_s}f_s \tag{2.7.3}$$

式中，$\theta_i = \theta_d = \theta_B$，$\theta_B$ 称为布拉格角。可见，只有入射角等于布拉格角 θ_B 时，在声波面上的光波才具有同相位，满足相干加强的条件，得到衍射极大值，式（2.7.3）称为布拉格方程。

由于发生布拉格声光衍射时，声光相互作用长度较长，属于"体光栅"

情况。理论分析表明，在声波场的作用下入射光和衍射光之间存在如下关系

$$\begin{cases} E_i(r) = E_i(0)\cos(k_{ij}r) \\ E_j(r') = -iE_i(0)\sin(k_{ij}r') \end{cases} \qquad (2.7.4)$$

式中，E_i 和 E_j 分别为入射和衍射光场，这为我们描述两个光场的能量转换效率提供了方便。

定义：在作用距离 L 处衍射光强和入射光强之比为声光衍射效率，即

$$\eta = \frac{I_j(L)}{I_i(0)} = \sin^2(k_{ij}L) \qquad (2.7.5)$$

由于

$$\Delta\left(\frac{1}{n_{ij}^2}\right) = p_{ijkl}S_{kl} \approx -\frac{2}{n^3} \approx -\frac{2}{n^3}\Delta n_{ij}$$

注意到

$$k_{ij} = \frac{n^3\pi}{2\lambda}p_{ijkl}S_{kl} = -\frac{\pi}{\lambda}(\Delta n_{ij})$$

其中，p_{ijkl} 是弹光系数张量元，构成一个四阶张量。

因此，式（2.7.5）可写为

$$\eta = \sin^2\left[\frac{\pi}{\lambda}(\Delta n_{ij})L\right] = \sin^2\left(\frac{\Delta\varphi}{2}\right) \qquad (2.7.6)$$

式中，$\Delta\varphi$ 是传播距离 L 后位相改变量。引入有效弹光系数 p_e 和有效应变 S_e，

$$\Delta n_{ij} = \frac{1}{2}n^3 p_e S_e \qquad (2.7.7)$$

其中有效应变 S_e 同声波场强度 I_s 的关系是

$$S_e = \left(\frac{2I_s}{\rho v_s}\right)^{\frac{1}{2}} \qquad (2.7.8)$$

式中，v_s 是声速，ρ 是介质密度。

于是式（2.7.6）写成

$$\eta = \sin^2\left[\frac{\sqrt{2}\pi}{\lambda}L\left(\frac{n^6 p_e^2}{\rho v_s^3}\right)^{\frac{1}{2}}\right] = \sin^2\left[\frac{\sqrt{2}\pi}{\lambda}L(MI_s)^{\frac{1}{2}}\right] \qquad (2.7.9)$$

或

$$\eta_s = \frac{I_1}{I_i} = \sin^2\left[\frac{\pi}{\sqrt{2}\lambda}\sqrt{\frac{L}{H}M_2 P_s}\right] \qquad (2.7.10)$$

式中，$M_2 = \dfrac{n^6 P^2}{\rho v_s^3}$ 是声光介质的物理参数组合，是由介质本身性质决定的量，称为声光材料的品质因数，它是选择声光介质的主要指标之一。从式（2.7.10）可见：

① 若在超声功率 P_s 一定的情况下，欲使衍射光强尽量大，则要求选择 M_2 大的材料，并且，把换能器做成长面较窄（即 L 大 H 小）的形式；

② 如果超声功率足够大，使 $\dfrac{\pi}{\sqrt{2}\lambda}\sqrt{\dfrac{L}{H}M_2P_s}$ 达到 $\pi/2$ 时，$\eta_s=100\%$，衍射效率最高，即入射光的全部能量都转换到 1 级衍射中；

③ 当 P_s 改变时，I_1/I_i 也随之改变，因而通过控制 P_s（即控制加在电声换能器上的电功率）就可以达到控制衍射光强的目的，实现声光调制。

实验装置

声光调制实验系统的结构示意图如图 2.7.3 所示，主要包括半导体激光器、声光调制器、小孔光阑、光电接收器以及声光调制电源箱、三角导轨、示波器等。

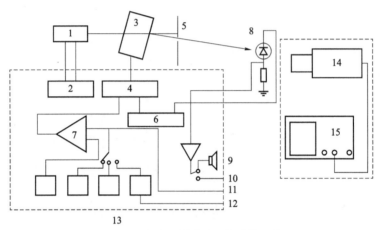

图 2.7.3　声光调制实验系统结构示意图

1—LD；2—LD 电源；3—声光调制器；4—超声发生器；5—光阑；6—直流供电；

7—加法器；8—光电二极管；9—扬声器；10—探测信号输出；

11—信号发生器信号输出；12—外信号；13—调制及接收系统；

14—CCD 线阵（选配）；15—示波器

1. 半导体激光器。

半导体激光器采用 650 nm 的红光，在 0~2.5 mW 可调，它具有相干性好、发散角小、便于在空间传输等优点。注意在调整光路时不要裸眼直视激光束。

2. 声光调制器。

声光调制器由声光介质、电声换能器、吸声（或反射）装置、耦合介质及驱动电源组成，其结构如图 2.7.4 所示。

（1）声光介质。

声光介质是声光相互作用的场所。当一束光通过变化的超声场时，由于光和超声场的作用，其出射光就具有随时间变化的各级衍射光，利用衍射光的强度随超声波强度的变化而变化的性质，就可以制成光强度调制器。

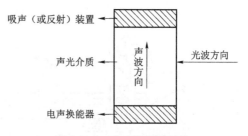

图 2.7.4　声光调制器结构

（2）电声换能器（又称超声发生器）。

电声换能器利用某些压电晶体（石英、LiNbO$_3$ 等）或压电半导体（CdS、ZnO 等）的反压电效应，在外加电场作用下产生机械振动而形成超声波，所以它起着将电功率转换成声功率的作用。

（3）吸声（或反射）装置。

吸声装置放置在超声元的对面，用以吸收已通过介质的声波（工作于行波状态），以免返回介质产生干扰，但要使超声场工作在驻波状态，则需要将吸声装置换成声反射装置。

（4）驱动电源。

驱动电源用以产生调制电信号并施加于电声换能器的两端电极上，驱动声光调制器（换能器）工作。

（5）耦合介质。

为了能较小损耗地将超声能量传递到声光介质中去，换能器的声阻抗应该尽量接近介质的声阻抗，这样可以减小两者接触界面的反射损耗。实际上，调制器都是在两者之间加一过渡层耦合介质，它起三个作用：低损耗传能、黏结和电极的作用。

实验内容和步骤

1. 光路调节步骤。

晶体声光调制实验光路系统如图 2.7.5 所示，具体步骤如下：

（1）在光具座的滑座上放置好激光器、小孔光阑和光电接收器，并安装好声光调制器的载物台；

（2）按系统连接方式将激光器、声光调制器、光电接收器等组件连接到声光调制电源箱；

（3）光路准直：打开电源开关，接通激光电源，调节电源箱上的激光强度旋钮，使激光束得到足够强度。用小孔光阑来调整光路，将半导体激光器放置在导轨一端锁定。先做近场调节，把小孔光阑拉到激光器附近，调整四

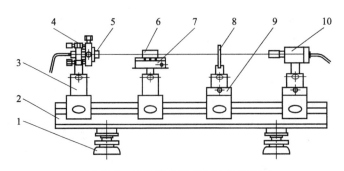

图 2.7.5 晶体声光调制实验光路系统

1—调平底脚；2—导轨；3—滑座；4—四维调节器；5—半导体激光器；6—声光调制器；
7—旋转平台；8—小孔光阑；9—横向滑座；10—光电探测器

维调整架上的左和上旋钮，使激光束通过小孔；再做远场调节，把小孔光阑拉远一些，基本是声光调制器的位置，旋转四维调整架上的右和下旋钮，使激光束通过小孔，反复调节，使得一定距离内激光束是平行光；

（4）将声光调制器的通光孔置于载物平台的中心位置，调整好高度，使得激光束刚好通过通光孔中心；

（5）把小孔光阑放置在带横向微动的滑座上，调整好小孔光阑的高度，使得光束正好通过小孔；

（6）调整光电探测器的高度，使得激光束落在光电接收器中心，此时可以利用声音的强弱来判断光能量是否最大地耦合进探测器。

2. 实验内容。

（1）观察声光调制的衍射现象。

① 调节激光束的亮度，使在接收屏中心有清晰的光点呈现，此为激光直射斑点，即为声光调制的 0 级光斑；

② 打开声光调制电压，此时超声发生器发出中心频率为 80 MHz 的超声波信号，加载于声光晶体上，对声光晶体进行调制；

③ 微调载物平台上声光调制器的转向，以改变声光调制器的光束入射角，即可出现因声光调制而出现的衍射光斑；

④ 仔细调节光束对声光调制器的角度，当+1 级（或者-1 级）衍射光最强时，声光调制器运转在布拉格衍射条件下的偏转状态。

注：布拉格衍射一级衍射达到极值的条件是：

① 控制电压为一特定的值；

② 入射激光必须以特定的角度（布拉格角 θ_B）入射。

（2）用线阵 CCD 光强分布测量仪测量声光衍射中各衍射级的强度分布（选做）。

用 CCD 光强分布测量仪比用单个光电池来作光电接收器的好处是：可以在同一时刻实时地显示、测量各级衍射光的相对强度分布，不受光源强度跳变、漂移的影响。在衍射角的测量上也有很高的精度。除在示波器上测量外，也可用计算机来采集处理实验数据（需要一块 CCD 采集卡）。

（3）测量布拉格衍射下的最大衍射效率（选做）。

在作用距离 L 处衍射光强和入射光强之比称为衍射效率。最大衍射效率 $\eta = \dfrac{I_{\mathrm{dmax}}}{I_0}$，其中 I_{dmax} 为 1 级衍射光强，I_0 为未发生衍射前的 0 级光强。

（4）观察交流信号的调制特性。

一级布拉格衍射光强 I_1 和驱动高频电压振幅 U_{m} 之间有如下关系

$$I_1 = I_L \sin^2(aU_{\mathrm{m}})$$

由于调制电压是线性调制电源，所以驱动高频电压 U_{m} 和控制电压 u 成正比，因此一级衍射光强也可以改写成如下形式

$$I_1 = I_L \sin^2(au)$$

从上式中可以看出只有当控制电压为一定值时，一级衍射光强才能达到极值，所以打开信号发生器，输入交流的正弦波信号。加法器（在仪器内部）把直流偏压和信号发生器的交流电压叠加在一起输出到线性声光调制器上，在示波器上可看到被调制的半导体激光的正弦波的调制波形。改变直流偏压的大小或增加信号发生器的信号强度，观察输出波形的调制特性。要特别注意波形如图 2.7.6 所示的失真情况。

（5）声光调制与光通信实验演示。

在驱动源输入端加入外调制信号（如音频信号、文字和图像等），则衍射光强将随此信号变化，从而达到控制激光输出特性的目的，实现模拟光通信和图像处理。图 2.7.7 为示波器上观察到的模拟的音频信号。

（6）计算声光调制偏转角。

1 级光和 0 级光间的距离为 d，声光调制器到接收孔之间的距离为 L，由于 $L \gg d$，即可求出声光调制的偏转角。

$$\theta_{\mathrm{d}} \approx \frac{d}{L}$$

（7）测量超声波的波速。

将超声波频率 $F = 80$ MHz，偏转角 θ_{d}，激光波长 $\lambda = 650$ nm 代入 $v_{\mathrm{s}} = \dfrac{F\lambda}{\theta_{\mathrm{d}}}$，即可求出超声波在晶体中的传播速度。

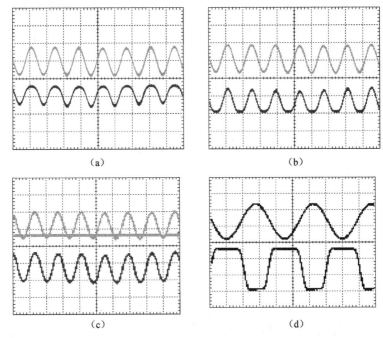

图 2.7.6 交流信号的调制特性

（a）下失真波形；（b）上失真波形；（c）不失真波形；（d）上下失真波形

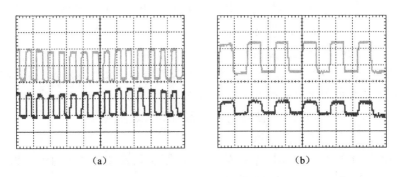

图 2.7.7 音频信号的模拟

（a）不失真的音频信号；（b）失真的音频信号

注意事项

1. 调节过程中必须避免激光直射人眼，以免对眼睛造成伤害。

2. 激光不要长时间直接照射光电探测器。

3. 声光晶体易碎，在潮湿环境容易损坏，操作时注意不要损坏。

4. 调节四维调整架时要轻调，不可用力过大，以免损坏调整架。

5. 供电电源应提供保护地线，示波器的地线需与系统良好连接。

思考题

1. 什么是弹光效应和声光效应？
2. 简述布拉格声光调制实现过程。
3. 产生布拉格声光衍射的条件是什么？布拉格声光衍射与拉曼-奈斯衍射的区别是什么？

附录

技术指标：

1. 声光调制器：

声光介质：钼酸铅晶体；

换能器介质：铌酸锂晶体；

通光口径：1 mm；

中心频率：80 MHz；

衍射效率：>70%。

2. 激光光源：半导体激光器。

3. 激光波长：650 nm。

4. 光功率输出：0~2.5 mW 可调。

5. 交流电源：AC（220±22）V，50 Hz。

参考文献

［1］施亚齐，戴梦楠. 激光原理与技术 ［M］. 武汉：华中科技大学出版社，2012.

［2］佘守宪. 导波光学物理基础 ［M］. 北京：北方交通大学出版社，2002.

［3］徐英. 近代物理测试技术 ［M］. 北京：石油工业出版社，2010.

（李　霜）

实验 2.8　磁 光 调 制

磁光调制是基础物理实验和相关专业实验中用以研究磁场与光场相互作用的物理过程的实验，适用于研究旋光材料的物理性能以及光信息处理。磁光调制在激光通信、激光显示等领域都有广泛的应用。

实验目的

测量磁光效应的旋光特性和调制特性。

实验原理

1. 磁光效应。

当平面偏振光穿透某种介质时，如果沿着平行于光的传播方向施加一磁场，光波的偏振面将会发生旋转，实验表明其旋转角 θ 正比于外加的磁场强度 B，这种现象称为法拉第（Faraday）效应，或磁致旋光效应，简称磁光效应，即：

$$\theta = \nu l B \qquad (2.8.1)$$

式中，l 为光波在介质中的路径长度，ν 为表征磁致旋光效应特征的系数，称为维尔德（Verdet）常数。由于磁致旋光的偏振方向会使反射光引起的旋角加倍，而与光的传播方向无关，根据这一特性在激光技术中可制成具有光调制、光开关、光隔离、光偏转等功能的磁光器件，其中磁光调制为最典型的一种。

2. 直流磁光调制。

当线偏振光平行于外磁场入射到磁光介质的表面时，偏振光的光强 I 可以分解成如图 2.8.1 所示旋转方向相反的左旋偏振光 I_L 和右旋偏振光 I_R。由于介质对两者具有不同的折射率 n_L 和 n_R，当它们穿过厚度为 l 的介质后分别产生不同的相位差，角位移为

$$\theta_L = \frac{2\pi}{\lambda} n_L l$$

$$\theta_R = \frac{2\pi}{\lambda} n_R l$$

式中，λ 为光波波长。

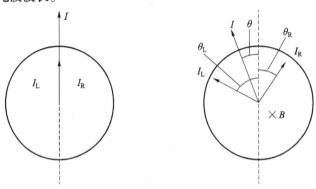

图 2.8.1　入射光偏振面的旋转

若平面偏振光的偏振面旋转的角度为 θ，则有

$$2\theta = \theta_L - \theta_R$$

可以得出

$$\theta = \frac{1}{2}(\theta_L - \theta_R) = \frac{2\pi}{\lambda}(n_L - n_R) \cdot l \qquad (2.8.2)$$

如果折射率的差（$n_L - n_R$）正比于磁场强度 B，即可得到式（2.8.1），根据偏转角 θ 的值与测得的 B 和 l 可以求出维尔德常数 ν。

3. 交流磁光调制。

用一交流电信号对励磁线圈进行激励，使其对介质产生一交变磁场，就组成了交流信号磁光调制器（此时励磁线圈称为调制线圈），在线圈未通电流并且不计光损耗的情况下，设起偏器 P 的线偏振光振幅为 A_0，则 A_0 可分解为 $A_0 \sin\alpha$ 和 $A_0 \cos\alpha$ 两个垂直分量，其中只有平行于 P 平面的 $A_0\cos\alpha$ 分量才能通过检偏器，故有输出光强

$$I = (A_0\cos\alpha)^2 = I_0\cos^2\alpha \qquad \text{（马吕斯定律）}$$

式中，$I_0 = A_0^2$ 为其振幅，α 为起偏器 P 与检偏器 A 主截面之间的夹角，I_0 为光强的幅值。

当线圈通以交流电信号 $i = i_0\sin\omega t$ 时，设调制线圈产生的磁场为 $B = B_0\sin\omega t$，则介质会相应地使平面偏振光的偏振面产生旋转角 $\theta = \theta_0\sin\omega t$，从检偏器输出的光强为

$$I = I_0\cos^2(\alpha+\theta) = \frac{I_0}{2}[1+\cos 2(\alpha+\theta)] = \frac{I_0}{2}[1+\cos 2(\alpha+\theta_0\sin\omega t)]$$

$$(2.8.3)$$

从上式可以看出，当 $\alpha = \dfrac{\pi}{2}$ 时光输出是调制波的倍频信号。以上就是电信号致使入射光旋光角变化，从而完成对输出光强调制的基本原理。

4. 磁光调制的基本参量。

磁光调制的性能主要由以下两个基本参量来描述。

（1）调制深度 η。

我们定义调制深度 $$\eta = \frac{I_{max} - I_{min}}{I_{max} + I_{min}} \qquad (2.8.4)$$

式中，I_{max} 和 I_{min} 分别为调制输出光强的最大值和最小值。

在 $0 \leqslant \alpha+\theta \leqslant \dfrac{\pi}{2}$ 的条件下，参照图 2.8.2 应用倍角公式，由式（2.8.3）得到在 $\mp\theta$ 时的输出光强分别为

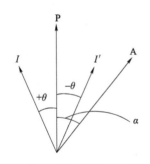

图 2.8.2 调制光强幅度随旋光角变化的情况

$$I_{\max} = \frac{I_0}{2}[1+\cos 2(\alpha-\theta)]$$
$$I_{\min} = \frac{I_0}{2}[1+\cos 2(\alpha+\theta)] \tag{2.8.5}$$

（2）调制角幅度 θ_0。

令 $I_A = I_{\max} - I_{\min}$ 为光强调制幅度，将式（2.8.5）代入化简得

$$I_A = I_0 \sin 2\alpha \sin 2\theta$$

由此可见，若起偏器 P 与检偏器 A 主截面间的夹角 $\alpha = \frac{\pi}{4}$ 时，调制幅度可达最大值 $I_{A\max} = I_0 \sin 2\theta$。

此时调制输出的极值光强为

$$I_{\max} = \frac{I_0}{2}(1+\sin 2\theta)$$
$$I_{\min} = \frac{I_0}{2}(1-\sin 2\theta) \tag{2.8.6}$$

将式（2.8.6）代入式（2.8.4）得 $\alpha = \frac{\pi}{4}$ 时的调制深度和调制角幅度分别为

$$\eta = \sin 2\theta$$
$$\theta = \theta_0 = \frac{1}{2}\sin^{-1}\left(\frac{I_{\max}-I_{\min}}{I_{\max}+I_{\min}}\right) = \frac{1}{2}\sin^{-1}\left(\frac{I_A}{I_0}\right) \tag{2.8.7}$$

实验仪器

1. 仪器的光路和电路系统。

磁光调制器系统结构由两大单元组成，包括光路系统和电路系统。光路系统大致如图 2.8.3 所示，由激光管、起偏器 P、带调制线圈的磁光介质、有测角装置的检偏器 A（内部含有光电转换接收单元）等组装在精密的光具座上。

铽玻璃与火石玻璃是磁光效应相差悬殊的两种介质，后者因维尔德常数很小而必须置于电磁铁的励磁线圈中才能显著呈现出磁光调制现象。在实验的过程中应按照不同的连接方法分别对两种介质进行操作。

除激光器电源与光电转换接收部件以外，其余电路均组装在主控单元 CGT-1 磁光调制实验仪中。

图 2.8.4 为电路主控单元（CGT-1）的仪器前面板图，各控制与显示部

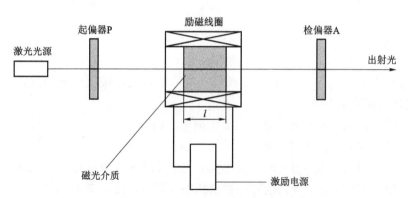

图 2.8.3　磁光调制的光路系统

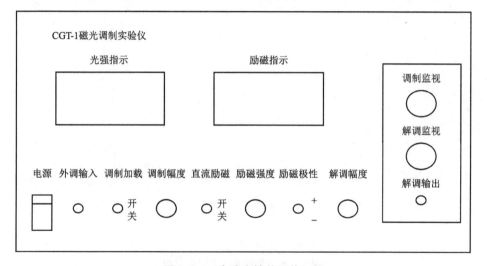

图 2.8.4　电路主控单元前面板

分的作用如下所述。

（1）电源开关：用于控制主电源，接通时开关指示灯亮，同时对半导体激光器供电。

（2）外调输入：用于对磁光介质施加外接音频调制信号的插座（当插入外来信号时内置信号自动断开）。

（3）调制加载：用于对磁光介质施加交流调制信号（内置 1 kHz 的正弦波）。

（4）调制幅度：用以调制交流调制信号的幅度。

（5）直流励磁：用于对电磁铁施加直流调制电流的开关。

（6）励磁强度：调节直流励磁电流大小，用来改变对磁光介质施加的直流磁场。

（7）励磁极性：用以改变直流磁场的极性开关。

（8）解调幅度：用以调节解调的幅度。

（9）光强指示：数字显示经光电转换后的光电流接收强度的量计，可反映接收光强的大小。

（10）励磁指示：数字显示直流励磁电流的量计。

（11）调制监视：将调制信号输出送到示波器显示的插座。

（12）解调监视：将光电接收放大后的信号输出送到示波器显示的插座。

（13）解调输出：解调信号的输出插座，可直接插入有源扬声器。

图 2.8.5 为电路主控单元（CGT-1）的后面板图，各插座作用如下所述。

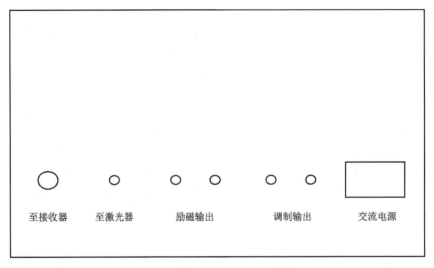

图 2.8.5 电路主控单元后面板

（1）至接收器：与光电接收单元连接的线缆接口。

（2）至激光器：供半导体激光器的电源插座。

（3）励磁输出：供直流调制电流的插座。

（4）调制输出：供交流调制信号电流的插座。

2. 系统连接。

（1）光源：将半导体激光器电源线缆插入后面板的"至激光器"插座中。

（2）磁光调制：将铽玻璃调制线圈两端引出线插入后面板上调制输出端插座。

（3）光电接收：将光电接收部件（位于光具座末端）的电缆连接到电路

主控单元后面板上"至接收器"插座，以便将接收信号送到主控单元，同时主控单元也为光电接收电路提供电源。

（4）信号输出：光电接收信号经主控单元转接后由解调监视插座输出；主控单元中的内置信号（或外调输入信号）则由调制监视插座输出。两者分送到双踪示波器，以便同时显示波形，进行比较。

（5）扬声器：将有源扬声器插入解调输出插座，以便做调制通信的演示实验。

（6）交流电源：主控单元后面板装有带开关的三芯标准插座，用以连接220 V 交流电源。

实验内容及步骤

1. 仪器的调节。

（1）参考图 2.8.1，首先在光具座的滑座上放置好激光器和光电接收器，通常光电接收器位于光具座右侧末端；将激光器、铽玻璃介质磁光调制器以及与检偏器一体的光电接收器等组件连接到位。检偏器的两刻度盘均预置在零位。

（2）打开电源开关，接通激光器电源点亮激光器，调节激光器尾部的旋钮，使激光器达到足够光强。调节激光器架的前后各三只夹持螺丝钉，使激光器基本与光具座导轨平行并使激光束落在接收部件塑盖的中心点上。然后将激光器远离（移至导轨的另一端），再次微调后侧的夹持螺钉，务必使光点仍落在塑盖的中心位置上。调准激光器与接收器的位置后即可不必再动。

（3）用所提供的电缆线分别将"调制监视"与"解调监视"插座与双踪示波器的 YI 与 YII 的输入端相连，插入起偏器 P_2，接收单元接收光强呈现读数；调节起偏器，使光强指示器近于 0，表示检偏器与起偏器的光轴处于正交状态（$P \perp A$），记下起偏器角度。再将起偏器旋转约 $\frac{\pi}{4}$ 角，使两偏振面在此夹角下调制幅度达到最大值（见式（2.8.6））。

（4）调节激光强度，使光强指示的读数在 4~5 之间。将磁光调制器插入镜片架中，并将调制器予以固定，然后将镜片架插入光具座后对准中心，使激光束正射透过，再调节起偏器，使光强达到最小。

注：做重火石玻璃的实验时将铽玻璃介质磁光调制器取下。

（5）为了克服起始段过弱的调制效应，可调节起偏器（或检偏器）的转角，使其适当偏离正交状态后再观察调制现象。

2. 实验内容及步骤。

（1）观察磁光调制现象

将铽玻璃调制器线缆插入主控单元后面板的"调制输出"插座中，打开调制信号开关，调节输出幅度，在示波器上可同时观察到调制波形与解调波形；再细调检偏器的转角，即可观察到解调波与调制波的倍频关系。

（2）测量调制深度与调制角幅度

在示波器中显示出解调波形时，细调检偏器偏角，读出波形曲线上相应的光强信号的最大值 I_{max} 和最小值 I_{min}，分别代入式（2.8.4）和式（2.8.7）中，即可计算出调制深度 η 和调制角幅度 θ_0。

（3）测定铽玻璃介质的维尔德常数

将铽玻璃调制线圈的线缆插入"励磁输出"的插座中，使检偏器与起偏器的光轴处于正交状态（光强读数近于 0）。开启直流励磁电源，使励磁线圈通以直流电流 I_{DC}，细调检偏器的刻度盘使光强读数恢复最小（近于 0），记下前后检偏器刻度盘的读数，其差值即为偏振面的旋角。关闭直流励磁电源，将检偏器调回原位置（光强读数仍然最小）。重复前面过程，得出 3 个旋角的值，取平均。通以直流电流 I_{DC} 的螺线管中磁场的大小为：$B = \dfrac{\mu_0 N \cdot I_{DC}}{l}$，其中 $\mu_0 = 4\pi \times 10^{-7}$ Wb/（A·m），$N = 1\,400$ 为线圈的匝数，$l = 30$ mm 为线圈长度，电流的单位为 A。再根据式（2.8.1）即可求得维尔德常数 ν。改变电流值 I_{DC}，重复步骤（3），仍然可求得维尔德常数，并取平均。（取 5 个不同的电流值 I_{DC} 即可）

（4）观察重火石玻璃磁光介质的旋光特点

将励磁电磁铁（M）置于光具座上，电磁铁中间放入火石玻璃的磁光介质（先将火石玻璃插在两磁轭之间，磁轭平面与两磁极相吻合）。将电磁铁引出线缆插入后面板的"励磁输出"插座中，观察旋光角的大小，并与铽玻璃介质的情况进行比较。

（5）磁光调制与光通信实验演示

再次将铽玻璃调制器线缆插入主控单元后面板的"调制输出"插座中，将音频信号（来自收音机、录音机、CD 机或者 MP3 等音源）输入到"外调制输入"插座，将有源扬声器插入"解调输出"插座，即可发声，音量可以通过"解调幅度"控制。

思考题

1. 法拉第效应和自然旋光效应有何不同点？

2. 当起偏器和检偏器主截面正交时为什么解调信号是调制信号的倍频信号？

3. 除了实验中给出的方法外，能否用其他方法粗略估计调制角幅度的大小?

参考文献

［1］陈钰清．激光原理 ［M］．北京．国防工业出版社，2003.

［2］赵凯华．钟锡华．光学（上）［M］．北京：北京大学出版社，1984.

［3］刘公强，刘湘林．磁光调制与法拉第旋转测量 ［J］．光学学报，1984，Vol. 4，No. 7，589.

（王大伟）

三、微波实验

实验 3.1　微波测量系统的认识与调试

引言

微波技术是近代发展起来的一门尖端科学技术，微波技术不仅在工业、农业、国防、通信等方面有着十分广泛的应用，在科学研究中，微波技术也是一种重要的观测手段，对科学技术的发展起着十分重要的作用。由于微波本身的性质，决定了它的研究方法和测试设备都不同于无线电波。

实验目的

1. 应用所学微波技术的有关理论知识，理解微波测量系统的工作原理。

2. 掌握调整和使用微波信号源的方法，学会使用微波测量系统测量微波信号电场的振幅。

3. 了解有关微波仪器仪表和微波元器件的结构、原理和使用方法。

实验原理

本实验的微波测试系统的组成如图 3.1.1 所示。

微波测试系统主要由微波信号源、波导同轴转换器、E-H 面阻抗双路调配器、微波测量线和选频放大器等部分组成。下面分别介绍各部分的功能和工作原理，其他一些微波元器件我们将在以后的实验中一一介绍。

1. 微波信号源（YM1123）。

（1）基本功能。

1）提供频率在 7.5~12.5 GHz 范围内连续可调的微波信号。

2）该信号源可提供"等幅"的微波信号，也可工作在"脉冲"调制状态。本系统实验中指示器为选频放大器时，信号源工作在 1 kHz 方波调制输出方式。

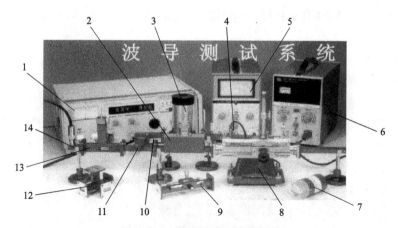

图 3.1.1 微波测试系统的组成

1—微波信号源；2—可变衰减器；3—微波频率计；4—晶体检波器；5—选频放大器；
6—数字功率计；7—功率探头；8—微波测量线；9—单螺钉调配器；10—H 面弯波导；
11—定向耦合器；12—魔 T；13—E-H 面阻抗双路调配器；14—波导同轴转换器

（2）工作原理。

本信号源采用体效应振荡器作为微波振荡源，体效应振荡器采用砷化镓体效应二极管作为微波振荡管，振荡系统是一个同轴型的单回路谐振腔。微波振荡频率的变化范围是通过调谐 S 型非接触抗流式活塞的位置来实现的，是由电容耦合引出的功率输出。

本信号源采用截止式衰减器调节信号源输出功率的强弱。截止式衰减器由截止波导组成，其电场源沿轴线方向的幅度是按指数规律衰减的。衰减量（用 dB 表示）与轴线距离 L 呈线性关系，具有量程大的特点。

本信号源用微波铁氧体构成隔离器。

在微波测量系统中，一方面信号源需要向负载提供一个稳定的输出功率；另一方面负载的不匹配状态引起的反射破坏信号源工作的稳定性，使幅频发生改变、跳模等。为了解决这个问题，往往在信号源的输出端接一"单向传输"的微波器件，它允许信号源的功率传向负载，而负载引起的反射却不能传向信号源，这种微波器件称为"隔离器"。

这类隔离器在 3 cm 波段可以做到正向衰减小于 0.5 dB，反向衰减 25 dB，驻波比可达 1.1 左右。隔离器上箭头指示方向即为微波功率的正向传输方向。

本信号源采用 PIN 管作为控制元件，对微波信号进行方波、脉冲波的调制。

本信号源功率输出端接有带通滤波器，它滤去 7.5~12.5 GHz 频率范围内的谐波，使信号源输出信号频谱更纯净。

注：

① 打开信号源的上盖板，即可看到信号源的同轴谐振腔、截止式衰减器、PIN 调制器和带通滤波器等结构。

② 有些单位采用 YM1124 信号发生器，它是 9.37 GHz 点频信号源，采用介质振荡技术，频率稳定度高，输出功率大，有"等幅"和"1 kHz"方波两种工作状态，输出为 BJ100 波导口。

2. 波导同轴转换器（BD20-9）。

（1）基本功能。

波导同轴转换器提供从同轴输入到波导输出的转换。

（2）工作原理。

波导同轴转换器是将信号由同轴输入转换成波导传输。耦合元件是一插入波导内的探针，等效于一电偶极子。由于它的辐射在波导中建立起微波能量，探针是由波导宽边中线伸入，激励是对称的。选择探针与短路面的位置，使短路面的反射与探针的反射相互抵消，达到较佳的匹配。

3. E-H 面阻抗双路调配器（BD20-8）。

（1）基本功能。

微波传输（测量）系统中，经常引入不同形式的不连续性结构，来构成元件或达到匹配的目的。

E-H 面阻抗调配器是双支节调配器。在主传输波导固定的位置上的 E 面（宽边）和 H 面（窄边）并接两个支节。通过调节两个支节的长度以达到系统调配。

（2）结构和工作原理。

E-H 面阻抗双路调配器是由一个双 T 波导和两只调节活塞组成。调节活塞是簧片式的接触活塞，调节 E 面活塞，等于串联电抗变化；调节 H 面活塞，等于并联电纳的变化（两者配合使用）。

4. 微波测量线（TC26）。

（1）基本功能。

微波测量线是用来测量微波传输线中合成电场（沿轴线）分布状态（含最大值、最小值和其相对应的位置）的设备。利用微波测量线（系统）可以测得微波传输中合成波波腹（节）点的位置和对应的场幅、波导波长（相波长）和驻波比等参数。微波测量线有同轴测量线和波导测量线，本实验采用波导测量线。

（2）结构和工作原理。

本实验中的测量线采用BJ-100型矩形波导，其宽边尺寸为$a = 22.86\,\text{mm}$，窄边尺寸为$b = 10.16\,\text{mm}$，频率范围为$8.2 \sim 12.5\,\text{GHz}$。测量线一般包括开槽线、探针耦合指示机构及位置移动装置三部分。

波导测量线工作原理示意图如图3.1.2所示。当测量线接入测试系统时，在它的波导中就建立起驻波电磁场。众所周知，驻波电磁场在波导宽边正中央最大，沿轴向成周期函数分布。在矩形波导的宽边中央于轴的方向开一条狭槽，并且伸入一根金属探针2，则探针与传输波导1电力线平行耦合的结果，必然得到感应电压，它的大小正比于该处的场强，交流电流在同轴腔3组成的探针电路内，由微波二极管4检波后把信号加到外接指示器，回到同轴腔外导体成一闭合回路。因此指示器的读数可以间接表示场强的大小。

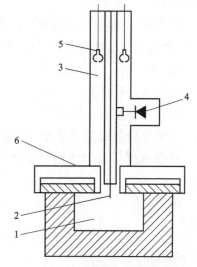

图3.1.2　波导测量线工作原理示意图
1—传输波导；2—探针；3—同轴腔；
4—微波二极管；5—调谐活塞；
6—检波滑座

当探针沿槽移动时，指示器就会出现电场强度$E_{\max}$和$E_{\min}$，从而求得

$$S = \frac{E_{\max}}{E_{\min}}$$

由标尺指出探针位置可以测出极小点至不连续面的距离$d_{\min}$，从而可以测量阻抗。调谐活塞5在检波头中使晶体处于驻波的腹点以得到最大指示。检波滑座6用来支持检波头，并可沿轴向移动。在移动时保证探针与波导的相对位置不变。

5. 选频放大器（YM3892）。

本实验采用选频放大器对微波二极管的检波电流进行（线性）放大。

（1）基本功能。

本选频放大器由四级低噪声运算放大器组成的高增益音频放大和选频网络组成，可使放大电路在"窄带内"对微弱音频信号进行放大，以减小噪声和微波信号源中寄生调频的影响，保证测量的精度。

（2）结构和工作原理。

选频放大器的工作原理为在信号源内用$1\,\text{kHz}$的方波对微波信号（如

10 GHz）进行调幅后输出，此调幅波在测量线内仍保持其微波特征。测量线输出端所接负载的特性决定其分布状态。由小探针检测经微波二极管检波所得的 1 kHz 方波包络表征其微波性能指标，选频放大器则对此 1 kHz 方波进行有效放大。

YM3892 选频放大器是一个增益 60 dB，可调带宽为 40 Hz，中心频率为 1 kHz 的放大器，可满足不同输入幅度的调节。表头指示弧线两条，第一条上标值为线性指示，下为相应的对数（dB）指示；第二条为驻波比指示，上为驻波比 1～3，下为 3.2～10.0。

6. 可变短路器（BD20-6）。

可变短路器由短路活塞与一套传动读数装置构成。活塞为两节抗流形式，传动丝杠带动活塞相对于波导轴线移动，并由读数装置上读得其相应行程。

改变短路面的位置，也就改变参考面的电抗和电纳，使节点的位置发生偏移。

实验内容与要求

1. 掌握下列仪器仪表的工作原理和使用方法。

三厘米标准信号发生器（YM1123）、三厘米波导测量线（TC26）、选频放大器（YM3892）。

2. 了解下列微波元器件的原理、结构和使用方法。

波导同轴转换器（BD20-9）、E-H 面阻抗双路调配器（BD20-8）、微波测量线（TC26）和可变短路器（BD20-6）等。

实验步骤与注意事项

1. 按图 3.1.1 连接微波仪器仪表和微波元器件。将选频放大器的输入端和微波测量线同轴腔用 Q9 电缆线相连，接通选频放大器电源开关。

2. 微波信号源开机后，工作状态的指示灯在最右边位置，此工作状态下没有微波功率输出。由于本实验中指示器为选频放大器，故信号源"重复频率"量程置于"×10"处，圆盘刻度置于"100"处（在信号源的左中下角，调好将不再变动）。

信号源面板有"衰减"和"频率"显示值。输出功率由"衰减"调节旋钮调节，顺时针旋转输出减小，逆时针旋转输出变大。

本实验只调节"衰减"调节旋钮来获得适合的功率（两旁的旋钮即"调零"和"衰减调零"是在接上附件"电平探头"时才起作用的）。

3. "调谐"旋钮调节使信号源的工作频率发生改变，顺时针频率升高，逆时针频率降低。置工作频率在自己所需的频率点，如 10.00 GHz（从数字显示上直接读出）。

4. 接可变短路器在微波测量线的输出端，移动可变短路器刻度到 0.00。

5. 通过信号源工作状态 ◤ ◥ 键，置工作状态在"凸凹"方波状态。此时信号源输出的是 1 kHz 方波调制下的（10 GHz）微波功率。

注意：为防止在拆装微波元器件时，微波功率从波导中辐射，请将工作状态通过 ◤ ◥ 选择在最右边位置"外整步"后再拆装。测试时置于"凸凹"方波状态。

6. 选频放大器输入阻抗置于"200 K"，"正常 5 dB"开关置于"正常"状态（5 dB 为使输入信号减小 5 dB）。右上部"通带"放在"40 Hz"（带宽越窄，通带 Q 值越高，增益越高）位置。

7. 此时整个系统已工作。依次调节 E-H 面阻抗双路调配器、E 面和 H 面罗盘，改变信号源功率输出。

调节选频放大器"频率微调"，使信号发生器 1 kHz 方波调制信号与选频中的频率相一致。一般开机时调准，开机半小时后再微调一下。

本实验中根据输入信号的大小，调节"分贝"挡位开关及"增益"电位器来满足波腹节的读数需求。实际使用中尽量把增益开关置于"40~60 dB"三挡中使用，使信号源基本满足测量线检波器的平方律检波段。

8. 移动 TC26 测量线的检波滑座和调谐活塞（指探头侧面的圆螺盘）的位置，使探针位于波腹点，即选频放大器指示值最大，并按步骤 7、8 反复调节。

9. 记下测量线标尺值 L_1，移动可变短路器一定距离，如 5 mm。转动测量线检波滑座重新找到最大值，记下测量线标尺值 L_2。此时 $|L_2-L_1|$ 应有 5 mm 左右。

重复上述步骤，熟悉短路面的位置改变，会改变参考面的电抗和电纳，使波腹、节点的位置发生偏移。

思考题

1. YM1123 信号源是由哪些微波元器件组成的？各部分起什么作用？

2. 微波测量线由哪几个部分组成？它们的作用是什么？

（陈桂波）

实验 3.2 波导波长测量和驻波测量

实验目的

1. 应用所学理论知识，理解和掌握单模矩形波导短路情况下内部电场沿轴线的分布规律。学会利用微波测量系统测量波导内部导行波的相波长（波导波长或称导内波长 λ_g）。

2. 驻波系数的测量是微波测量中最基本的测量。本实验要求学会利用测量线进行驻波测量。

实验原理

当矩形波导（单模传输 TE_{10} 模）终端（$Z=0$）短路时，将形成驻波状态。波导内部电场强度（参见图 3.2.1 坐标系）表达式为

$$E = E_Y = E_0 \sin\left(\frac{\pi X}{a}\right) \sin \beta Z \qquad (3.2.1)$$

在波导宽面中线沿轴线方向开缝的剖面上，电场强度的幅度分布如图 3.2.1 所示。

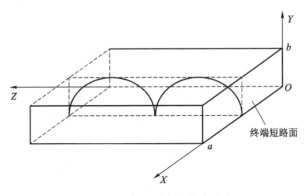

图 3.2.1 电场强度的幅度分布

将探针由缝中插入波导并沿轴向移动，即可检测电场强度的幅度沿轴线方向的分布状态（如波节点和波腹点的位置等）。

1. 测量波导波长（λ_g）。

将测量线终端短路后，波导内形成驻波状态。调探针位置旋钮至电压波节点处，选频放大器电流表表头指示值为零，测得两个相邻的电压波节点位置（读得对应的游标卡尺上的刻度值 $Z_{1节}$ 和 $Z_{2节}$），就可求得波导波长为

$$\lambda_g = 2\left|Z_{1节} - Z_{2节}\right| \qquad (3.2.2)$$

由于在电压波节点附近，电场（及对应的晶体检波电流）非常小，导致测量线探针移动"足够长"的距离，选频放大器表头指针都在零处"不动"（实际上是眼睛未察觉出指针有微小移动或指针因惰性未移动），因而很难准确确定电压波节点位置。

具体测量方法为：把小探针位置调至电压波节点附近，尽量加大选频放大器的灵敏度（减小衰减量），使波节点附近电流变化对位置非常敏感（即小探针位置稍有变化，选频放大器表头指示值就有明显变化）。记取同一电压波节点两侧电流值相同（I_0）时小探针所处的两个不同位置（$Z_{1左}$ 及 $Z_{1右}$，电流值越小越精确），则其平均值即为理论波节点位置。

$$Z_{1节} = \frac{1}{2}(Z_{1左} + Z_{2右}) \qquad (3.2.3)$$

用相同的方法测得相邻电压波节点（$Z_{2节}$）处的 $Z_{2左}$ 及 $Z_{2右}$，则得

$$Z_{2节} = \frac{1}{2}(Z_{2左} + Z_{2右}) \qquad (3.2.4)$$

最后可得 $\lambda_g = 2\left|Z_{1节} - Z_{2节}\right|$（参见图 3.2.2）

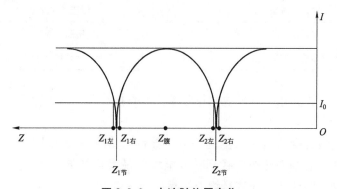

图 3.2.2　电流随位置变化

注意：

① 测出一个电压波节点位置之后，将小探针向相邻波节点移动时，要随时加大选频放大器的衰减量，以防选频放大器电流表过载损坏。

② 为检验测量的准确性，可以应用理论公式进行验算。

$$\lambda_g = \frac{\lambda}{\sqrt{1 - \left(\dfrac{\lambda}{2a}\right)^2}} \qquad (3.2.5)$$

式中，$\lambda_g = 3 \times 10^8 / f$，$a = 2.286 \text{ cm}$。

2. 测量电压驻波比（ρ）。

驻波系数测量是微波测量中最基本的测量。通过驻波测量，不仅可以了解传输线上的场分布，而且可以测量阻抗、波长、相位移、衰减、Q 值等其他参量。传输线上存在驻波时，能量不能有效地传到负载，这就增加了损耗；大功率传输时，由于驻波的存在，驻波电场的最大点处可能产生击穿打火，因而驻波的测量以及调配是十分重要的。

根据驻波系数（驻波比）定义，可知 ρ 的取值范围为 $1 \leqslant \rho < \infty$，通常按 ρ 的大小可分三类：$\rho < 3$ 为小驻波比；$3 \leqslant \rho \leqslant 10$ 为中驻波比；$\rho > 10$ 为大驻波比。

驻波系数的测量方法很多，有测量线法、反射计法、电桥法和谐振法等。用测量线进行驻波系数测量的主要方法及应用条件由表 3.2.1 列出。

表 3.2.1　用测量线测驻波系数的方法及应用条件

测试方法	应用条件
直接法	中小驻波比 $\rho \leqslant 10$
等指示度法	大驻波比 $\rho > 10$
功率衰减法	适用任意驻波比
节点偏移法	适用源驻波比
移动终端法	适用测量线剩余驻波比

这里我们将介绍用测量线测量驻波比的直接法和等指示度法。

（1）直接法。

在测量线的端口连接待测的微波元器件。将测量线探头沿线移动，测出相应各点的驻波场强分布，找到驻波电场的最大点与最小点，直接代入公式就可以得到其驻波比。如测量线上的晶体检波律为 n，则

$$\rho = \left(\frac{a_{\max}}{a_{\min}} \right)^{\frac{1}{n}}$$

式中，a 为输出电表指示。

通常在实验室条件下检波功率电平较小，可以认为基本特性为平方律，即 $n=2$，有

$$\rho = \left(\frac{a_{\max}}{a_{\min}} \right)^{\frac{1}{2}}$$

为提高测量精度，必须尽量使电表指针偏在满刻度的 $\frac{1}{2}$ 以上。当驻波系

数在 $1.05 < \rho < 1.5$ 范围内时，由于驻波场的最大与最小值相差不大，且变化不尖锐，不易测准确。为提高测量准确度，可移动探针到几个波腹与波节点，记录数据，然后取其平均值。

直接法的测试范围受限于晶体的噪声电平及平方律检波范围。

本实验中使用的选频放大器已近似按平方律检波的规律，直接标出驻波比小于 10 的刻度，可读出驻波比值。方法是：测量线滑座调到波腹点，调节选频放大器的衰减旋钮，使表头指示值到满刻度；然后调节测量线滑座至波节点（即指示最小值），此时选频放大器驻波比刻度的值即为负载的驻波比，如 $\rho > 4$，则"分贝"开关增加 10 dB，读下刻度 3.2～10 的刻度值。

（2）等指示度法（二倍最小法）。

当被测器件的驻波系数大于 10 时，由于驻波最大与最小点处的电压相差很大，若在驻波最小点处使晶体输出的指示电表上得到明显的偏转，那么在驻波最大点时由于电压较大，往往使晶体的检波特性偏离平方律，这样用直接法测量就会引入很大的误差。

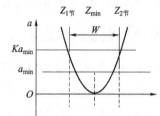

等指示度法是通过测量驻波图形在最小点附近场强的分布规律见图 3.2.3，从而计算出驻波系数。若最小点处的电表指示为 Z，在最小点两边取等指示点 a_1，两等指示点之间的距离为 W，有 $a_1 = Ka_{min}$，设晶体检波律为 n，由驻波场的分布公式可以推出

图 3.2.3　最小点附近场强分布规律

$$\rho = \sqrt{\dfrac{K^{2/n} - \cos^2 \dfrac{\pi W}{\lambda_g}}{\sin^2 \dfrac{\pi W}{\lambda_g}}} \qquad (3.2.6)$$

通常取 $K = 2$（二倍最小法），且设 $n = 2$，有

$$\rho = \sqrt{1 + \dfrac{1}{\sin^2 \dfrac{\pi W}{\lambda_g}}} \qquad (3.2.7)$$

当 $\rho > 10$ 时，式（3.2.7）可简化为 $\rho \approx \dfrac{\lambda_g}{\pi W}$。

只要测出波导波长及相应于二倍最小点读数的两点 $Z_{1节}$、$Z_{2节}$ 之间的距离 W，代入上式，即可求出驻波系数 ρ。

可以看到，驻波系数 ρ 越大，W/λ_g 的值就越小，因而，宽度 W 和波导波

长 λ_g 的测量精度对测量结果的影响很大，特别是在大驻波比时，需要用高精度的位置指示装置（如千分表）；测量线探针移动时应尽可能朝一个方向，不要来回晃动，以免测量线齿轮间隙的"回差"影响精度。在测量驻波最小点位置时，为减小误差，亦必须采用"交叉读数法"。

3. BD20-7 匹配负载（$S \leq 1.05$）。

BD20-7 匹配负载在一个终端短路的波导中沿电场方向，即波导的轴线位置有一劈形的镀镍铬的玻璃吸收片，吸收片相对于法兰的距离是固定的。

实验内容

1. 利用微波测量系统测量波导内部的波导波长 λ_g。

2. 用直接法测量电容性、电感性膜片和匹配负载（BD20-7）等的驻波系数。

3. 用等指示度法测量短路情况下（接上短路板）的大驻波系数。

实验步骤及注意事项

1. 用直接法测量驻波比小于 10 的负载的驻波比。

在测量线的输出端分别接上：

① 容性膜片+匹配负载（$S \approx 1.3$）；

② 感性膜片+匹配负载（$S \approx 1.9$）；

③ N8 探头（功率计附件）（$S \leq 1.6$）；

④ 匹配负载（$S \leq 1.05$）。

（1）按实验 3.1 连接微波测试系统。在测量线的输出端接上容性膜片+匹配负载。

（2）接通信号源电源，工作状态置于"⊓＿⊓＿"方波工作方式。选频放大器的输入电缆接测量线 Q9 插座，接通选频放大器电源。按实验要求调整微波测试系统。

（3）调节测量线调谐活塞，使选频放大器指示最大。调节"衰减"旋钮，使指针位于满刻度（1 000）处。移动测量线滑座，找到波节点。在选频放大器的第二根曲线上直接读出电容膜片插入的驻波比。

实验者可移动测量滑座找不同的波腹点、波节点，并读出驻波比。

（4）用上述方法分别测出感性膜片、N8 探头和匹配负载等的驻波比。

注：在拆负载前，请将信号源工作状态置于"外整步"，装好后再置于"⊓＿⊓＿"方波状态。

2. 波导波长（λ_g）的测量。

（1）在测量线的输出端接上短路板。

（2）信号源置于"⎍⎍"方波状态，并记下此时信号源工作频率，例如 $f = 10.00$ GHz。

（3）由于测量线终端接短路板，波导内形成驻波状态。移动测量线到波节点附近。

注意：再按实验原理中的有关讲解，用"平均值法"测得有关数据（或经计算）填入表 3.2.2 中。

表 3.2.2　测得数据及计算结果表

1 号波节点	$Z_{1左} =$	$Z_{1右} =$	$Z_{1节} =$
2 号波节点	$Z_{2左} =$	$Z_{2右} =$	$Z_{2节} =$
λ_g（测量值）			
λ_g（理论值）			

3. 大驻波比的测量（等指示度法）。

在测量线输出端接上短路板，移动位置，顶上千分表。再按实验原理中的有关介绍，通过千分表，用交叉读数法求得 W 值。根据上步实验得出的 λ_g，通过公式 $\rho = \dfrac{\lambda_g}{\pi W}$，可求算出大驻波比。

例：波节点时选频放大器指示为 100，则 $Ka_{min} = 2a_{min} = 200$，测得 W。

提示：可通过增大选频放大器的灵敏度（减小衰减量），同时适当增大信号源的输出功率（"衰减调节"旋钮逆时针转动），使波节点指示增大。

注：先从一个方向移动测量线滑座到选频放大器指示在 200，记下千分表刻度 l_1，如千分表外环指针指在 49；同一方向移动测量线滑座到选频放大器指示减小到 100，再同方向移动测量线滑座到选频放大器指示又在 200 时，记下千分表刻度 l_2，如千分表外环指针指在 56，则 $W = |l_2 - l_1| = |0.56 - 0.49| = 0.07$（mm），又因为工作频率 = 10.00 GHz，测得 $\lambda_g = 39.8$ mm，计算

$$\rho = \frac{\lambda_g}{\pi W} = \frac{39.8}{3.14 \times 0.07} = 181$$

思考题

1. 驻波比的定义是什么？

2. 表述反射系数、驻波比和行波系数三者之间的关系。

3. 反射系数、驻波比和行波系数反映负载与传输线的什么关系？

参考文献

［1］吴思诚，王祖铨 . 近代物理实验 ［M］. 第三版 . 北京：高等教育出版社，2005.

［2］郑勇林 . 近代物理实验 ［M］. 成都：西南交通大学出版社，2011.

（陈桂波）

四、磁共振实验

实验 4.1 核 磁 共 振

引言

对于角动量不等于零的粒子，和它相联系的有共线取向的磁矩 μ，$\mu = \gamma \hbar I$，γ 称为粒子的回磁比。由这样的粒子构成的量子力学体系，在外磁场 B_0 中，能级将发生塞曼分裂，不同磁量子数 m 所对应的状态，其磁矩 μ 的空间取向不同，与外磁场 B_0 之间有不同的夹角，并以角频率 $\omega_0 = \gamma B_0$ 绕外磁场 B_0 进动。能级附加能量为 $E = (\mu/I) m B_0$，相邻能级（$\Delta m = \pm 1$）之间的能量差为 $\Delta E = (\mu/I) B_0$。若在垂直于 B_0 的平面上，加上一个角频率为 ω 的交变磁场，当其角频率满足 $\Delta E = \hbar \omega$，即 ω 与粒子绕外磁场 B_0 进动的角频率 ω_0 相等时，粒子在相邻塞曼能级之间将发生磁偶极跃迁，磁偶极跃迁的选择定则是 $\Delta m = \pm 1$，这种现象称为磁共振。当考虑的对象是原子核（如 ^{1}H，^{7}Li，^{10}F 等）时，称为核磁共振（Nuclear Magnefic Resonance，缩写为 NMR）；对于电子称为电子顺磁共振（或电子自旋共振）。由于磁共振发生在射频（核磁共振）和微波（电子顺磁共振）范围，磁共振已成为波谱学的重要组成部分。由磁共振时 B_0 和 ω_0 之间的关系可精确测定粒子的回磁比 γ，它是研究粒子内部结构的重要参数。

1946 年，美国斯坦福大学的 Bloch 和 Hanson 与哈佛大学的 Purcell 和 Pound 分别采用射频技术进行了核磁共振实验，由于这一发现，这几位科学家获得了 1952 年的诺贝尔物理学奖。

近年来，随着科学技术的发展，核磁共振技术在物理、化学、生物、医学等方面得到了广泛的应用。它不但能用于测定核磁矩，研究核结构，也可以用于分子结构的分析，另外，利用核磁共振对磁场进行测量和分析也是目前公认的标准方法。如今，在研究物质的微观结构方面已形成了一个科学分支——核磁共振波谱学。核磁共振成像技术已成为检查人体病变方面的有利武器，它的应用必将进一步发展。

实验目的

1. 通过调试观察核磁共振现象，了解和掌握稳态核磁共振现象的原理和实验方法。

2. 掌握测定物质的旋磁比 γ、g 因子及其磁矩的方法。

实验原理

在凝聚态中，热平衡时，相邻能级上粒子遵从玻尔兹曼分布，即

$$N_{10}/N_{20} = \exp(-\Delta E/kT)$$

式中，角标"1"表示上能级，角标"2"表示下能级，角标"0"表示热平衡时值，T 为晶核温度。在一般磁场下，由于核磁矩很小，室温时，$\Delta E \ll kT$，N_{10} 略小于 N_{20}，大约相差百万分之几。核磁共振时，因为受激发射与受激吸收的概率相等，吸收信号的强弱与上、下能级粒子数之差（$N_2 - N_1$）有关。对于凝聚态，单位体积中粒子数很多，吸收信号的强弱还与核自旋系统的弛豫过程有关。所谓弛豫过程，就是表征系统由非平衡状态趋向平衡状态的过程，该过程所经历的时间称为弛豫时间。热平衡时，由于每个粒子的磁矩都绕外磁场 $\boldsymbol{B}_0$ 进动，系统的总磁矩 $\boldsymbol{M}_0$ 与外磁场 $\boldsymbol{B}_0$ 的方向相同，$\boldsymbol{M}_0$ 的大小可由不同能级上粒子磁矩的大小按玻尔兹曼分布求和得到。假设通过某种途径使系统偏离热平衡态，宏观上表现为系统总磁矩 $\boldsymbol{M}_0$ 在实验室坐标系的三个方向上的分量为 M_x，M_y，M_z，这时自旋系统恢复到热平衡态。一是通过与晶格交换能量，使由上、下能级粒子数分布根据下式

$$N_2/N_1 = \exp(-\Delta E/kT_s)$$

所确定的自旋体系的温度 T_s 最终与晶格的温度 T 相等，粒子恢复到玻尔兹曼分布，M_z 最终等于 $\boldsymbol{M}_0$，即

$$\frac{\mathrm{d}M_z}{\mathrm{d}t} = -\frac{M_z - M_0}{T_1}$$

此过程称为自旋—晶格弛豫。式中，T_1 反映了系统纵向磁矩 M_z 趋向热平衡值时速度的快慢，称为纵向弛豫时间。

在自旋系统中，还存在另一种自旋——自旋弛豫过程，称为自旋—自旋相互作用。它不改变自旋粒子体系各能级上粒子数，即不改变自旋系统的总能量，但使系统总磁矩在 x，y 方向上的分量 M_x 和 M_y 逐渐趋向于热平衡值。它遵从下式

$$\frac{\mathrm{d}M_x}{\mathrm{d}t} = -\frac{M_x}{T_2}, \frac{\mathrm{d}M_y}{\mathrm{d}t} = -\frac{M_y}{T_2}$$

式中，T_2 称为横向弛豫时间。实际上，在核磁共振中，上述的共振吸收与弛豫过程是同时进行的。通过共振吸收，粒子数偏离平衡态分布，另一方面又通过弛豫回到热平衡态。当这两个过程达到动态平衡时，出现稳定的吸收信号，称为稳态核磁共振吸收谱。

根据经典电磁理论，假设原子核的电荷密度为 ρ_e，质量密度为 ρ_m，则其核磁矩 $\boldsymbol{\mu}$ 与角动量 $\boldsymbol{p}$ 分别为

$$\boldsymbol{\mu} = \frac{1}{2}\int_v \rho_e(\boldsymbol{r})(\boldsymbol{r} \times \boldsymbol{v})\,\mathrm{d}v$$

$$\boldsymbol{p} = \int_v \rho_m(\boldsymbol{r})(\boldsymbol{r} \times \boldsymbol{v})\,\mathrm{d}v$$

若原子核分布均匀，也就是 ρ_e 与 ρ_m 处处成比例，即 $\rho_e/\rho_m = e/m_n$（e 为原子核电荷，m_n 为核质量），则

$$\boldsymbol{\mu} = \frac{e\boldsymbol{p}}{2m_n} \tag{4.1.1}$$

$\boldsymbol{\mu}/\boldsymbol{p} = \gamma$ 称为旋磁比，可以用核磁共振等实验方法测得。实验证明，式 (4.1.1) 与实验不符，需引进一个 g 因子，则式 (4.1.1) 可写成

$$\boldsymbol{\mu} = \frac{ge\boldsymbol{p}}{2m_n} = \gamma \boldsymbol{p}$$

式中，旋磁比 $\gamma = ge/(2m_n)$。g 叫朗德因子，是个量纲为一的比例系数，对于氢核来讲，$g = 5.585\,1$。

对质子来讲，对应于玻尔核子可引入核磁子

$$\mu_n = \frac{e\hbar}{zm_p} = 5.050\,787\times10^{-27}\ \mathrm{J/T}$$

作为核磁矩的单位。式中，m_p 为质子质量。由于 m_p 比电子质量 m_e 大 1 836 倍，所以核磁子比玻尔磁子小 1 836 倍。这样原子核的磁矩 μ_1 可写成

$$\mu_1 = g\frac{\mu_n}{\hbar}p_1 = \gamma p_1$$

式中，$\gamma = \dfrac{|\mu_1|}{|p_1|} = g\dfrac{\mu_n}{\hbar}$ 称为原子核的旋磁比。它和朗德因子 g 一样，也是一个反映核结构的常数，由此

$$g = \frac{\gamma\hbar}{\mu_n}$$

所以核磁矩 μ_1 的值为

$$\mu_1 = \gamma\hbar\sqrt{I(I+1)} = g\mu_n\sqrt{I(I+1)}$$

在构成分子的原子核中，有一些自旋不为零的粒子，具有自旋角动量 $\boldsymbol{p}$

和磁矩 $\boldsymbol{\mu}$，在外磁场 $\boldsymbol{B}_0$ 中，它受到一个力矩 $\boldsymbol{a}$，$\boldsymbol{L}=\boldsymbol{\mu}\times\boldsymbol{B}_0$，其运动方程为

$$\mathrm{d}\boldsymbol{p}/\mathrm{d}t=\boldsymbol{L}=\boldsymbol{\mu}\times\boldsymbol{B}_0$$

考虑到 $\boldsymbol{\mu}=\gamma\boldsymbol{p}$，则有

$$\frac{\mathrm{d}\boldsymbol{\mu}}{\mathrm{d}t}=\gamma(\boldsymbol{\mu}\times\boldsymbol{B}_0) \tag{4.1.2}$$

上式为微观磁矩在外磁场中的运动方程，写成分量形式为

$$\left.\begin{array}{l}\mathrm{d}\mu_x/\mathrm{d}t=\gamma(\mu_y B_z-\mu_z B_y)\\[4pt]\mathrm{d}\mu_y/\mathrm{d}t=\gamma(\mu_z B_x-\mu_x B_z)\\[4pt]\mathrm{d}\mu_z/\mathrm{d}t=\gamma(\mu_x B_y-\mu_y B_x)\end{array}\right\} \tag{4.1.3}$$

现在，我们讨论磁矩 $\boldsymbol{\mu}$ 在静磁场 $\boldsymbol{B}$ 中的运动状况，设 $\boldsymbol{B}$ 沿 z 方向，则式 (4.1.3) 为

$$\frac{\mathrm{d}\mu_x}{\mathrm{d}t}=\gamma\mu_y B_z,\ \frac{\mathrm{d}\mu_y}{\mathrm{d}t}=-\gamma\mu_x B_z,\ \frac{\mathrm{d}\mu_z}{\mathrm{d}t}=0 \tag{4.1.4}$$

由上式中第三式知 μ_z 为一常量，将第一式对 t 求导，并代入第二式得

$$\frac{\mathrm{d}^2\mu_x}{\mathrm{d}t^2}+\gamma^2 B_z{}^2\mu_x=0$$

这显然是一个简谐振动方程，其解为

$$\mu_x=\mu_0\sin(\omega_0 t+\varphi) \tag{4.1.5}$$

其中，ω_0 满足 $\omega_0{}^2=\gamma^2 B_z{}^2$，即 $\omega_0=|rB_z|$，代入式 (4.1.4) 第二式，则

$$\mu_y=\mu_0\cos(\omega_0 t+\varphi) \tag{4.1.6}$$

由式 (4.1.5) 和式 (4.1.6) 得

$$\mu_\perp=\sqrt{\mu_x{}^2+\mu_y{}^2}\quad \text{（常数）} \tag{4.1.7}$$

由此可见，在外加静磁场作用下，核磁矩 $\boldsymbol{\mu}$ 的运动特点为：$\omega_0=|\gamma B_z|$。总磁矩 $\boldsymbol{\mu}$ 绕静磁场 B_z 作进动（如图 4.1.1 所示），其进动角频率为

$$\omega_0=|\gamma B_z|$$

这就是拉莫尔频率。

μ_z 保持常数，$\boldsymbol{\mu}$ 在 xy 平面上投影的大小也是常数，其进动如图 4.1.1 所示。由上述推导得出，磁矩 $\boldsymbol{\mu}$ 的进动频率 ω_0 与 $\boldsymbol{\mu}$ 和静磁场 $\boldsymbol{B}_z$ 之间的夹角 θ 无关。

现在，来研究如果在和 $\boldsymbol{B}_z$ 垂直的方向上（xy 平面上）加一个射频场 $\boldsymbol{B}_1$，且 $|\boldsymbol{B}_1|\ll|\boldsymbol{B}_z|$，其频率为 ω_0，为了方便研究磁矩 $\boldsymbol{\mu}$ 的运动，我们在以 $\boldsymbol{B}_z$ 为轴，角速度为 ω_0 的旋转坐标系中来研究这一运动（如图 4.1.2 所示）。这样一来，该磁矩 $\boldsymbol{\mu}$ 在旋转坐标系中保持不动，$\boldsymbol{B}_1$ 是以恒定场出现，因此磁矩 $\boldsymbol{\mu}$ 在力矩 $\boldsymbol{\mu}\times\boldsymbol{B}_1$ 的作用下将开始绕着 $\boldsymbol{B}_1$ 进动，在图 4.1.2 (a) 中 $\boldsymbol{B}_1$ 对 $\boldsymbol{\mu}$ 产生

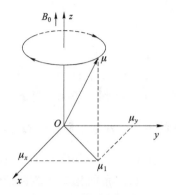

图 4.1.1　磁矩在恒定外
磁场中的进动

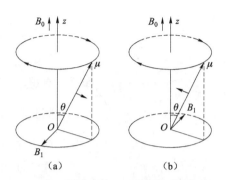

图 4.1.2　旋转磁场 B 的频率与进动频率
相同时 μ 在磁场 B 中的能量变化

（a）能量增加；（b）能量减少

的力矩 $\boldsymbol{\mu} \times \boldsymbol{B}_1$，使 μ 和磁场 $\boldsymbol{B}_z$ 之间的夹角 θ 增大，我们知道 μ 在磁场 $\boldsymbol{B}_z$ 中能量为

$$E = \boldsymbol{\mu} \cdot \boldsymbol{B}_z = -|\boldsymbol{\mu}| \cdot |\boldsymbol{B}_z| \cos \theta = -\mu \cdot B_z \cdot \cos \theta \qquad (4.1.8)$$

因此，θ 增大，意味着系统的能量增大，在图 4.1.2（b）中，$\boldsymbol{B}_1$ 对 μ 产生的力矩 $\boldsymbol{\mu} \times \boldsymbol{B}_1$ 使 μ 和磁场 $\boldsymbol{B}_z$ 之间的夹角 θ 减小，这意味着系统的能量减小。也就是说，θ 的改变意味着磁势能 E 的改变，这个能量改变是以所加旋转磁场的能量变化为代价的，就是说，当 θ 增加时，核要从外磁场 $\boldsymbol{B}_0$ 中吸收能量，这样就会产生核磁共振现象。共振条件为

$$\omega = \omega_0 = \gamma |\boldsymbol{B}_0| \qquad (4.1.9)$$

这个结论与量子力学得出的结论是一致的。

若外磁场 $\boldsymbol{B}_1$ 的旋转速度 $\omega \neq \omega_0$，则角度 θ 的变化不显著，平均起来，θ 角的变化为零，总的来看，核没有吸收磁场能量，观察不到核磁共振现象。

然而，我们实际研究的样品，不是单个磁矩，而是由这些磁矩构成的磁化矢量。另外，我们研究的系统也不是孤立的，而是与周围物质有一定的相互作用。只有考虑了这些问题，才能建立起核磁共振理论。

1. 磁化强度矢量（$\boldsymbol{M}$）。

单位体积中微观磁矩矢量或核的磁化强度矢量，以 $\boldsymbol{M}$ 表示。

$$\boldsymbol{M} = \sum_V \boldsymbol{\mu}_V$$

求和遍及单位体积，$\boldsymbol{M}$ 是一个宏观量，相当于单位体积中包含的磁矩，因此，它更适合于经典理论矢量模型。在外磁场 $\boldsymbol{B}_0$ 中它受到力矩 $\boldsymbol{M} \times \boldsymbol{B}_0$，因有

$$\mathrm{d}\boldsymbol{M}/\mathrm{d}t = \gamma\boldsymbol{M}\times\boldsymbol{B}_0$$

$\boldsymbol{M}$ 以频率 $\omega = \omega_0 = \gamma|\boldsymbol{B}_0|$ 绕外磁场 $\boldsymbol{B}_0$ 进动。

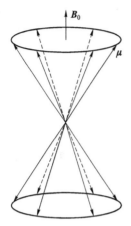

图 4.1.3 $I=1/2$ 的核系统热平衡核磁矩取向分布情况

2. 磁化强度矢量的平衡值。

以核自旋量子数 $I=1/2$ 的核为例。设 z 方向有恒定外磁场 $\boldsymbol{B}_0$，由于空间量子化，磁矩 $\boldsymbol{\mu}$ 在空间只有两种不同的取向，对应于磁量子数 $m = \pm\frac{1}{2}$ 两个状态，因此 $\boldsymbol{\mu}$ 只能分布在如图 4.1.3 所示的两个锥面上，沿上锥面分布的相应于能量较低的状态。即有

$$E_{m=\frac{1}{2}} = -\boldsymbol{\mu}\cdot\boldsymbol{B}_0 = -m\gamma\hbar B_0 = -\frac{1}{2}\gamma\hbar B_0$$

沿下锥面分布的，相应于能量较高的状态，即有

$$E_{m=-\frac{1}{2}} = \boldsymbol{\mu}\cdot\boldsymbol{B}_0 = m\gamma\hbar B_0 = \frac{1}{2}\gamma\hbar B_0$$

当磁矩系统处于热平衡时，位于上锥面的粒子总数 N_{10} 将多于位于下锥面粒子总数 N_{20}，根据玻尔兹曼能量分布定理可得（考虑到 $\Delta E \ll kT$）

$$\frac{N_{20}}{N_{10}} = \exp\left(-\frac{\Delta E}{kT}\right) = \exp\left(-\frac{\gamma\hbar B_0}{kT}\right) = \exp\left(-\frac{\hbar\omega_0}{kT}\right) \approx 1 - \frac{\hbar\omega_0}{kT}$$

此外，核磁矩在锥面上的分布应是均匀的，而不是集中在某一侧面上。由此，我们可以得出结论，在热平衡时，单位体积中的磁化强度矢量 $\boldsymbol{M}$ 只有沿外磁场 z 方向的分量 M_{z0}，因此 M_{z0} 就简写为 M_0，它是沿着外磁场 $\boldsymbol{B}_0$ 的方向的。

对于 $I=1/2$ 的核系统，很容易算出 M_0 的数值。设 $\boldsymbol{\mu}$ 在 z 轴上的投影为 μ，则

$$M_0 = (N_{10}-N_{20})\mu = \frac{N_{10}\gamma\hbar B_0\mu}{kT} \approx \frac{N\gamma\hbar B_0\mu}{2kT}$$

其中，$N_{10}=N/2$（N 为粒子总数），对于 $I=1/2$，有

$$\mu = \frac{\gamma\hbar}{2}, M_0 = \frac{N\mu^2}{kT}B_0$$

而对于 $I>1/2$ 的核系统，有下面关系式

$$M_0 = \frac{I+1}{3I}\cdot\frac{N\mu^2}{kT}B_0$$

令 $M_0 = X_0 B_0$，则

$$X_0 = \frac{I+1}{3I} \cdot \frac{N\mu^2}{kT}$$

这就是核顺磁性的磁化率。

3. 磁化强度矢量从不平衡趋向平衡的规律和弛豫时间 T_1，T_2。

对于 $I=1/2$ 的核系统，M 的 z 分量 M_z 等于粒子差数（N_1-N_2）乘以核磁矩 μ，即 $M_z=(N_1-N_2)\mu$，M_z 的热平衡值就是 M_0，当偏离热平衡状态时，假设 M_z 趋向 M_0 是按下面规律进行的。

$$\frac{\mathrm{d}M_z}{\mathrm{d}t} = -\frac{M_z-M_0}{T_1}$$

式中，特征时间 T_1 称为纵向弛豫时间，因为它反映了沿外加磁场方向上整个样品的磁矩恢复到平衡过程值时所需时间的大小。

M 的 x，y 分量（即 M_x，M_y）趋向于平衡状态的过程，即 M_x，M_y 趋向于零的过程，也就是微观磁矩在图4.1.3锥面上趋向无规则均匀分布的过程，因此可以假定

$$\frac{\mathrm{d}M_x}{\mathrm{d}t} = -\frac{M_x}{T_2}, \frac{\mathrm{d}M_y}{\mathrm{d}t} = -\frac{M_y}{T_2}$$

式中，T_2 称为横向弛豫时间。

4. 布洛赫（Bloch）方程式。

前面已经讨论过，在实验中，我们所观察到的现象是宏观物理量变化的反映，具体地说是样品中磁化强度矢量 M 变化的反映，因此研究核磁共振必须研究 M 在磁场 B 中的运动方程。1946年Bloch建立并解出了这个方程，他不但成功地指出了核磁共振的条件，并且预言了核磁共振信号的曲线形状，并因此获得了诺贝尔物理学奖。

前面我们分析了外场和弛豫作用对核磁化强度矢量 M 的作用，得到了以下两个运动方程

$$\frac{\mathrm{d}M}{\mathrm{d}t} = \gamma(M \times B) \tag{4.1.10}$$

$$\frac{\mathrm{d}M}{\mathrm{d}t} = -\frac{M_x i}{T_2} - \frac{M_y j}{T_2} - \frac{(M_z-M_0)k}{T_1} \tag{4.1.11}$$

式中，i、j、k 是 x、y、z 方向上的单位矢量。

当上述两种作用同时存在时，若假设各自的规律性不受另一因素的影响（实际上偶尔会有影响），那么就可以把式（4.1.10）、式（4.1.11）简单相加起来，这样就得到描述核磁共振现象的基本运动方程。

$$\frac{\mathrm{d}M}{\mathrm{d}t} = \gamma(M \times B) - \frac{M_x i}{T_2} - \frac{M_y j}{T_2} - \frac{(M_z-M_0)k}{T_1} \tag{4.1.12}$$

这就叫作布洛赫方程式。

由式（4.1.10）可得与式（4.1.5）、式（4.1.6）相类似的静态解，它表明 M 围绕 B_0 作进动，进动角频率为 $\omega = \gamma B$。现在假设外磁场 B_0 沿 z 轴方向，再沿 x 轴方向或 y 轴方向加一射频线偏振磁场 B_1。

$$B_1 = 2B_1 \cos(\omega t) e \qquad (4.1.13)$$

式中，e 为沿 x 轴或 y 轴的单位矢量，$2B_1$ 为振幅。这个线偏振场可以看作是左旋圆偏振场和右旋圆偏振场的叠加，在这个圆偏振场中，只有当圆偏振场的旋转方向与进动方向相同时才起作用，所以，对于 γ 为正的系统，起作用的是顺时针方向的圆偏振场，反之为逆时针方向的圆偏振场，这两个圆偏振场可用下式表示。

$$B_x = B_1 \cos \omega t, B_y = \mp B_1 \sin \omega t \qquad (4.1.14)$$

由于 $M \times B$ 的三个分量为

$$(M_y B_z - M_z B_y) i, (M_z B_x - M_x B_z) j, (M_x B_y - M_y B_x) k$$

这样式（4.1.12）可写为

$$\left.\begin{aligned}
\frac{dM_x}{dt} &= \gamma(M_y B_0 + M_z B_1 \sin \omega t) - \frac{M_x}{T_2} \\
\frac{dM_y}{dt} &= \gamma(M_z B_1 \cos \omega t - M_x B_0) - \frac{M_y}{T_2} \\
\frac{dM_z}{dt} &= \gamma(-M_x B_1 \sin \omega t - M_y B_1 \cos \omega t) - \frac{M_z - M_0}{T_1}
\end{aligned}\right\} \qquad (4.1.15)$$

对液体样品而言，在各种条件下解上述方程式，可以解释各种核磁共振现象，其稳态解为

$$M_x = \frac{1}{2\mu_0} \chi_0 \omega_0 T_2 \left[\frac{(2B_1 \cos \omega t)(\omega_0 - \omega) T_2 + 2B_1 \sin \omega t}{1 + (\omega - \omega_0)^2 T_2^2 + \gamma^2 B_1^2 T_1 T_2} \right] \qquad (4.1.16a)$$

$$M_y = \frac{1}{2\mu_0} \chi_0 \omega_0 T_2 \left[\frac{(2B_1 \cos \omega t) - (2B_1 \sin \omega t)(\omega_0 - \omega) T_2}{1 + (\omega - \omega_0)^2 T_2^2 + \gamma^2 B_1^2 T_1 T_2} \right] \qquad (4.1.16b)$$

$$M_z = \frac{1}{\mu_0} \chi_0 B_2 \left[\frac{1 + (\omega_0 - \omega)^2 T_2^2 t}{1 + (\omega - \omega_0)^2 T_2^2 + \gamma^2 B_1^2 T_1 T_2} \right] \qquad (4.1.16c)$$

由于在实验中，实际加的射频场是 $B_x = 2B_1 \cos \omega t$ 的线偏振场，所以从式（4.1.16b）和式（4.1.16c）中可求得磁化率的分量 χ' 和 χ'' 如下。

$$\chi' = \frac{1}{2\mu_0} \chi_0 \omega_0 T_2 \left[\frac{(\omega_0 - \omega) T_2 t}{1 + (\omega - \omega_0)^2 T_2^2 + \gamma^2 B_1^2 T_1 T_2} \right]$$

$$\chi'' = \frac{1}{2\mu_0} \chi_0 \omega_0 T_2 \left[\frac{1}{1 + (\omega - \omega_0)^2 T_2^2 + \gamma^2 B_1^2 T_1 T_2} \right]$$

若 $\gamma^2 B_1^2 T_1 T_2 \ll 1$，则

$$\chi' = \frac{1}{2\mu_0}\chi_0\omega_0 T_2\left[\frac{(\omega_0-\omega)\,T_2 t}{1+(\omega-\omega_0)^2 T_2^2}\right] \qquad (4.1.17)$$

$$\chi'' = \frac{1}{2\mu_0}\chi_0\omega_0 T_2\left[\frac{1}{1+(\omega-\omega_0)^2 T_2^2}\right] \qquad (4.1.18)$$

把式（4.1.17）、式（4.1.18）随 ω 而变化的函数关系画成曲线，就可以绘出如图 4.1.4（a）、（b）所示的图形。在实验中，只要扫场很缓慢地通过共振区，则可满足上面的条件。

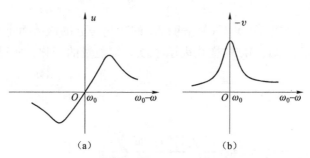

图 4.1.4　核磁共振时的色散信号和吸收信号

（a）色散信号；（b）吸收信号

而对于固体样品，其结果就较为复杂。首先作坐标变换，取新坐标 x'，y'，z'，如图 4.1.5 所示。

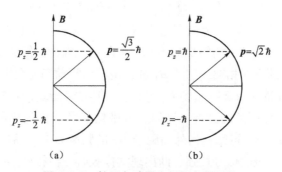

图 4.1.5　粒子角动量空间取向量子化

（a）$I=\frac{1}{2}$，$m=\frac{1}{2}$，$-\frac{1}{2}$；（b）$I=1$，$m=1$，0，-1

z' 与原来的 z 坐标重合，旋转磁场与 x' 重合（或与 y' 重合）。显然，新坐标系是与旋转磁场以同一频率 ω 旋转的坐标系。$M_\perp$ 是 M 在垂直于恒定磁场方向上的分量，即在 xy 平面上的分量，设 u 和 $-v$ 是 $M_\perp$ 在 x' 和 y' 方向上的分量，则

$$M_x = u\cos\omega t - v\sin\omega t$$

$$M_y = -v\cos\omega t - u\sin\omega t$$

把以上二式代入式（4.1.15），则

$$\frac{du}{dt} = -(\omega_0-\omega)v - \frac{u}{T_2} \tag{4.1.19a}$$

$$\frac{dv}{dt} = (\omega_0-\omega)u - \frac{v}{T_2} - \gamma B_1 M_z \tag{4.1.19b}$$

$$\frac{dM_z}{dt} = \frac{M_0-M_z}{T_1} - \gamma B_1 v \tag{4.1.19c}$$

式中，$\omega_0 = \gamma B_0$。式（4.1.19c）表明 M_z 的变化是 v 的函数而不是 u 的函数。由式（4.1.8）可知，M_z 的变化表示了该系统能量的变化，所以 v 的变化反映了系统能量的变化。在式（4.1.19）中，令 $\dfrac{du}{dt} = \dfrac{dv}{dt} = \dfrac{dM_z}{dt} = 0$，则可得方程的稳态解为

$$\left. \begin{array}{l} u = \dfrac{\gamma_1 T_2^2(\omega_0-\omega)M_0}{1+T_2^2(\omega_0-\omega)^2+\gamma^2 B_1^2 T_1 T_2} \\[3mm] v = \dfrac{-\gamma B_1 M_0 T_2}{1+T_2^2(\omega_0-\omega)^2+\gamma^2 B_1^2 T_1 T_2} \\[3mm] M_z = \dfrac{[1+T_2^2(\omega_0-\omega)]M_0}{1+T_2^2(\omega_0-\omega)^2+\gamma^2 B_1^2 T_1 T_2} \end{array} \right\} \tag{4.1.20}$$

实验时，只要扫场很缓慢通过共振区，就可满足上面的条件。根据式（4.1.20）画出的 u 和 v 的图形如图 4.1.4 所示。因为磁矩 $\boldsymbol{M}_\perp$ 的 u 分量永远与旋转磁场 $\boldsymbol{B}_1$ 的方向相同，它与 $\boldsymbol{B}_1$ 的比值相当于动态复数磁化率 χ' 的实部；而磁矩 $\boldsymbol{M}_\perp$ 的分量 v 与旋转磁场 $\boldsymbol{B}_1$ 总保持 90° 的相位差，它们之间的比值相当于动态复数磁化率 χ' 的虚部。所以，分别把 u 和 v 称为色散信号和吸收信号。由图 4.1.4（b）可知，当外加磁场 $\boldsymbol{B}_1$ 的频率 ω 等于 $\boldsymbol{M}$ 在磁场 $\boldsymbol{B}_0$ 中的进动频率 ω_0 时，吸收信号最强，即出现共振吸收。在核磁共振波谱仪中，按照接收电路或电路调节方式的不同，可以获得 u 信号或 v 信号。

上面采用经典方法和矢量模型讨论了核磁共振原理，由于核是微观粒子，采用经典方法有相当大的局限性。为了较为深入地了解，下面对核的运动规律做一些量子描述。

原子核有自旋角动量 $\boldsymbol{p}$，其数值是量子化的，用自旋量子数 I 表征，数值上

$$|\boldsymbol{p}| = \sqrt{I(I+1)}\hbar, \quad I = 0, \frac{1}{2}, 1, \frac{3}{2}$$

它在磁场方向的投影 P_z 只能取以下值

$$p_z = m\hbar, m = I, I-1, \cdots, -I+1, -I$$

于是在数组上

$$|\boldsymbol{\mu}| = \gamma|\boldsymbol{p}| = \gamma\sqrt{I(I+1)}\,\hbar$$

可见，微观磁矩在空间的取向也是量子化的，用磁量子数 m 表征，$\boldsymbol{\mu}_z$ 在外磁场方向的投影为 μ_z。

$$\boldsymbol{\mu} = \gamma m\hbar, m = I, I-1, \cdots, -I+1, -I$$

图 4.1.5（a）和（b）分别给出了 $I = \dfrac{1}{2}$ 和 $I = 1$ 的两种情况，习惯上把

$(p_z)_{max} = I\hbar$ 和 $(\mu_z)_{max} = \gamma I\hbar$ 称作粒子的角动量和磁矩，用 p 和 μ 来表示。

由此可见，微观磁矩在空间的取向是量子化的，称作空间量子化，因此，磁矩与外磁场的相互作用也是不连续的，而是形成分裂能级，如图 4.1.6 所示。由式（4.1.8）得

$$E = -\mu_z B = -m\gamma\,\hbar B, m = I, I-1, \cdots, -I, \gamma < 0$$

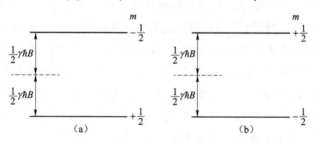

图 4.1.6 $I = 1/2$ 的粒子在外磁场 B 中的能级分裂

（a）$\gamma > 0$；（b）$\gamma < 0$

由此可知，磁能级是等距分裂的，相邻能级间的能量差为

$$\Delta E = \gamma\hbar B = \omega\hbar \tag{4.1.21}$$

当垂直于恒定磁场 B 的平面上同时存在一个频率满足式（4.1.21）时，将发生磁偶极共振跃迁，其选择定则是 $\Delta m = \pm 1$，即受激吸收与受激跃迁只发生在相邻的子能级之间，根据爱因斯坦电磁辐射理论，受激吸收与受激跃迁的概率相等。若该能量等于两相邻能级的能量差 ΔE，则

$$\gamma\hbar = \hbar\omega = \gamma\hbar B$$

或

$$\omega = \gamma B$$

此时处于低能级的粒子就有可能吸收能量，跃迁到高能级上去，发生核磁共振。

实际样品是一个处于热平衡状态，包含大量具有相同磁矩的系统，它服从热力学统计规律，在热平衡时，上下能级的粒子数遵从玻尔兹曼分布率。

$$\frac{N_{20}}{N_{10}} = \exp(-\Delta E/kT)$$

式中，N_{20}，N_{10} 分别是上下能级粒子数，一般情况下，$\Delta E \ll kT$，上式可近似为

$$\frac{N_{20}}{N_{10}} \approx 1 - \frac{\Delta E}{kT} \qquad (4.1.22)$$

这个数值接近 1，例如 ^{1}H 核在室温 30 ℃ 下，当外磁场为 1 T 时，ω 值为 42.577 5 MHz/T，$k = 1.380\,66 \times 10^{-23}$ J/K，将这些数值代入式（4.1.21）、式（4.1.22）得

$$\frac{\Delta E}{kT} \approx 7 \times 10^{-6}$$

$$\frac{N_{20}}{N_{10}} = 0.999\,993$$

上式说明，在室温下，每百万个低能级上的核比高能级上的核大约多出 7 个，也就是说，在低能级上参与核磁共振吸收的每一百万个核中只有约 7 个核的核磁共振吸收未被共振辐射所抵消，所以核磁共振是非常微弱的。同时上式还说明，磁场 B_0 越强，粒子差数就越大，核磁共振现象越明显；而温度越高，粒子差数就越小，对观察核磁共振信号越不利。此外，核磁共振还受样品均匀程度的影响，如果样品不均匀，样品内各部分的共振频率不同，对某个频率的电磁波，将只有极少数核参与共振，结果信号被噪声所淹没，难以观察到共振信号。

在有射频场 $\boldsymbol{B}_1$ 作用的核磁共振的条件下，设上下能级粒子数之差为 $n = N_1 - N_2$ 的变化率，根据爱因斯坦电磁辐射理论，设受激发射与受激吸收的跃迁概率为 p，则

$$dN_1 = -pN_1dt + pN_2dt$$
$$dN_2 = -pN_2dt + pN_1dt$$

以上二式相减得

$$dn = d(N_1 - N_2) = -2p(N_1 - N_2)\,dt = -2pndt$$

积分得

$$n = n_0\exp(-2pt) \qquad (n_0 = N_{10} - N_{20}) \qquad (4.1.23)$$

可见粒子差数随时间按指数规律减小。如果电磁辐射持续起作用，则最后 $n \to 0$，由于吸收信号强弱与粒子差数 n 成正比，这时就不再有吸收现象，上下能级粒子数趋于相等，样品达到饱和状态。实际上，还存在另一个不断

使粒子由上能级无辐射地跃迁到下能级的热弛豫跃迁，设由下能级向上能级和由上能级向下能级热弛豫跃迁的概率分别为 w_{12}、w_{21}，在热平衡时，当不存在射频磁场 $\boldsymbol{B}_1$ 时，由上能级跃迁到下能级和由下能级跃迁到上能级的粒子数应相等，即

$$N_{10}w_{12} = N_{20}w_{21}$$

由此可得

$$\frac{w_{12}}{w_{21}} = \frac{N_{20}}{N_{10}} = \exp\left(-\frac{\Delta E}{kT}\right) \approx 1 - \frac{\Delta E}{kT}$$

由上式可以看出，由下能级跃迁到上能级的热弛豫跃迁概率略小于由上能级跃迁到下能级的热弛豫跃迁概率。近似地可以认为，当这两个过程达到动态平衡后，上下能级的粒子数差稳定在某一新的数值上，当然它遵从玻尔兹曼分布率。

当粒子数偏离热平衡分布时，设上、下能级粒子数为 N_2 和 N_1，粒子差数 $n = N_1 - N_2$，则有

$$-\frac{\mathrm{d}n}{\mathrm{d}t} = -\frac{\mathrm{d}(N_1 - N_2)}{\mathrm{d}t} = 2(w_{12}N_1 - w_{21}N_2)$$

式中，系数 2 是因为每发生一次跃迁使上、下能级粒子的差数变化为 2。将上式略加变换，可得到

$$-\frac{\mathrm{d}n}{\mathrm{d}t} = 2\left[(w_{12}N_1 - w_{12}N_{10}) + (w_{21}N_{20} - w_{21}N_2)\right] = 2\left[w_{12}(N_1 - N_{10}) + w_{21}(N_{20} - N_2)\right]$$

由于

$$n_0 = N_{10} - N_{20}, \quad n = N_1 - N_2, \quad N_1 + N_2 = N_{10} + N_{20}$$

所以 $N_1 - N_{10}$ 和 $N_{20} - N_2$ 均等于 $(n - n_0)$ 的一半，故

$$-\frac{\mathrm{d}n}{\mathrm{d}t} = 2\left(w_{12}\frac{n - n_0}{2} + w_{21}\frac{n - n_0}{2}\right) = (w_{12} + w_{21})(n - n_0)$$

令 w_{12} 和 w_{21} 的平均值为 $\overline{w}$，则有

$$-\frac{\mathrm{d}n}{\mathrm{d}t} = 2\overline{w}(n - n_0)$$

对上式积分可得

$$(n - n_0)_t = (n - n_0)_{t=0}\mathrm{e}^{-2\overline{w}t}$$

若把上式写成

$$(n - n_0)_t = (n - n_0)_{t=0}\mathrm{e}^{-\frac{t}{T_1}}$$

则有 $T_1 = \dfrac{1}{2w}$。上式表示粒子差数 n 相对于热平衡值 n_0 的偏离大小，随时间 t 的增加将按指数规律以时间常数 T_1 趋向于 0（亦即恢复到热平衡状态）。T_1

就是我们在前面宏观理论中讨论过的纵向弛豫时间，又称自旋—晶格弛豫时间。

从上面的论述我们知道，核磁共振时，有两个过程起作用，一是受激跃迁，核磁矩系统吸收电磁波能量，使上下能级的粒子数趋于相等；另一个是热弛豫过程，核磁矩系统把能量传给晶格，其效果是粒子数趋向于热平衡分布。这两个过程达到动态平衡后，粒子数差将稳定在某个新的数值上，从而，我们可以连续地观察到稳定吸收。现在，我们来求这个新的平衡值，由于射频共振场和弛豫作用，由式（4.1.23）

$$-\left(\frac{dn}{dt}\right)_{共振} = 2np$$

$$-\left(\frac{dn}{dt}\right)_{弛豫} = \frac{n-n_0}{T_1}$$

当这两个过程达到平衡时，总的 $\frac{dn}{dt} = 0$，则

$$\left(\frac{dn}{dt}\right)_{共振} + \left(\frac{dn}{dt}\right)_{弛豫} = 0$$

即

$$2n_s p + \frac{n_s - n_0}{T_1} = 0$$

得出

$$n_s = \frac{n_0}{1 + 2pT_1}$$

式中，n_s 为动态平衡上下能级粒子数差，表明 n_s 比 n_0 小。我们把 $\frac{1}{(1+2pT_1)}$ 称作饱和因子，用 D 表示，即 $n_s = Dn_0$，当 $pT_1 \ll 1$ 时，$D \approx 1$，$n = n_0$，完全没有饱和现象；当 $pT_1 \gg 1$ 时，$E \to 0$，将完全饱和，看不到吸收现象。因此为了观察到较强的共振吸收信号，就要求跃迁概率 p 和自旋—晶格弛豫时间 T_1 小，而跃迁概率 p 与 B_1^2 成正比，因此要求射频场 B_1 小。

以上我们所讨论的是样品的理想状态，实际样品中，每一个核磁矩由于近邻处其他核磁矩或所加顺磁物质的磁矩所造成的局部场略有不同，它们的进动频率也完全不一样。如果使在 $t = 0$ 时所有核磁矩在 xy 平面上的投影位置相同，由于不同的进动频率，经过时间 T_2 后，这些核磁矩在 xy 平面上的投影位置将均匀分布，完全无规则，T_2 称为横向弛豫时间，它给出了磁矩 M 在 x，y 方向上的分量变到零所需的时间，T_2 起源于自旋粒子与邻近的自旋粒子之间的相互作用，这一过程由此称为自旋—自旋弛豫过程。

实际的核磁共振吸收不只发生在由式（4.1.21）所决定的单一频率上，而是发生在一定的频率范围内，即谱线有一定的宽度，这说明能级是有一定宽度的。据"测不准关系"，有

$$\Delta E \cdot \tau \approx \hbar$$

式中，ΔE 为能级宽度，τ 为能级寿命。由此产生的谱线宽度 Δw 为

$$\Delta w = \frac{\Delta E}{\hbar} \approx \frac{1}{\tau}$$

上式表示，谱线宽度实质上归结为粒子在能级上的平均寿命，当射频场 B_1 不强时，吸收谱线半宽度为

$$\frac{\Delta w}{2} = \frac{1}{T_2}$$

在液体样品的核磁共振实验中，自旋—晶格弛豫过程，自旋—自旋相互作用都使粒子处于某一状态的时间有一定的限制。设 w' 为自旋—自旋相互作用跃迁概率，$\overline{w}$ 为自旋—晶格弛豫跃迁概率，这两个过程结合在一起构成总的弛豫作用，其跃迁概率 $w = w' + \overline{w}$，可以证明当射频场 B_1 很弱和不考虑外磁场不均匀引起的谱线增宽时，有

$$\frac{1}{T_2} = w = w' + \overline{w} = \frac{1}{T_{21}} + \frac{1}{2T_1}$$

式中，T_{21} 代表与跃迁概率 w' 相应的平均寿命。实际实验中，射频场 B_1 越大，粒子受激跃迁的概率越大，使粒子处于某一能级的寿命减少，这也会使共振吸收谱线变宽。此外，外加磁场的不均匀，使磁场中不同位置处粒子进动的频率不同，也会使谱线变宽。

实验装置与使用方法

1. 实验装置。

如图 4.1.7 所示，整个核磁共振实验装置由电磁铁、样品探头、核磁共振仪、外配频率计和示波器组成。

（1）核磁共振仪。

核磁共振仪通过样品探头一方面提供射频磁场 B_1，另一方面通过电子电路对 B_1 中的能量变化加以检测，以便观察核磁共振现象。核磁共振仪的方框图见图 4.1.8。图中边缘振荡器产生射频振荡，其振荡频率由样品线圈和并联电容决定。所谓边缘振荡器是指振荡器被调谐在临界工作状态，这样，不仅可以防止核磁共振信号的饱和，而且当样品有微小的能量吸收时，可以引起振荡器的振幅有较大的相对变化，提高了检测核磁共振信号的灵敏度。在未

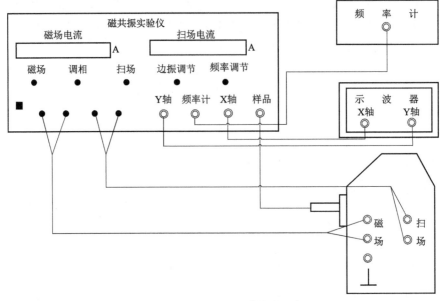

图4.1.7　核磁共振系统接线示意图

发生核磁共振时，振荡器产生等幅振荡，经检波器输出的是直流信号，经低频放大器隔直输出到示波器 Y 轴，显示为一条直线。当满足共振条件发生核磁共振时，样品吸收射频场的能量，使振荡器的振荡幅度变小，因此，射频信号的包络变成由共振吸收信号调制的调幅波，经检波、放大后，就可以把反映振荡幅度大小变化的蝶形共振吸收信号检测出来，并由示波器显示。图中"直流电源"单元为各部分提供工作电压。

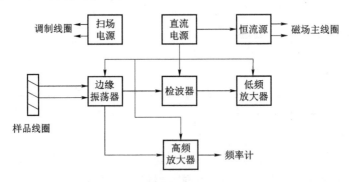

图4.1.8　核磁共振原理使用方框图

（2）电磁铁及调制线圈。

如图4.1.9所示，电磁铁由恒流源激励产生恒磁场，可以通过调节恒流源的激励电流，从而调节其磁场强度，实现磁场强度从几到几千高斯的范围

内连续可调。通过面板上数
字电流表（A）显示磁场线
圈中电流的大小，以表征磁
场的强度。

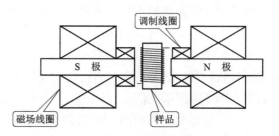

采用恒流源作激励，保
证了磁场强度的高度稳定。
调制线圈由扫场电源激励产
生一个弱的低频（50 Hz）

图 4.1.9　电磁铁及调制线圈

交变磁场 B_m 与稳恒磁场 B_0 叠加，使得样品中的 ^{1}H 核在交流调制信号的一个
周期内，只要调制场的幅度及频率适当就可以在示波器上观测。到稳定的核
磁共振吸收信号。"扫场电流"数字电流表，指示流过调制线圈中电流的大小。
从原理公式 $\omega_0 = \gamma \times B_0$ 可以看出，每一个磁场值只能对应一个射频频率发生共
振吸收，而要在十几兆赫的频率范围内找到这个频率是很困难的，为了便于
观察共振吸收信号，通常在稳恒磁场方向上叠加一个弱的低频交变磁场 B_m，
如图 4.1.10 所示（上图为 B_0 和 B_m 叠加后变化的情况，下图为射频场 B_1 振荡
电压幅值随时间变化的情况，图中的 B_0' 为某一射频频率对应的共振磁场）。
此时样品所在处所加的实际磁场为 $B_0 + B_m$，由于调制磁场的幅值不大，磁
场的方向仍保持不变，只是磁场的幅值随调制磁场周期性的变化，则核磁
矩的拉莫尔旋进角频率 ω_0 也相应地在一定范围内发生周期性的变化。即：
$\omega_0 = \gamma (B_0 + B_m)$。

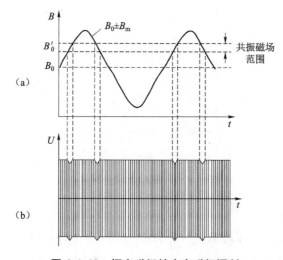

图 4.1.10　恒定磁场被交变磁场调制

此时只要将射频场的角频率 ω' 调节到 ω_0'，的变化范围内，同时调制场的

峰—峰值大于共振场的范围，就可能发生核磁共振，用示波器可观察到共振吸收信号，因为只有与 ω_0' 相应的共振吸收磁场范围被 (B_0+B_m) 扫过的期间才能发生核磁共振，可观察到共振吸收信号，其他时刻不满足共振条件，没有共振吸收信号。磁场的变化曲线在一周期内与 B_0 两次相交，所以在一周内能观察到两个共振吸收信号。

若在示波器上出现间隔不等的共振吸收信号，这是因为对应射频磁场频率发生共振磁场的 B_0' 的值不等于稳恒磁场的值，其原理如图4.1.11（a）所示。这时如果改变稳恒磁场 B_0 的大小或变化射频场 B_1 的频率，都能使共振吸收信号的相对位置发生变化，出现"相对走动"的现象。若出现间隔相等的共振吸收信号时，如图4.1.11（b）所示，则其相对位置与调制磁场 B_m 的幅值无关，并随 B_m 幅值的减小，信号变低变宽，如图4.1.11（c）所示，此时即表明 B_0' 与 B_0 相等。

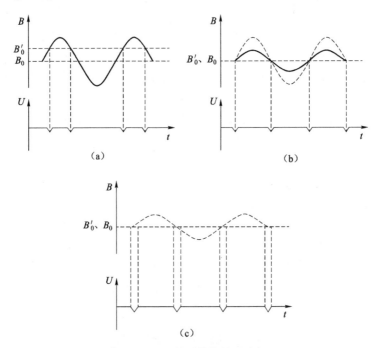

图 4.1.11　核磁共振信号波形

2. 使用方法。

（1）按图4.1.7连接系统。将样品探头小心的插入磁铁上的探头座内。通过随机配送的样品专用电缆（短电缆）与磁共振仪"样品"（BNC）插座可靠连接。核磁共振系统所用示波器应具有外触发（X-Y）工作方式功能，数字频率计（最高测量频率应不低于40 MHz）的输入端用电缆连接到共振仪的"频率计"插座（BNC）上。系统各部分连接应可靠、牢固。

（2）示波器采用 X–Y（外扫描）工作方式，其 X 轴灵敏度设定在 2～5 V/DIV 之间，并通过随机配送的电缆连接到磁共振仪"X 轴"输出插座（BNC）上，示波器 Y 轴灵敏度为可在 0.1～2 V/DIV 之间进行设置，通过随机配送的电缆连接到仪器"Y 轴"输出插座（BNC）上。

（3）打开电源开关，此时仪器磁场电流表（A）有显示。为延长系统使用寿命，关机前，"磁场"和"扫场"旋钮应反时针旋到底，再关机。

（4）调节"磁场"旋钮，使磁场电流表（A）指示为 1.2～2.1 A。顺时针调节"扫场"旋钮至最大，扫场电流表指示为 0.3～0.7 A。此时在上示波器上可以看到带有噪声的扫描线，表示系统已进入工作状态。若数字频率计有频率指示，表明边缘振荡器已起振。若数字频率计指示为"0"，则调节"边振调节"或"频率调节"旋钮，直到有频率指示。再通过调节"频率调节"旋钮，可在示波器上观测到核磁共振信号。出现共振信号后，再细调"边振调节"，"磁场"调节钮，移动探头的位置，使共振信号达到最佳。在示波器采用外触发方式时，当出现共振信号后，调节"调相"旋钮，可调节两个共振波形在示波器上的相对位置，以方便观测。若示波器采用内触发方式时，此旋钮失效。

（5）在仪器调节和使用过程中，可能会出现低频干扰，可通过将装置各部件外壳相连，接地或调整仪器布局等方法来解决。由于产生低频干扰的原因比较复杂，消除也较困难，具体采用什么措施好，需要通过实验，根据不同情况，选择不同的方法。当改变样品或者改变振荡频率后，应通过调"边振调节"，重调振荡器工作状态。

实验内容

1. 用水做样品，观察质子（^1H）的核磁共振吸收信号，并测量磁场强度。本仪器是采用连续波方式产生 NMR，用自插法检测 NMR 信号，实验时，首先把水样品探头通过专用电缆（短电缆）接到共振仪"样品"插座上，并把这个含有样品的线圈放到稳恒磁场中。线圈放置的位置必须保证使线圈产生的射频磁场方向与稳恒磁场方向垂直，然后接通电源，使射频振荡器发生某个频率的振荡，并连续不断的加到样品线圈上，这时根据 NMR 条件 $\omega = \gamma B_0$（ω 为射频场电磁波的角频率，B_0 为稳恒磁场的强度，γ 为核的旋磁比）。可以通过固定 ω 而逐步改变 B_0 或固定 B_0 而逐步改变 ω 办法，使之达到共振点。"扫场"输出一频率为 50 Hz 的信号到磁铁的调制线圈上，并同时分出一路，通过移相器接到示波器的水平输入轴（X 轴），以实现二者的同步扫描，

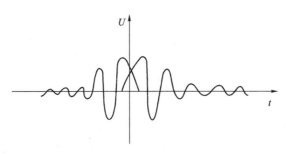

图 4.1.12　同步扫描条件下的共振波形

当磁场扫描到共振点时，可在示波器（X-Y 外触发扫描工作方式）上观察到如图 4.1.12 所示的两个对称的蝶型信号波形，它对应于调制磁场 B_m 一周内发生两次核磁共振，再细心地把波形调节到示波器荧光屏的中心位置上并使两峰重合，这时质子共振频率和磁场满足条件 $\omega = \gamma B_0$。

测量磁场时，示波器采用内扫描法进行观测，X 轴灵敏度为 5 ms/（°），Y 轴灵敏度可根据信号幅度大小在 0.1～0.5 V/DIV 选择，此时在示波器上可见到间隔不等的蝶形共振吸收信号。此时，微调"频率调节"旋钮，使各信号间隔相等即相邻两信号的时间间隔应为 10 ms。记录下此时的振荡频率 f_H，即与待测磁场相对应的共振频率，由于质子旋磁比已知（$\gamma_H = 2.675\,22 \times 10^2$ MHz/T），所以只要测出 f_H 即可由公式：

$$B_0 = \frac{\omega}{\gamma_H} = \frac{2\pi f_H}{\gamma_H}$$

计算出被测磁场强度。式中频率的单位为 MHz，磁场强度位为高斯。

2. 用聚四氟乙烯棒做样品，观察 ^{19}F 的核磁共振现象，并测定其旋磁比，g 因子和核磁矩。由于本 ^{19}F 的核磁共振信号比较弱，观察时要特别细心，应缓慢调节磁场或射频频率，找到共振吸收信号，并使共振信号间隔相等，同样用上节所述的测量方法测量出 ^{19}F 的共振频率 f_F，磁场强度 B_F 可用 ^{1}H 核磁共振的方法测定或用高斯计直接测出，即可由公式：

$$\gamma_F = \frac{2\pi f_F}{B_F} = \frac{f_F \gamma_H}{f_H}$$

计算出 ^{19}F 的旋磁比 γ_F，因旋磁比 γ_H 已知，f_F 和 f_H 分别为 ^{19}F 和 ^{1}H 的核磁共振频率。由 $\mu_I = g P_I \mu_N / \hbar$ 和 $\mu_I = \gamma P_I$ 可知：

$$g = \gamma \hbar / \mu_I$$

又因为 $P_I = \hbar I$，所以有：

$$\mu_I = g I \mu_S$$

其中，$\hbar = h/2\pi$，h 为普朗克常数，$h = 6.626\,08 \times 10^{-34}$ J·s；I 为自旋量子数，^{19}F 的 I 值为 1/2；$\mu_N = 5.057\,9 \times 10^{-27}$ J·T^{-1}。

由于电缆和引线等分布参数的影响，测量出的频率和实际共振频率有误差，实测频率相对要低。实验时，请注意。

注意事项

1. 磁极面是被抛光的软铁，要防止损伤表面，以免影响磁场的均匀性。并采取有效措施严防极面生锈。

2. 样品线圈的几何形状和绕线状况，对吸收信号的质量影响较大，在安放时应注意保护，防止变形及破碎。

3. 适当提高射频幅度可提高信噪比，然而，过大的射频幅度会引起振荡器的自激。

思考题

1. 通过本实验，总结怎样才能更好地观察到核磁共振现象。

2. 观察 NMR 吸收信号时要提供那几个磁场？各起什么作用？有什么要求？

3. 查找相关文献，简单谈谈核磁共振的应用。

参考文献

[1] DH404A0 型核磁共振实验仪使用说明书. 北京大华无线电仪器厂.

[2] 熊俊. 近代物理实验 [M]. 北京：北京师范大学出版社，北京，2007.

[3] 吴思诚，王祖铨. 近代物理实验 [M]. 北京：北京大学出版社，1995.

[4] 王金山，核磁共振波谱仪与实验技术 [M]. 北京：机械工业出版社 1982.

（张　烨）

实验 4.2　光 磁 共 振

实验目的

1. 利用光抽运效应来研究原子超精细结构塞曼子能级间的磁共振。

2. 通过实验加深对原子超精细结构、光跃迁及磁共振的理解。

实验原理

本实验研究的对象是碱金属原子铷（Rb），天然铷中含量大的同位素有两种：^{85}Rb 占 72.15%，^{87}Rb 占 27.85%。气体原子塞曼子能级间的磁共振信号非常弱，用磁共振的方法难以观察。本实验应用光抽运、光探测的方法，既保持了磁共振分辨率高的优点，同时将探测灵敏度提高了几个以至十几个数量级。此方法一方面可用于基础物理研究，另一方面在量子频标、精确测定磁场等问题上也有很大的实际应用价值。

1. 铷原子基态及最低激发态的能级。

铷是一价碱金属原子，基态是 $5^2S_{1/2}$，即电子的轨道量子数 $L=0$，自旋量子数 $S=\frac{1}{2}$。轨道角动量与自旋角动量耦合成总的角动量 J。由于是 LS 耦合，$J=L+S$，$\cdots$，$L-S$。铷的基态 $J=\frac{1}{2}$。

铷原子的最低光激发态是 $5^2P_{1/2}$ 及 $5^2P_{3/2}$ 双重态，它们是由 LS 耦合产生的双重结构，轨道量子数 $L=1$，自旋量子数 $S=\frac{1}{2}$。$5^2P_{1/2}$ 态 $J=\frac{1}{2}$，$5^2P_{3/2}$ 态 $J=\frac{3}{2}$。在 5P 与 5S 能级之间产生的跃迁是铷原子主线系的第一条线，为双线，在铷灯的光谱中强度特别大。$5^2P_{1/2}$ 到 $5^2S_{1/2}$ 的跃迁产生的谱线为 D_1 线，波长是 794.8 nm；$5^2P_{3/2}$ 到 $5^2S_{1/2}$ 的跃迁产生的谱线为 D_2 线，波长是 780 nm。

原子物理中已给出核自旋 $I=0$ 的原子的价电子 LS 耦合后总角动量 P_J 与原子总磁矩 μ_J 的关系

$$\mu_J = -g_J \frac{e}{2m} P_J$$

$$g_J = 1 + \frac{J(J+1) - L(L+1) + S(S+1)}{2J(J+1)}$$

现在讨论的情况是 $I \neq 0$。已知 ^{87}Rb 的 $I=\frac{2}{3}$，^{85}Rb 的 $I=\frac{2}{5}$。设核自旋角动量为 P_I，核磁矩为 μ_I，P_I 与 P_J 耦合成 P_F，有 $P_F = P_I + P_J$。耦合后的总量子数 $F=I+J$，$\cdots$，$|I-J|$。^{87}Rb 的基态 F 有两个值：$F=2$ 及 $F=1$；^{85}Rb 的基态也有两个值 $F=3$ 及 $F=2$。由 F 量子数表征的能级称为超精细结构能级。原子总角动量 P_F 与总磁矩 μ_F 之间的关系为（本实验附录二）

$$\mu_F = -g_F \frac{e}{2m} P_F$$

$$g_F = g_J + \frac{F(F+1) + J(J+1) - I(I+1)}{2F(F+1)} \tag{4.2.1}$$

在磁场中原子的超精细能级产生塞曼分裂（弱场时为反常塞曼效应），磁量子数 $m_F = F$，$(F-1)$，$\cdots$，$(-F)$，即分裂成 $(2F+J)$ 个能量间距基本相等的塞曼子能级，如图 4.2.1 所示。

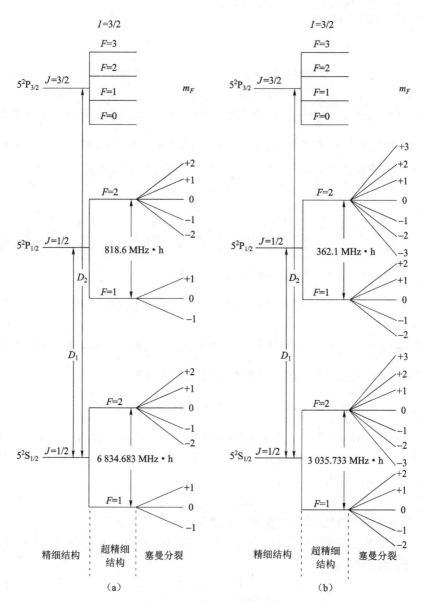

图 4.2.1 铷原子能级示意图

(a) ^{87}Rb; (b) ^{85}Rb

原子各能级的能量可由薛定谔方程确定的能量本征值给出。在弱场中铷原子的能量算符是

$$\hat{H} = \hat{H}_0 + \hat{H}'$$ (4.2.2)

式中，$\hat{H}_0$ 为考虑了 LS 耦合作用的哈密顿量，$\hat{H}'$ 为微扰项，它包括 I 与 J 耦合

作用能及弱磁场 B_0。

对总磁矩 μ_F 的作用能，当取 B_0 的方向为坐标轴的 z 方向时，有

$$H' = ah\hat{I} \cdot \hat{J} - \mu_{Fz}B_0 = ah\hat{I} \cdot \hat{J} + g_F \frac{eh}{4\pi m}B_0\hat{F}_z \qquad (4.2.3)$$

式中，$\hat{I} = \dfrac{2\pi\hat{P}_I}{h}$，$\hat{J} = \dfrac{2\pi\hat{P}_J}{h}$，$h = 6.6256 \times 10^{-34}$ J·s 为普朗克常数，a 为磁偶极相互作用常数。^{87}Rb 的 $5^2S_{1/2}$ 态的 $a_{87} = 3417.342$ MHz；^{85}Rb 的 $5^2S_{1/2}$ 态的 $a_{85} = 1011.911$ MHz。$\hat{H}'$ 微扰项忽略了四极矩及更高极矩的作用能。由此可得

$$\hat{F} = \hat{I} + \hat{J}$$

可得

$$(\hat{I} \cdot \hat{J}) = \frac{1}{2}(\hat{F}^2 - \hat{J}^2 - \hat{I}^2) \qquad (4.2.4)$$

代入式（4.2.2）可解出各能级的能量本征值为

$$E = E_0 + \frac{ah}{2}[F(F+1) - J(J+1) - I(I+1)]g_F m_F \mu_B B_0 \qquad (4.2.5)$$

式中 $\mu_B = \dfrac{eh}{4\pi m} = 9.2731 \times 10^{-24}$ J·T^{-1} 为玻尔磁子。由式（4.2.5）可以得到外磁场 $B_0 = 0$ 时基态 $5^2S_{1/2}$ 的两个超级能级之间的能量差为

$$\Delta E_F = \frac{ah}{2}[F'(F'+1) - F(F+1)] \qquad (4.2.6)$$

^{87}Rb 的 $\Delta E_F = 2a_{87} \cdot h = 6834684$ MHz·h，^{85}Rb 的 $\Delta E_F = 3a_{85} \cdot h = 3035.733$ MHz·h。外磁场为 B_0 时相邻塞曼能级之间（$\Delta E_F = \pm 1$）的能量差由式（4.2.5）可得

$$\Delta E_{mF} = g_F \mu_B B_0 \qquad (4.2.7)$$

2. 圆偏振光对铷原子的激发与光抽运效应。

一定频率的光可引起原子能级之间的跃迁。这里起作用的是光的电场部分，微扰哈密顿量为

$$\hat{H}'_{op} = -D \cdot E \qquad (4.2.8)$$

式中，$D = er$，是电偶极矩；E 是电场强度矢量。当入射光是圆偏振光即 δ^+ 时，其电场部分可表示为

$$E = E_0(i\cos \omega t + j\sin \omega t)$$

式中，ω 是光的频率。微扰哈密顿量 $\hat{H}'_{op}$ 可写为

$$\hat{H}'_{op} = -er \cdot E_0 (i\cos \omega t + j\sin \omega t)$$

$$= -\frac{eE_0}{2}[(x-iy)e^{i\omega t} + (x+iy)e^{-i\omega t}] \qquad (4.2.9)$$

原子吸收光时只有项 $e^{-i\omega t}$ 起作用；原子辐射光时则只有 $e^{-i\omega t}$ 项起作用。不难得到原子由 L 态到 L' 态的跃迁概率是

$$W_{L'L} = \frac{\pi}{2h^2} e^2 E_0^2 \mid W_{L'F'm'_FLFmF} \mid^2 \delta(\omega_{L'L} - \omega) \qquad (4.2.10)$$

式中，$\mid W_{L'F'm'_FLFmF} \mid^2$ 是由力学量 $x + iy$ 决定的跃迁矩阵元，$\omega_{L'L} = \frac{2\pi(E_{L'} - E_L)}{h}$。只有 $\omega = \omega_{L'L}$ 时才能产生跃迁，这也是能量守恒所要求的。

由 $W_{L'F'm'_FLFmF}$ 的计算可得到光跃迁的选择定则，当入射光是左旋圆偏振的 D_1 光即 $D_1\delta^+$ 时有

$$\Delta L = \pm 1, \Delta F = \pm 1, 0, \Delta m_F = +1$$

^{87}Rb 的 $5^2S_{1/2}$ 态及 $5^2P_{1/2}$ 态的磁量子数 m_F 最大值都是 +2，如图 4.2.1 所示。当入射光是 $D_1\delta^+$ 时（δ^+ 的角动量是 $+h$）时，由于只能产生 $\Delta m_F = +1$ 的跃迁，基态 $\Delta m_F = +2$ 子能级的粒子不能跃迁，即其跃迁概率是零。由于 $D_1\delta^+$ 的激发而跃迁到激发态 $5^2P_{1/2}$ 的粒子可以通过自发辐射退激回到基态，如图 4.2.2

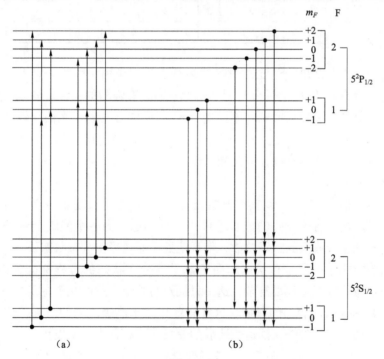

图 4.2.2

(a) ^{87}Rb 基态粒子吸收 $D_1\delta^+$ 的受激跃迁，$m_F = +2$ 的粒子跃迁概率为零；

(b) ^{87}Rb 激发态粒子通过自发辐射退激回到基态各子能级

所示。当原子经历无辐射跃迁过程从 $5^2P_{1/2}$ 回到 $5^2S_{1/2}$ 时，则粒子返回基态各子能级的概率相等，这样经过若干循环之后，基态 $m_F = +2$ 子能级上的粒子数就会大大增加，即大量粒子被"抽运"到基态 $m_F = +2$ 的子能级上。这就是光抽运效应。

各子能级上粒子数的这种不均匀分布叫作"偏极化"，光抽运的目的就是要造成偏极化，有了偏极化就可以在子能级之间得到较强的磁共振信号。

δ^- 光有同样的作用，它将大量的粒子抽运到 $m_F = -2$ 的子能级上。

用不同偏振性质的 D_1 光照射，^{87}Rb 及 ^{85}Rb 基态各塞曼子能级的跃迁概率（相对值）由表 4.2.1 给出。

表 4.2.1　^{87}Rb 及 ^{85}Rb 基态各塞曼子能级的跃迁相对概率

	^{87}Rb								^{85}Rb											
F	2					1			3							2				
m_F	2	1	0	-1	-2	1	0	-1	3	2	1	0	-1	-2	-3	2	1	0	-1	-2
δ^+	0	1	2	3	4	3	2	1	0	1	2	3	4	5	6	5	4	3	2	1
π	2	2	2	2	2	2	2	2	3	3	3	3	3	3	3	3	3	3	3	3
δ^-	4	3	2	1	0	1	2	3	6	5	4	3	2	1	0	1	2	3	4	5

由表 4.2.1 可知，δ^+ 与 δ^- 对光抽运有相反的作用。因此，当入射光为线偏振光（等量 δ^+ 与 δ^- 的混合）时，铷原子对光有强烈的吸收，但无光抽运效应；当入射光为椭圆偏振光（不等量的 δ^+ 与 δ^- 混合）时，光抽运效应较圆偏振光小；当入射光为 π 光（π 光的电场强度矢量与总磁场的方向平行）时，铷原子对光有强烈的吸收，但无光抽运效应。

3. 弛豫过程。

在热平衡状态下，基态各子能级上的粒子数遵从玻尔兹曼分布（$N = N_0 e^{-E/kT}$）。由于各子能级的能量差极小，近似地认为各个能级上粒子数是相等的。光抽运造成大的粒子差数，使系统处于非热平衡分布状态。

系统由非热平衡分布状态趋向于热平衡分布状态的过程称为弛豫过程。本实验弛豫的微观过程很复杂，这里只提及与弛豫有关的几个主要过程。

（1）铷原子与容器的碰撞。这种碰壁导致子能级之间的跃迁，使原子恢复到热平衡分布，失去光抽运所造成的偏极化分布，失去偏极化。

（2）铷原子之间的碰撞。这种碰撞导致自旋—自旋交换弛豫。当外磁场为零时塞曼子能级简并，这种弛豫使原子回到热平衡分布，失去偏极化。

（3）铷原子与缓冲气体之间的碰撞。由于选作缓冲气体的分子磁矩很小（如氮气），碰撞对铷原子磁能态扰动极小，这种碰撞对原子的偏极化基本没有影响。

在光抽运最佳温度下，铷蒸气的原子密度约为10^{11}个/cm^2，当样品泡直径为 5 cm 时容器壁的原子面密度约为10^{15}个/cm^2，因此铷原子与容器壁碰撞是失去偏极化的主要原因。在样品泡中充进 10 Torr 左右的缓冲气体可大大减少这种碰撞，因为此压强下缓冲气体的密度约为10^{17}个/cm^2，比铷蒸气原子密度高 6 个数量级，因而大大减少了铷原子与容器壁碰撞的机会，保持了原子高度的偏极化。

缓冲气体分子不可能将子能级之间的跃迁全部抑制，因此不可能把粒子全部抽运到 $m_F = +2$ 的子能级上。处于 $5^2P_{1/2}$ 态的原子需与缓冲气体分子碰撞多次才有可能发生能量转移，由于所发生的过程主要是无辐射跃迁，所以返回到基态八个塞曼子能级的概率均等，因此缓冲气体分子还有将粒子更快地抽运到 $m_F = +2$ 子能级的作用。

一般情况下，光抽运造成塞曼子能级之间的粒子差数比玻耳兹曼分布造成的粒子差数要大几个数量级。对^{85}Rb 也有类似的结论，不同之处是 Dδ^+ 光将^{85}Rb 原子抽运到基态 $m_F = +3$ 的子能级上。

4. 塞曼子能级之间的磁共振。

在弱磁场 B_0 中，相邻塞曼子能级的能量差已由式（4.2.7）给出。在垂直于恒定磁场 B_0 的方向加一圆频率为 ω_1 的射频场 B_1，此射频场可分解为一左旋圆偏振磁场和一右旋圆偏振磁场，当 $g_F > 0$ 时，μ_F 右旋进动，起作用的是右旋圆偏振磁场，如图 4.2.3 所示。此偏振磁场可写为

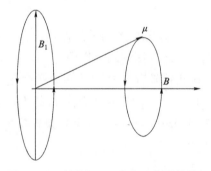

图 4.2.3　射频场 B_1 分为两个圆偏振场

$$B_1 = B_{10}(\mathrm{i}\cos\omega_1 t + \mathrm{j}\sin\omega_1 t)$$

当 ω_1 满足共振条件

$$\frac{h}{2\pi}\omega_1 = \Delta E_{m_F} = g_F\mu_B B_0 \tag{4.2.11}$$

塞曼子能级之间将产生磁共振。本实验中的一个主要过程是被抽运到基态

$m_F = +2$ 子能级上的大量粒子，由于射频场 B_1 的作用产生感应跃迁，即由 $m_F = +2$ 跃迁到 $m_F = +1$（当然也有 $m_F = +1 \rightarrow m_F = +0$，…）。同时由于抽运光的存在，处于基态 $m_F = +2$ 子能级上的粒子又将被抽运到 $m_F = +2$ 子能级上。感应跃迁与光抽运将达到一个新的动态平衡。在产生磁共振时，$m_F = +2$ 各子能级上的粒子数大于不共振时的粒子数，因此对 $D_1\delta^+$ 光的吸收增大，如图 4.2.4 所示。

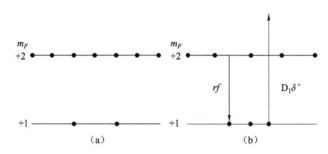

图 4.2.4 磁共振过程塞曼子能级粒子数的变化

（a）未发生磁共振时，$m_F = +2$ 能级粒子数多；（b）发生磁共振时，$m_F = +2$ 能级粒子数减少，对 $D_1\delta^+$ 光的吸收增加

射频场 B_1 与原子总磁矩 μ_F 相互作用的哈密顿量为

$$\hat{H}'_M = -\hat{\mu}_F \cdot B_1 = -g_F\mu_B\hat{F} \cdot B_1 \qquad (4.2.12)$$

感应跃迁矩阵元为 $<F', m'_{F'}|\hat{F}_x \pm i\hat{F}_y|F, m_F>$，由此可得感应磁跃迁的选择定则是 $\Delta m_F = \pm 1$。本实验条件下磁跃迁概率比光跃迁概率小几个数量级。

5. 光探测。

射到样品上的 $D_1\delta^+$ 光一方面起光抽运的作用，另一方面透过样品的光兼作探测光，使一束光起了抽运与探测两个作用。

前面已提到与磁共振相伴随有对 $D_1\delta^+$ 光吸收的变化，因此测 $D_1\delta^+$ 光强的变化即可得到磁共振的信号，这就实现了磁共振的光探测。由于巧妙地将一个低频射频光子（1～10 MHz）转换成了一个高频光频光子（10^8 MHz），这就使信号功率提高了 7～8 个数量级。

实验装置

光磁共振实验装置如图 4.2.5 所示。

光源为稳定性好、噪声小、光强大的高频无极放电铷灯。滤波片用干涉滤光片，透过率大于 50%，带宽小于 15 nm，能很好地滤去 D_2 光（D_2 光不利于 $D_1\delta^+$ 光的抽运），偏振片可用高碘硫酸奎宁偏振片。1/4 波片可用厚度为 40 μm 左右的云母片。透镜 L_1 将光源发出的光变为平行光，焦距较小为宜，

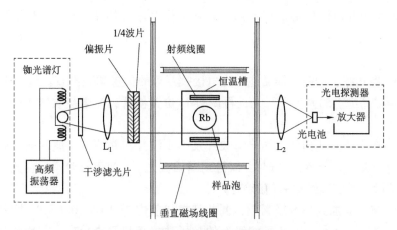

图 4.2.5 光磁共振实验装置

可用 $f=5\sim8$ cm 的凸透镜。透镜 L_2 将透过样品泡的平行光会聚到光电接收器上。产生水平方向磁场的亥姆霍兹线圈的轴线应与地磁场水平分量方向一致。产生垂直方向磁场的亥姆霍兹线圈用以抵消地磁场的垂直分量。水平磁场 B_0 在 $0\sim0.2$ mT 之间连续可调,水平方向扫场需 1 μT ~0.1 mT。扫场信号最好有锯齿波、方波及三角波,并要与示波器的扫描同步。频率由几赫兹至十几赫兹为宜。射频线圈安放在样品泡两侧使 B_1 方向垂直于 B_0 方向上。射频信号源可用信号发生器,其频率由几百千赫兹到几兆赫兹,功率由几毫瓦到一瓦或更大些。

样品泡是一个充有适量天然铷、直径约为 5 cm 的玻璃泡,泡内充有约 10 Torr 的缓冲气体(氮、氩等),样品泡放在恒温室中,室内温度在 $30\,℃\sim70\,℃$ 之间可调,恒温时温度波动应小于 $\pm1\,℃$。

光检测器由光电接收元件及放大电路组成,光电接收元件可根据不同需要选择光电管或光电池。光电管响应速度快,约为 10^{-9} s;光电池较慢,为 10^{-4} s,但光电池受光面积大、内阻低。本实验选用光电池作光电接收元件。放大电路最好用直流耦合电路,波形畸变小,但当不测光抽运时间及弛豫时间时,用交流耦合电路也可以。所用示波器的灵敏度高于 500 μV/cm 时,可不加放大器,直接观察光电池输出的信号。

实验步骤

1. 加热样品泡,使其温度在 $40\,℃\sim60\,℃$ 之间,并控温。实验表明,当温度在 $40\,℃\sim45\,℃$ 之间时,^{85}Rb 信号有最大值;当温度在 $50\,℃\sim55\,℃$ 之间时,^{87}Rb 信号有最大值。

2. 加热样品泡的同时加热铷灯,当铷灯泡的温度达 $90\,℃$ 左右时开始控温。控温后开启铷灯振荡器电源，调好工作电流（约 230 mA），灯泡应发出玫瑰紫色的光。灯若不发光或发光不稳定，则需找出原因并排除故障，切忌乱动。

3. 将光源、透镜、样品泡、光电接收器等的位置调到准直。调节 L_1 位置使射到样品泡上的光为平行光，再调节 L_2 位置使射到光电接收器上的总光量最大。

4. 在光路的适当位置加上滤波片及 1/4 波片，并使 1/4 波片的光轴与偏振方向的夹角为 $\pi/4$ 或 $3\pi/4$，以得到圆偏振光。（如何检验圆偏振光？若为椭圆偏振光对实验结果有何影响？）

5. 将方波加到扫场线圈上，调节其振幅使之为 0.05～0.1 mT。刚加上磁场的一瞬间，基态各塞曼子能级上的粒子数接近热平衡分布。前面讲过，由于子能级之间能量差很小，可认为各子能级上有大致相等的粒子数，因此这一瞬间有占总粒子数 7/8 的粒子可吸收 $D_1\delta^+$ 光，对光的吸收最强。随着粒子逐渐被抽运到 $m_F=+2$ 子能级上，能够吸收 $D_1\delta^+$ 光的粒子数减少，对光的吸收随之减小，透过样品的光强逐渐增加。当抽运到 $m_F=+2$ 子能级上粒子数达到饱和，透过样品光强达最大值而且不再变化，当扫场过零并反向时，塞曼子能级跟随之发生简并及再分裂。由于能级简并时，铷原子受到碰撞，导致自旋方向混杂失去偏极化。当能级重新分裂后，各塞曼子能级上的粒子数又近似相等，对 D_1 光的吸收又达到最大值，这时我们观察到的是光抽运信号。地磁场对光抽运信号有很大影响，特别是地磁场的垂直分量。为抵消地磁场的垂直分量，安装了一对垂直方向的亥姆霍兹线圈。当垂直方向磁场为零时（地磁场的垂直分量被抵消），光抽运的信号有最大值；当垂直方向磁场不为零，扫场方波上反向磁场 $B_{//}$ 幅度不同时，将出现图 4.2.6 所示的光吸收信号（试分析原因）。

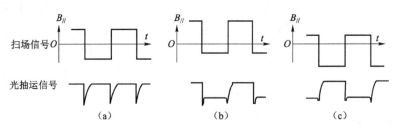

图 4.2.6 当垂直磁场不为零，水平扫场正反向磁场 $B_{//}$ 幅度不同时，光抽运信号也不同

（a）$B_{//}=0$ 在方波中心；（b）$B_{//}=0$ 接近方波最低值；（c）$B_{//}=0$ 接近方波最高值

6. 加射频场 B_1，用锯齿波扫场，测量 ^{87}Rb 及 ^{85}Rb 在不同频率下（几百千赫兹到几兆赫兹）共振磁场的大小（参考数据为^{87}Rb：$f_1/B_0 = 7.0$ GHz/T；^{85}Rb：$f_1/B_0 = 4.7$ GHz/T），由试验结果计算^{85}Rb 及^{85}Rb 的 g_F 值，并与理论值进行比较。注意：要用实验的方法观察地磁场水平分量及扫场直流分量的影响。

7. 选做：在步骤 5、6 条件下改变示波器的扫描速度，试分析观察到的现象并设法估计光抽运时间常数。

8. 选做：改变样品泡的温度、入射光的强度、射频场的强度等，测量信号幅度即线宽的变化，并说明原因。

思考题

1. 什么是光抽运？产生抽运信号的实验条件是什么？
2. 怎样运用光抽运信号检测光磁共振现象？
3. 如何区别^{85}Rb 和^{87}Rb 的共振谱线？
4. 为什么要在样品泡中加入惰性气体？

附录一：二级塞曼效应及双量子跃迁的观察

本实验所用的仪器（北京大华无线电仪器厂生产）略加改进可以观察二级塞曼分裂及双量子跃迁。现有仪器产生水平磁场的亥姆霍兹线圈线径为 0.41 mm，允许最大电流为 1 A，因此用外加稳压电源供电可产生 1 mT 左右的磁场。在 1 mT 左右磁场上已可观察到二级塞曼分裂，若换用可达 3 mT 的线圈则更好，但要求磁场均匀性好，最好在样品泡范围内的梯度小于 1%。

1. 实验原理。

在中等强度磁场下铷原子的哈密顿量是

$$\hat{H} = \frac{\hat{P}}{2m} + V(r) + \xi(r)\hat{S} \cdot \hat{L} + a\hat{I} \cdot \hat{J} - \hat{\mu}_I \cdot B_0$$

波函数需按照角动量耦合的规则展成非耦合表象波函数的线性组合。铷原子基态的波函数可写成统一形式：

$$\varphi_{F,mF} = Y_{00}^L \sum_{mI} (A_{mI}\psi_{1/2,1/2}^S + B_{mI}\psi_{1/2,-1/2}^S)\varphi_{ImI}^I$$

式中，Y_{00}^L 为径向波函数，是零级球谐函数；$\psi_{1/2,1/2}^S$ 与 $\psi_{1/2,-1/2}^S$ 为电子自旋波函数；φ_{ImI}^I 为核自旋波函数；I，B_{mI} 为展开系数。

将 $\hat{I}$ 与 $\hat{J}$ 的耦合能级，μ_I，μ_J 与 B_0 的作用能作为微扰项，则微扰哈密顿量为

$$H' = a h I \cdot J - \hat{\mu}_I \cdot B_0 - \hat{\mu}_J \cdot B_0$$

由以上三式可得到铷原子基态各塞曼子能级能量表达式

$$E=E_0-\frac{\Delta}{2(2I+1)}-\varepsilon g'\left(m_I+\frac{1}{2}\right)\pm\frac{\Delta}{2}\left[1+\frac{4\left(m_1+\frac{1}{2}\right)}{2I+1}x+x^2\right]^{1/2} \quad (4.2.13)$$

$$\Delta=ah\left(I+\frac{1}{2}\right),x=(g_J+g'_I)\varepsilon/\Delta$$

$$\varepsilon=\mu_B B_0,g'_I=\frac{1}{1\,836}g_I$$

（对于 ^{87}Rb 及 ^{85}Rb，g'_I 分别为 1.827 7 和 0.539 33），μ_B 为玻尔磁子。令 $m'_F=m_I+\frac{1}{2}$，相邻塞曼子能级的能量差 $\Delta E_{m'F}$ 可由式（4.2.13）展开，保留 x 的二级小量，可得到 $\Delta E_{m'F}$ 的表达式为

$$\Delta E_{m'F}=-g'_I\mu_B B_0\pm\left[\frac{g_J+g'_I}{2I+1}\mu_B B_0+\left(\frac{g_J+g'_I}{2I+1}\right)^2\frac{\mu_B^2}{\Delta}(1-2m'_F)B_0^2\right] \quad (4.2.14)$$

式中，m'_F 为上能级的数值，正号对应 $F=I+J$（在 ^{87}Rb 中对应 $F=2$），负号对应 $F=I-J$（^{87}Rb 中为 $F=1$）。由式（4.2.14）方括号中的第二项可看出，当 m'_F 取不同值时，Δ 也有不同值。共振时将产生一组谱线，这就是所谓的二级塞曼分裂。

式（4.2.14）也适用于弱磁场。当 B_0 很小时，忽略 B_0^2 项及 $g'_I B_0$ 项，并将 $J=\frac{1}{2}$ 时 $g_F=g_I$（$2I+I$）代入式（4.2.14），即得到与式（4.2.7）相同的公式：

$$\Delta E_{mF}=\pm g_F\mu_B B_0$$

当射频场的强度较大时，可观察到多量子跃迁的谱线，首先出现的是双量子跃迁的谱线。由与时间有关的高级（高于一级）微扰项的计算可得到其表达式，如由二级微扰项的计算可得到与 2ω，-2ω，0 有关的跃迁。

与 2ω 有关的项为

$$\frac{1}{2h^2}\frac{W_{nK}W_{mn}}{\omega_{nK}-\omega}\cdot\frac{\exp[(i\omega_{nK}+\omega_{mn}-2\omega)t]-1}{\omega_{nK}+\omega_{mn}-2\omega} \quad (4.2.15)$$

与 -2ω 有关的项为

$$\frac{1}{2h^2}\frac{W_{nK}W_{mn}}{\omega_{nK}-\omega}\cdot\frac{\exp[(i\omega_{nK}+\omega_{mn}-2\omega)t]-1}{\omega_{nK}+\omega_{mn}+2\omega} \quad (4.2.16)$$

以上两式中 W_{nK}，W_{mn} 为微扰矩阵元。式（4.2.15）意味着当 $2\omega=\omega_{nK}+\omega_{mn}$ 时跃迁概率有极大值，如图 4.2.7 所示，即当有两个圆频率为

$$\omega=\frac{1}{2}(\omega_{nK}+\omega_{mn})$$

的光量子同时被吸收（或辐射），将出现双量子跃迁的共振峰。这种跃迁是遵从能量守恒及角动量守恒的，其强度正比于 $|W_{nK}| \cdot |W_{mn}|$，即正比于 B_1^2。

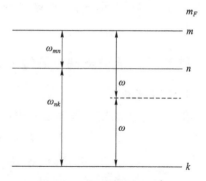

由更高级的微扰项的计算，可得到各种多量子跃迁的表达式。图 4.2.8（a）为较强时的分裂谱。两个图相比较，图 4.2.8（b）中多出来的强度随射频场的增强而增加很快的谱线即为双量子跃迁的谱线。

图 4.2.7 双量子跃迁谱线

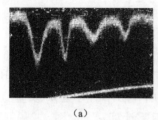 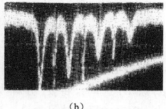

（a）   （b）

图 4.2.8 ^{87}Rb 在 f=12.6 MHz，扫场为 27 kHz 使得二级塞曼分裂

（a）射频场弱，无双量子跃迁；（b）射频场强，有双量子跃迁

2. 实验内容。

（1）观测 ^{87}Rb 在中等强度磁场中的二级塞曼效应及当射频场较强时出现的双量子跃迁。实验中选用磁场强度可达 2 mT（或更高）的水平方向的亥姆霍兹线圈，并采用与示波器扫描（扫描速度小于 5 cm/s）同步的锯齿波扫场，其幅度最好能达到 0.1 mT。控制样品泡的温度，在达到 50 ℃~55 ℃ 之后，进行观察。

（2）将射频场的频率在 3~14 MHz（或更大些）之间分别选若干点，调节直流磁场，找到 ^{87}Rb 的共振峰（可用 f/B，7.0 GHz/T 估算）。选择适当的扫场幅度及示波器的扫描速度，观察共振峰的分裂与水平磁场强度的关系，确定二级塞曼分裂相邻谱线间隔（以频率为单位）。

（3）取 f=12.5 MHz 左右，调节扫场幅度，使荧光屏上得到清楚完整的二级塞曼分裂图形。分别将直流磁场 B_0 及 $B_{扫}$ 的方向反转（有四种组合），观察各个共振峰强度变化的规律。注意：当 $|B_0|>|B_{扫}|$ 时，B_0 的反向导致量子化轴方向的反转，而 $B_{扫}$ 的反向是改变磁场的变化趋向，即使得磁场由小变到大或是由大变到小。将 1/4 波片转 90° 做同样的观察，试解释这些现象。

（4）通过计算选择几个你认为能说明问题的射频场频率，改变射频场的强度（注意调到谐振点），观察各个峰随射频场强度变化的规律。试分辨出哪些峰是由双量子跃迁造成的，将各个峰之间的间隔与计算值比较。

附录二：角动量耦合磁矩的矢量模型

1. *LS* 耦合。

量子力学中给出了角动量公式：

$$P_L = [L(L+1)]1/2h/2\pi$$

$$P_S = [S(S+1)]1/2h/2\pi$$

$$P_J = [J(J+1)]1/2h/2\pi$$

$$\mu_L = -g_L \frac{e}{2m}P_L, g_L = 1.0$$

$$\mu_S = -g_S \frac{e}{2m}P_S, g_S = 2.0023$$

根据 $P_J = P_L + P_S$ 作图，同时可由作图法得到 $\mu_J = \mu_L + \mu_S$，如图 4.2.9 所示。耦合后 μ_J 绕 P_J 进动，将 μ_J 分解为平行 P_J 的分量 μ_j 及垂直于 P_J 的分量。由于进动，后者的平均效果为零，只需计算 μ_j，由图 4.2.9 可得到

$$\mu_j = \mu_L \cos(\hat{LJ}) + \mu_S \cos(\hat{SJ}) = -\frac{e}{2m}[g_L P_L \cos(\hat{LJ}) + g_S P_S \cos(\hat{SJ})]$$

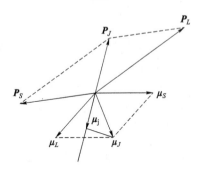

图 4.2.9 *LS* 耦合矢量图

又有

$$P_L \cos(\hat{LJ}) = \frac{P_L^2 + P_J^2 - P_S^2}{2P_J}, \quad P_S \cos(\hat{SJ}) = \frac{P_S^2 + P_J^2 - P_L^2}{2P_J}$$

将以上两式代入 μ_j 的表达时，有

$$\mu_j = -\frac{e}{2m}\left[g_L \frac{P_L^2 + P_J^2 - P_S^2}{2P_J} + g_S \frac{P_S^2 + P_J^2 - P_L^2}{2P_J}\right]$$

因有 $g_L = 1$，$g_S = 2$，用 μ_J 代替 μ_j，上式可写成

$$\mu_J = -\frac{e}{2m}\left[\frac{3P_J^2 + P_S^2 - P_L^2}{2P_J}\right] = -\frac{e}{2m}g_J P_J$$

$$g_J = \left[1 + \frac{J(J+1)+S(S+1)-L(L+1)}{2J(J+1)}\right]$$

2. IJ 耦合。

按同样方法作 $P_F = P_I + P_J$ 的矢量合成图，如图 4.2.10 所示，其中

$$\mu_J = -g_J\left(\frac{e}{2m}\right)P_J,\ \mu_I = g_I\left(\frac{e}{2M}\right)P_I = g'\left(\frac{e}{2m}\right)P_I$$

式中，$g'_I = g_I\ (m/M)$，M 为质子质量，$m/M = 1/1\,836$。对于 ^{87}Rb 有 $g_I =$ 1.827 7，对于 ^{85}Rb 有 $g_I = 0.539\,33$，因而 $g'_I \ll g_J$。与 LS 耦合同样道理，只需求总磁矩 μ_F 在 P_F 上的投影 μ_f

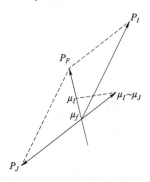

图 4.2.10　IJ 耦合矢量图

$$\mu_f = \mu_j\cos\,(\hat{JF}) + \mu_{IS}\cos\,(\hat{IF}) \approx \mu_j\cos\,(\hat{JF})$$

$$= -g_J\frac{e}{2m}P_J\cos\,(\hat{JF}) = -g_F\frac{e}{2m}P_F$$

$$g_F = g_J\frac{P_J\cos\,(\hat{JF})}{P_F}$$

因为有

$$P_j\cos\,(\hat{JF}) = \frac{P_J^2 + P_F^2 - P_I^2}{2P_F}$$

可得到

$$g_F = g_J\frac{F(F+1)+J(J+1)-I(I+1)}{2F(F+1)}$$

参考文献

[1] DH807 光磁共振仪说明书，北京大华无线电仪器厂.

［2］熊俊. 近代物理实验［M］. 北京：北京师范大学出版社，2007.

［3］褚圣麟. 原子物理学［M］. 北京：人民教育出版社，1979.

［4］吴思诚，王祖铨. 近代物理实验［M］. 北京：北京大学出版社，1995.

（张　烨）

五、真 空 实 验

实验 5.1　气体放电中等离子体的研究

实验目的

1. 理解并掌握气体放电中等离子体的特性。
2. 利用等离子体诊断技术测定气体等离子体的一些基本参量。

实验原理

1. 等离子体及其物理特性。

气体等离子体定义为包含大量正负带电粒子而又不出现净空间电荷的电离气体。也就是说，其中正负电荷的密度相等，整体上呈现电中性。等离子体可分为等温等离子体和不等温等离子体，一般气体放电产生的等离子体属于不等温等离子体。

气体等离子体有一系列不同于普通气体的特性，主要包括以下几个。

（1）高度电离，是电和热的良导体，具有比普通气体大几百倍的比热容。

（2）带正电的和带负电的粒子密度几乎相等。

（3）宏观上是电中性的。

虽然等离子体宏观上是电中性的，但是由于电子的热运动，等离子体局部会偏离电中性。电荷之间的库仑相互作用，使这种偏离电中性的范围不能无限扩大，最终使电中性得以恢复。偏离电中性的区域最大尺度称为德拜长度 λ_D，当系统尺度 $L > \lambda_D$ 时，系统呈现电中性；当 $L < \lambda_D$ 时，系统可能出现非电中性。

2. 等离子体的主要参量。

描述等离子体的一些主要参量包括以下几个。

（1）电子温度 T_e。它是等离子体的一个主要参量，因为在等离子体中电子碰撞电离是主要的，而电子碰撞电离与电子的能量有直接关系，即与电子温度相关联。

（2）带电粒子密度。电子密度为 n_e，正离子密度为 n_i，在等离子体中 $n_e \approx n_i$。

（3）轴向电场强度 E_L。表征为维持等离子体的存在所需的能量。

（4）电子平均动能 $\overline{E}_e$。

（5）空间电位分布。

此外，由于等离子体中带电粒子间的相互作用是长程的库仑力，使它们在无规则的热运动之外，能产生某些类型的集体运动，如等离子振荡，其振荡频率 f_p 称为朗缪尔频率或等离子体频率。电子振荡时辐射的电磁波称为等离子体电磁辐射。

3. 稀薄气体产生的辉光放电。

本实验研究的是辉光放电等离子体。

辉光放电是气体导电的一种形态。当放电管内的压强保持在 $10 \sim 10^2$ Pa 时，在两电极上加高电压，就能观察到管内有放电现象。辉光分为明暗相间的 8 个区域，在管内两个电极间的光强、电位和场强分布如图 5.1.1 所示。8 个区域的名称分别为阿斯顿区、阴极辉区、阴极暗区、负辉区、法拉第暗区、正辉区、阳极暗区、阳极辉区。

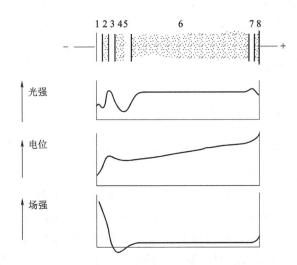

图 5.1.1　辉光的光强、电位和场强分布
1—阿斯顿区；2—阴极辉区；3—阴极暗区；4—负辉区；5—法拉第暗区；
6—正辉区；7—阳极暗区；8—阳极辉区

正辉区是我们感兴趣的等离子区，其特征是：气体高度电离；电场强度很小，且沿轴向有恒定值。这使得其中带电粒子的无规则热运动胜过它们的定向运动。所以它们基本上遵从麦克斯韦速度分布律。由其具体分布可得到一个相应的电子温度。但是，由于电子质量小，它在跟离子或原子作弹性碰撞时能量损失很小，所以电子的平均动能比其他粒子的大得多。这是一种非平衡状态。因此，虽然电子温度很高（约为 10^5 K），但放电气体的整体温度并不明显升高，放电管的玻璃壁并不软化。

4. 等离子体诊断。

测试等离子体的方法被称为诊断，它是等离子体物理实验的重要部分。

等离子体诊断有探针法、霍尔效应法、微波法、光谱法，等等。下面介绍前两种方法。

（1）探针法。

探针法测定等离子体参量是朗缪尔提出的，又称朗缪尔探针法，分单探针法和双探针法两种。

1）单探针法。

探针是封入等离子体中的一个小的金属电极（其形状可以是平板形、圆柱形、球形），其接法如图 5.1.2 所示。以放电管的阴极作为参考点（原则上也可以阳极作为参考点），改变探针电位，测出相应的探针电流，得到探针电流与其电位之间的关系，即探针伏安特性曲线，如图 5.1.3 所示。对此曲线的解释为：在 AB 段，探针的负电位很大，电子受负电位的排斥，而速度很慢的正离子被吸向探针，在探针周围形成正离子构成的空间电荷层，即所谓"正离子鞘"，它把探针电场屏蔽起来。等离子区中的正离子只能靠热运动穿过鞘层抵达探针，形成探针电流，所以 AB 段为正离子流，这个电流很小。

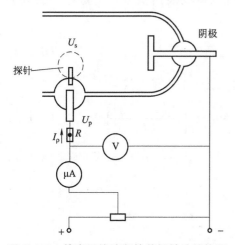

图 5.1.2　等离子体诊断的单探针法结构图

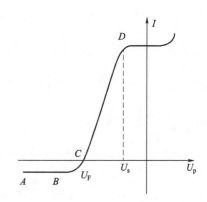

图 5.1.3　单探针法的伏安特性曲线

过了 B 点，随着探针负电位减小，电场对电子的排斥作用减弱，使一些快速电子能够克服电场排斥作用，抵达探针，这些电子形成的电流抵消了部分正离子流，使探针电流逐渐下降，所以 BC 段为正离子流加电子流。到了 C 点，电子流刚好等于正离子流，互相抵消，使探针电流为零。此时探针电位就是悬浮电位 U_F。

继续减小探针电位绝对值，到达探针电子数比正离子数多得多，探针电流转为正向，并且迅速增大，所以 CD 段为电子流加离子流，以电子流为主。

当探针电位 U_P 和等离子体的空间电位 U_S 相等时，正离子鞘消失，全部电子都能到达探针，这对应于曲线上的 D 点，此后电流达到饱和。如果 U_P 进一步升高，探针周围的气体也被电离，使探针电流又迅速增大，甚至烧毁探针。

由单探针法得到的伏安特性曲线，可求得等离子体的一些主要参量。

对于曲线的 CD 段，由于电子受到减速电位（$U_P - U_S$）的作用，只有能量比 $e(U_P - U_S)$ 大的那部分电子能够到达探针。假定等离子区内电子的速度服从麦克斯韦分布，则减速电场中靠近探针表面处的电子密度 n_e，按玻耳兹曼分布应为

$$n_e = n_0 \exp\left[\frac{e(U_P - U_S)}{kT_e}\right] \tag{5.1.1}$$

式中，n_0 为等离子区中的电子密度，T_e 为等离子区中的电子温度，k 为玻耳兹曼常数。

在电子平均速度为 v_e 时，单位时间内落到表面积为 S 的探针上的电子数为

$$N_e = \frac{1}{4} n_e \bar{v}_e S \tag{5.1.2}$$

将式（5.1.1）代入式（5.1.2）得探针上的电子电流为

$$I = N_e \cdot e = \frac{1}{4} n_e \bar{v}_e S \cdot e = I_0 \exp\left[\frac{e(U_P - U_S)}{kT_e}\right] \tag{5.1.3}$$

式中，$I_0 = \frac{1}{4} n_0 \bar{v}_e S \cdot e$。 $\tag{5.1.4}$

对式（5.1.3）取对数

$$\ln I = \ln I_0 - \frac{eU_S}{kT_e} + \frac{eU_P}{kT_e}$$

其中

$$\ln I_0 - \frac{eU_S}{kT_e} = 常数$$

故
$$\ln I = \frac{eU_P}{kT_e} + 常数 \tag{5.1.5}$$

可见电子电流的对数和探针电位呈线性关系。作半对数曲线，如图 5.1.4 所示，由直线部分的斜率 $\tan\phi$ 可决定电子温度 T_e。

$$\tan\phi = \frac{\ln I}{U_P} = \frac{e}{kT_e} \tag{5.1.6}$$

$$T_e = \frac{e}{k\tan\phi} = \frac{11\ 600}{\tan\phi}(K)$$

若取以 10 为底的对数，则常数 11 600 应改为 5 040。

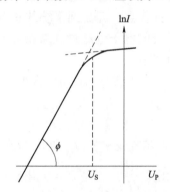

图 5.1.4　电子电流的对数与探针电压的关系曲线

电子平均动能 $\overline{E}_e$ 和平均速度 $\overline{v}_e$ 分别为

$$\overline{E}_e = \frac{3}{2}kT_e \tag{5.1.7}$$

$$\overline{v}_e = \sqrt{\frac{8\ kT_e}{\pi m_e}} \tag{5.1.8}$$

式中，m_e 为电子质量。

由式（5.1.4）可求得等离子区中的电子密度为

$$n_e = \frac{4I_0}{eS\ \overline{v}_e} = \frac{I_0}{eS}\sqrt{\frac{2\pi\ m_e}{kT_e}} \tag{5.1.9}$$

式中，I_0 为 $U_P = U_S$ 时的电子电流，S 为探针裸露在等离子区中的表面积。

2）双探针法。

单探针法有一定的局限性，因为探针的电位要以放电管的阴极电位作为参考点，而且一部分放电电流会对探针电流有所贡献，造成探针电流过大和特性曲线失真。

双探针法是在放电管中装两根相隔距离为 L_0 的探针，双探针法的伏安特

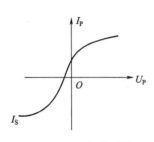

图5.1.5　双探针法的
伏安特性曲线

性曲线如图 5.1.5 所示。

　　熟悉了单探针法的理论后，对双探针的特性曲线是不难理解的。在坐标原点，如果两根探针之间没有电位差，它们各自得到的电流相等，所以外电流为零。然而，一般说来，由于两个探针所在的等离子体电位稍有不同，所以外加电压为零时，电流不是零。随着外加电压逐步增加，电流趋于饱和。最大电流是饱和离子电流。

　　双探针法有一个重要的优点，即流到系统的总电流绝不可能大于饱和离子电流。这是因为流到系统的电子电流总是与相等的离子电流平衡，从而探针对等离子体的干扰大为减小。

　　由双探针特性曲线，通过下式可求得电子温度 T_e。

$$T_e = \frac{e}{k} \frac{I_{i1} \cdot I_{i2}}{I_{i1} + I_{i2}} \cdot \frac{dU}{dI}\bigg|_{U=0} \qquad (5.1.10)$$

式中，e 为电子电荷，k 为玻尔兹曼常数，I_{i1} 和 I_{i2} 为流到探针 1 和 2 的正离子电流，它们由饱和离子流确定。$\dfrac{dU}{dI}\bigg|_{U=0}$ 是 $U=0$ 附近伏安特性曲线斜率。

　　电子密度 n_e 为

$$n_e = \frac{2I_s}{eS} \sqrt{\frac{M}{kT_e}} \qquad (5.1.11)$$

式中，M 是放电管所充气体的离子质量，S 是两根探针的平均表面面积，I_s 是正离子饱和电流。

　　由双探针法可测定等离子体内的轴向电场强度 E_L。一种方法是分别测定两根探针所在处的等离子体电位 U_1 和 U_2，由下式得

$$E_L = \frac{U_1 - U_2}{L} \qquad (5.1.12)$$

式中，L 为两探针间距。另一种方法称为补偿法，接线如图 5.1.6 所示。当电流表上的读数为零时，伏特表上的电位除以探针间距 L，也可得到 E_L。

　　（2）霍尔效应法。

　　在等离子体中"悬浮"一对平行板，在与等离子体中带电粒子漂移垂直的方向加磁场，保持磁场方向、漂移方向和平行板法线方向三

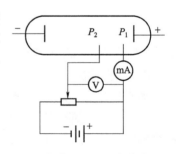

图5.1.6　补偿法接线图

者互相垂直，如图 5.1.7 所示，则具有电荷 e 和漂移速度 $\boldsymbol{v}_L$ 的电子在磁场中受到的洛伦兹力为

$$\boldsymbol{F}_L = e\,\boldsymbol{v}_L \times \boldsymbol{B}$$

式中，$\boldsymbol{B}$ 为磁感应强度。这个作用力使电子向平行板法线方向偏转，从而建立起霍尔电场 E_H，这个电场对电子也将产生作用力，即

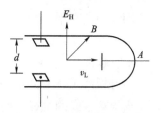

图 5.1.7　霍尔效应法示意图

$$F_e = e \cdot E_H$$

当磁力和电场力平衡时，有

$$v_L = \frac{E_H}{B} = \frac{U_H}{Bd} \qquad (5.1.13)$$

式中，d 是平行板间距，U_H 是霍尔电压。实验证明，对弱磁场，霍尔电压和磁场之间保持线性关系，但式（5.1.13）要修改为

$$v_L = \frac{8\,U_H}{Bd} \qquad (5.1.14)$$

设电流密度为 j，则通过放电管的电流为

$$\mathrm{d}I = j\mathrm{d}A$$

设 r 是放电管半径，则

$$\mathrm{d}I = n_{e(r)} e v_L \cdot 2\pi r \mathrm{d}r$$

在只考虑数量级时，可假定 $n_{e(r)}$ 是常数，则有

$$I = n_e e\pi r^2 v_L \qquad (5.1.15)$$

由式（5.1.14）和式（5.1.15），求得电子密度为

$$n_e = \frac{I}{e\pi\,r^2\,v_L} = \frac{IBd}{8\pi er^2\,U_H} \qquad (5.1.16)$$

亥姆霍兹线圈轴中央的磁感应强度为 $B = 0.724\dfrac{\mu_0 Ni}{R}$，式中，$\mu_0$ 为真空磁导率，N 为线圈匝数，i 为线圈电流，R 为线圈半径。

实验仪器

本实验用到等离子体物理实验组合仪（以下简称组合仪或仪器箱）、接线板和等离子体放电管、微机等。

放电管的阳极和阴极由不锈钢片制成，放电管内的霍尔电极（平行板）用钼片制成。管内充汞或氩。霍尔效应法测量时外加一对亥姆霍兹线圈。

有关的实验参数如下：

探针面积 $S = \pi d^2/4$，$d = 0.45\ \mathrm{mm}$；

探针轴向间距：30 mm；

放电管内径：ϕ = 5 mm，气体放电柱直径要稍小些，通常取 5 mm；

平行板面积：8 mm^2；

平行板间距：d = 4 mm；

亥姆霍兹线圈直径：ϕ = 200 mm

亥姆霍兹线圈间距：100 mm；

亥姆霍兹线圈匝数，400 匝（单只）。

实验内容和步骤

1. 单探针法。

实验电路图如图 5.1.8 所示。

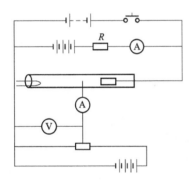

图 5.1.8　单探针法实验电路图

（1）逐点记录法。

按图 5.1.9 连接线路，操作步骤如下。

接通仪器主机总电源、测试单元电源、探针单元电源和放电单元电源，显示开关置于"电压显示"，调节输出电压使之为 300 V 以上，再把显示开关置于"电流显示"，按"高压触发"按钮数次，使放电管触发并正常放电，然后，将放电电流调到 60~80 mA 之间的某一值。

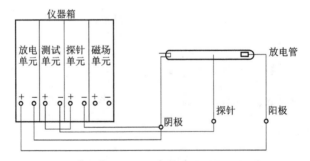

图 5.1.9　单探针法实验接线图（逐点记录）

将探针单元输出开关置于"正向输出"，调节"输出电压电位器"旋钮，逐点记录测得的探针电压和探针电流，用记录的数据作出单探针的伏安特性曲线，由伏安特性曲线求出电子温度、电子密度、平均能量等。

（2）用电脑化 X-Y 记录仪测量。

先在微机内安装数据采集软件以及等离子体实验辅助分析软件。

按图 5.1.10 连接线路，接好线路并检查无误后，启动微机，运行电脑化 X-Y 记录仪数据采集软件，接通仪器主机总电源、测试单元电源、探针单元电源和放电单元电源。按前述方法使放电管放电，将放电电流调到需要值。接通 X-Y 记录仪电源，选择合适的量程。在接线板上选择合适的电阻。

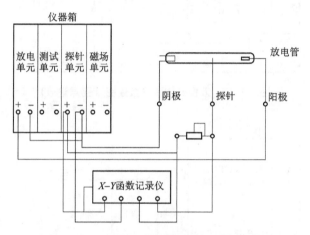

图 5.1.10　单探针法实验接线图（用记录仪）

将选择开关置于"自动"，则探针电压的输出是扫描电压，当需要回零时，按"清零"按钮，电压又从零开始扫描。让微机自动记录单探针的伏安特性曲线，将数据保存。运行等离子体实验辅助分析软件，将数据文件打开并且进行处理，求得电子温度等主要参量。

由于等离子体电位在几分钟内可能有 25% 的漂移，逐点法测试时间较长，会使得到的曲线失真，而用 X-Y 记录仪测量比较快，所以，可得到比逐点法更好的曲线。

2. 双探针法。

用逐点记录法和自动记录法测出双探针伏安特性曲线，求 T_e 和 n_e。

双探针法实验原理图如图 5.1.11 所示。实验方法与单探针法相同，同样可用逐点记录和电脑化 X-Y 记录仪测量，接线图分别如图 5.1.12 和图 5.1.13 所示。值得注意的是双探针法探针电流比单探针法电流小两个数量级，故要合理选择仪表量程。

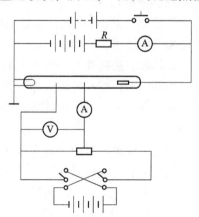

图 5.1.11　双探针法实验电路图

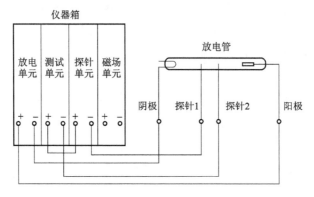

图 5.1.12　双探针法实验接线图（逐点记录）

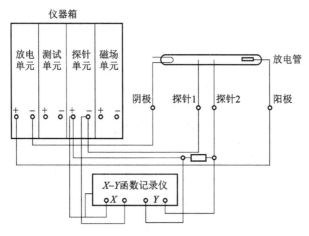

图 5.1.13　双探针法实验接线图（用记录仪）

3. 霍尔效应法。

测量 B-U_H 特性曲线，由放电电流 I 和式（5.1.16）求出 n_e，与探针法的结果进行比较。

霍尔效应法接线图如图 5.1.14 所示。其中，在接线板上有补偿电源，这是因为霍尔平行板相对阴极并不完全对称，又有其他副效应，在未加磁场时，平行板之间会有一定的电位差，所以用这一可调的补偿电源将此电位差抵消掉。

注意：在本项目中，放电管中霍尔平行板需和线圈的磁场方向垂直，并对准线圈中心孔，两只线圈应串联顺接，以使磁场方向相同。

（1）按图 5.1.14 接好线路，然后使放电管放电，电流调到 60~80 mA。

（2）接通补偿电源、测试单元和磁场单元。

（3）在线圈电流为零时，先调节补偿电源，使霍尔电压为零，然后逐点

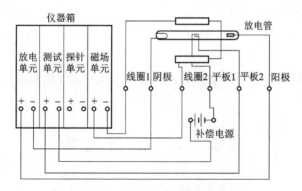

图 5.1.14　霍尔效应法接线图

增加线圈的电流，记录每点的电流值和霍尔电压值。

（4）如果改变磁场方向重复上述实验时，应稍等一段时间，并调节补偿电源，仍使霍尔电压为零。

（5）求特性参量 n_e。

注意事项

1. 放电管两极上的电压很高，谨防触电。

2. 探针电流不宜过大，以免损坏仪器。

3. 组合仪器必须在看懂使用说明书后才可连线和操作。一定要按照操作规程，不可乱动旋钮。

4. 应用不同方法测量同一个等离子体参量，会有较大差别，这正是测量等离子体的困难之处。

思考题

1. 气体放电等离子体有什么特性？

2. 等离子体有哪些主要参量？

3. 如何用探针法确定电子温度和电子密度？

4. 比较本实验所用的几种等离子体诊断方法的优缺点。

5. 探针法对探针有什么要求？

参考文献

［1］沙振舜，黄润生. 新编近代物理实验［M］. 南京：南京大学出版社，2002.

［2］王魁香，韩炜，杜晓波. 新编近代物理实验［Z］. 长春：吉林大学实

验教学中心, 2007.

[3] 汪志诚. 热力学·统计物理 [M]. 第四版. 北京: 高等教育出版社, 2009.

[4] 郑春开. 等离子体物理 [M]. 北京: 北京大学出版社, 2009.

（冯玉玲）

实验 5.2　真 空 镀 膜

实验目的

1. 了解真空镀膜的原理。
2. 了解真空镀膜系统的基本结构。
3. 掌握利用真空镀膜机进行镀膜的方法。

实验原理

在真空条件中把金属、合金或者化合物进行蒸发，使其在基板（被镀物）上凝固，称为真空镀膜。由于在镀制的过程中无杂质进入，使得镀层的质量十分优异，镀层的厚度可以得到控制，因此真空镀膜在光学、电子学、半导体以及其他各尖端科学中成为不可缺少的新技术。真空镀膜技术广泛地应用于现代工业和科学技术中，例如在光学玻璃或者石英表面上镀上若干不同物质的薄膜后，做成高反射或者无反射膜，应用在光学仪器、天文望远镜和激光器上；此外，还可镀制绝缘膜，导电膜，计算机上存储和记忆用的磁性膜，摄像管上的光导膜等。

真空镀膜按照镀层形成的机理分为真空蒸发镀、真空溅射镀、离子镀和束流淀积四种。本实验使用的是真空蒸发镀，其基本原理是将膜料在真空中加热蒸发，膜料原子或者分子在基板上面淀积并形成薄膜。这是一种简便的薄膜制备方法，与其他方法相比具有设备简单，制备工艺容易，多数物质均可以蒸镀的优点。但是镀层与基板表面之间结合力相对较弱，对高熔点低蒸气压的物质，这种方法形成薄膜较困难。

在真空中膜料加热后，达到一定的温度即可蒸发，膜料以分子或者原子的形态进入空间。由于其环境是真空，膜料在真空条件下的蒸发要比常压下容易很多，因此其沸腾蒸发温度将大幅下降，熔化蒸发的时间将大大缩短，蒸发效率明显提高。

本实验中的设备主要由镀膜室、真空系统、提升机构和电气控制等几

部分组成。真空镀膜室结构示意图如图
5.2.1 所示，由钟罩、底板、蒸发源、离
子轰击棒、烘烤装置、旋转机构等组成。
其中蒸发源是关键部件，蒸发源的温度
要达到使膜料熔化的温度，加热方式为
电阻法。电阻法是利用钨、钼、钽等高
熔点的金属做成适当形状的加热器，并
将膜材料放在加热器上，当加热器温度
达到材料的蒸发温度时，膜材料开始蒸
发并淀积在基板上。镀膜室的钟罩由不
锈钢制成，钟罩前面和顶部各有一个观
察窗，由硬质玻璃与真空橡胶压紧以保
证真空密封。硬质玻璃外有一层有机玻

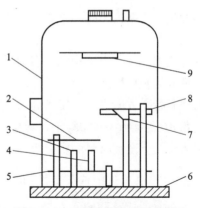

图 5.2.1　真空镀膜室结构示意图
1—钟罩；2—蒸发挡板；3—蒸发电极；
4—接地电极；5—隔板；6—底板；
7—烘烤装置；8—离子轰击棒；9—基板

璃垫，起保护作用。钟罩左后方与提升机构相连。镀膜室的底板由碳钢制成，
表面镀铬，底板下接真空系统，底板上装有各种电极及旋转机构。

　　加热器材料是连接到蒸发电极和接地电极之间的，膜材料与加热器材料
直接接触，受热后熔化蒸发。熔化后有的材料和加热器浸润，表面扩张，附
着在加热器上，形成面蒸发源，此时蒸发镀膜的效果较好。反之，若膜材料
与加热器不浸润时，由于表面张力作用，膜材料熔为一个液球，形成点状蒸
发源，加热器形状或位置不合适时，液球来不及蒸发而从加热器上掉落下来，
影响镀膜的效果。实验中常用到的几
种加热器的形状如图 5.2.2 所示，当
然也可以根据实际需要自行设计加热
器的形状。

　　除电阻法加热外，常用的方法还
有电子束法和高频法等。电阻加热法
中膜材料与加热器材料是直接接触

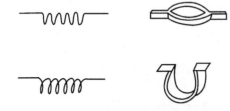

图 5.2.2　几种蒸发器的形状

的，加热器材料在高温下容易混入膜材料之中，如果对半导体元件镀膜，会
使镀层达不到要求，采用电子束加热法或者高频感应加热法可以克服上述缺
点，这里不再详细说明。

　　蒸发挡板的作用是遮盖基板，不让蒸镀材料淀积在基板上，可以在真空
室外手动操作，蒸镀的时候打开挡板，不做阻拦。镀膜前应尽可能在清洁无
尘的环境中把膜材料装入加热器中，基板必须经过清洁处理后放入镀膜室中。

　　基板上任一点镀层的厚度取决于蒸发源的发射特性、几何形状、温度、

蒸发量、与基板之间的距离等。若蒸发源尺寸相对蒸发源与基板的距离较小，可以忽略蒸发源的大小而将其看作点蒸发源。这种情况下以点蒸发源为中心的球面上的膜厚应该相同，所以把基板放在任何与同一半径的球面重合的位置得到的膜层厚度均相等。在真空条件下，蒸发出的原子或分子作直线运动，向空间各个方向飞去，质量为 m 的蒸发材料在单位时间内通过某一方向 r 立体角 $\mathrm{d}\Omega$ 的接收平面 $\mathrm{d}S_2$ 上，考虑一般情况下 $\mathrm{d}S_2$ 面法线与 r 方向夹角为 θ，可以得到面上蒸镀材料的质量为

$$\mathrm{d}m = \frac{m}{4\pi}\frac{\cos\theta}{r^2}\mathrm{d}S_2 \tag{5.2.1}$$

设蒸镀材料的密度为 ρ，则镀层的厚度 t 为

$$t = \frac{m\cos\theta}{4\pi\rho r^2} \tag{5.2.2}$$

如果蒸发源的尺寸不能被忽略，则可以将其看作一个小平面蒸发源 $\mathrm{d}S_1$，如图 5.2.3 所示。考虑到 $\mathrm{d}S_1$ 面蒸发的原子或分子具有方向性，在与 z 轴成 β 角方向接收的粒子数应与 $\cos\beta$ 成正比。由于整个蒸发的空间仅包括 $z \geq 0$ 部分，所以整个蒸发的立体角为 $\iint\cos\beta\sin\beta\mathrm{d}\beta\mathrm{d}\phi = \pi$，因此 $\mathrm{d}S_2$ 面接收的质量为

$$\mathrm{d}m = \frac{m}{\pi}\frac{\cos\beta\cos\theta}{r^2}\mathrm{d}S_2 \tag{5.2.3}$$

镀层的厚度为

$$t = \frac{m}{\pi\rho}\frac{\cos\beta\cos\theta}{r^2} \tag{5.2.4}$$

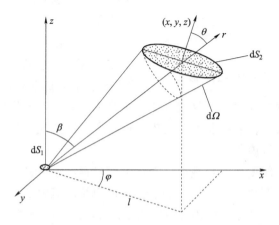

图 5.2.3 被镀平面与蒸发源位置角度示意图

当基板平行于蒸发源时，有 $\theta = \beta$，这时厚度为

$$t = \frac{m \cos^2 \beta}{\pi \rho r^2} \qquad (5.2.5)$$

设被蒸镀平面 $\mathrm{d}S_2$ 位置为 (x, y, z)，则有

$$\cos \beta = \frac{z}{r} \qquad (5.2.6)$$

$$r^2 = x^2 + y^2 + z^2 = l^2 + z^2 \qquad (5.2.7)$$

当蒸发源为点蒸发源时，根据式（5.2.2）可以得到蒸发源正中心区域 $l = 0$ 处镀层厚度为

$$t_0 = \frac{m}{4\pi\rho} \frac{1}{z^2} \qquad (5.2.8)$$

r 处的 $\mathrm{d}S_2$ 面的镀层厚度为

$$t = \frac{m}{4\pi\rho} \frac{z}{(l^2 + z^2)^{\frac{3}{2}}} \qquad (5.2.9)$$

相对厚度分布为

$$\frac{t}{t_0} = \frac{z^3}{(l^2 + z^2)^{\frac{3}{2}}} = \frac{1}{\left[1 + \left(\dfrac{l}{z}\right)^2\right]^{\frac{3}{2}}} \qquad (5.2.10)$$

当蒸发源为小平面蒸发源时，根据式（5.2.5）可以得到蒸发源正中心区域 $l = 0$ 处镀层厚度为

$$t_0 = \frac{m}{\pi\rho} \frac{1}{z^2} \qquad (5.2.11)$$

r 处的 $\mathrm{d}S_2$ 面的镀层厚度为

$$t = \frac{mz^2}{\pi\rho (l^2 + z^2)^2} \qquad (5.2.12)$$

相对厚度分布为

$$\frac{t}{t_0} = \frac{z^4}{(l^2 + z^2)^2} = \frac{1}{\left[1 + \left(\dfrac{l}{z}\right)^2\right]^2} \qquad (5.2.13)$$

由式（5.2.10）、式（5.2.13）可以看出，无论是点蒸发源还是小平面蒸发源，当 z 等于某个定值时，随着 l 的增加镀层厚度逐渐减小，如图 5.2.4 所示，实线代表点蒸发源，虚线代表小平面蒸发源。可见要想使得到的镀层的厚度均匀就需要采用多个蒸发源。

薄膜厚度的检测方法有很多种，包括质量法、电学法、光学法。质量法是已知膜材料的质量 m，根据式（5.2.2）、式（5.2.5）计算基板在 r 处的膜

厚。电学法常用的是石英振荡器式微量天平，它以石英片作为传感器，根据石英片的固有谐振频率随淀积在它表面上的物质质量的改变而发生变化这一关系，从频率改变的情况推出镀层的厚度。光学法是测量以透明材料为基板的膜厚，如玻璃、石英等，镀层为介质膜或吸收膜。薄膜的厚度增加到入射光波长的 1/4 时，透射和反射光强发生变化，根据改变数量来计算出膜厚。

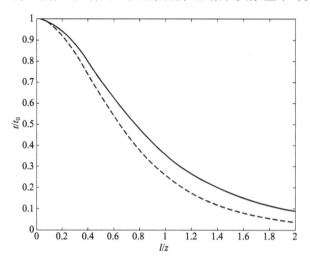

图 5.2.4　两种蒸发源下镀层厚度分布

实验装置

图 5.2.5 为真空系统装置图，选用了 XK-150A 型真空系统，另外还配置有针型阀和真空测量仪表。真空系统包括获得真空的机械泵、油扩散泵、镀膜室和膜厚监控系统等。油扩散泵为金属制的，通过水冷方式散热，高真空阀为蝶式，机械泵与油扩散泵之间的连通阀门为三通式。拉出此阀门时，机械泵可以直接对镀膜室抽气，推入时可以与油扩散泵连通，同时切断机械泵与镀膜室的连接。磁力充气阀安装在三通阀后侧，此阀用以对镀膜室充气，它与高真空阀互锁，当高真空阀打开时，此阀不能打开，以免大气进入油扩散泵使油氧化。

镀膜室内部结构在前面已经介绍过，这里不再重复。镀铝时可以选用钨丝电阻加热，镀金、银、硫化锌等可用钼材料作加热器。镀不同形状的物质可以选用适当形状的加热器，如条状、片状物质可以选用螺旋形或 V 形加热器等。钟罩顶部装有针型阀，可用来控制钟罩内的真空度，以便进行离子轰击。真空测量装置采用复合真空计，两只热偶规管分别测量真空镀膜室的低真空和油扩散泵的前级真空，电离规管测量真空镀膜室内的高真空度，三只规管分别连在图 5.2.5 所示位置，规管引线接在复合真空计上。

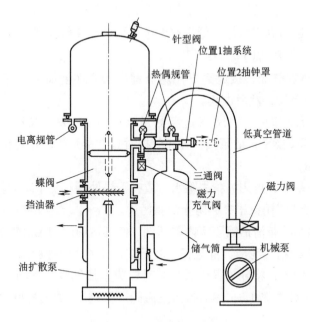

图 5.2.5　真空系统装置图

钟罩的升降采用电动机，电动机带动丝杠旋转，螺母连同立柱可作升降运动，立柱上端的转轴上有两个挂钩可将钟罩提起。当立柱降至最低位置时挂钩与钟罩脱开，钟罩即可自由落在镀膜室的底板上。行程的极限位置由限位开关控制，钟罩升起后可绕立柱旋转，钟罩与底板的相对位置在立柱及转轴套上有标记指示，可以避免钟罩下降时位置不正而与镀膜室内的零件相碰。

蒸发及轰击都由相应的调压器来调节，装置上有电表指示其电流值。蒸发用加热器需要低电压大电流，由专门变压器供电。水流继电器保护油扩散泵，当断水时会发出报警。

实验内容

1. 打开总电源，接通冷却水。

2. 推入三通阀（低阀），开机械泵抽油扩散泵前级 V1，接通低真空测量，将 V1 抽至 5 Pa 左右。

3. 把开关放置机械泵扩散泵挡，使扩散泵预热 30 min。

4. 拉出三通阀（低阀），将开关置扩散泵挡，开磁力充气阀对钟罩充气，充气完毕关上充气阀，升起钟罩。

5. 移去挡板，安装蒸发源、蒸发材料及基板。

6. 落下钟罩，将开关置机械泵扩散泵挡对镀膜室抽低真空至 5 Pa 左右。

7. 推入三通阀（低阀），打开高阀对镀膜室抽高真空，待真空度超过 1.3×10^{-1} Pa 时接通高真空测量，低真空测量换至扩散泵前级测量，将镀膜室真空度抽至 5×10^{-2} Pa 以下。

8. 选好蒸发电极，接通蒸发，调节调压器，逐渐加大电流，开始预熔。加大电流开始蒸发，然后镀膜。

9. 待基板冷却后，关闭高真空测量（灯丝），关闭高阀，拉出三通阀（低阀），将开关换至扩散泵挡，开充气挡对真空室充气，升起钟罩取出基板，观察镀层质量。

10. 清洗基板，再用酒精去除水，放在干燥处。对洗干净的基板不可用手直接接触表面，应用镊子夹起防止油脂污染。

11. 用医用纱布清洁镀膜室内零部件，使其达到清洁无污物和灰尘；用医用纱布、无水酒精等清洁钟罩与底板之间结合处的密封橡胶圈。

12. 落下钟罩，将开关置机械泵挡对镀膜室抽低真空 5 min，推入三通阀（低阀），对系统去热 1 h，然后拉出三通阀（低阀），关闭机械泵。

注意事项

1. 镀膜进行 2~3 次后，必须及时清洗钟罩及镀膜室内零件，避免蒸发物质大量进入真空系统而损坏真空性能。

2. 扩散泵连续工作时，扣下钟罩后必须先对镀膜室抽低真空，当达到 5 Pa 左右后再开高阀，绝不允许直接抽高真空，以免扩散泵油被氧化。

3. 实验中蒸镀的物质为纯铝，在放入镀膜室之前应该用砂纸打磨一下，以便去掉铝丝表面的氧化层。

4. 镀膜结束时，应首先切断高真空测量，再关闭高阀，然后充气以免电离规管损坏及扩散泵油氧化。

5. 中途突然断电，应立即切断高真空测量，关闭高阀，拉出三通阀（低阀），来电后，待机械泵工作 2~3 min 后，再恢复正常工作。

6. 当镀膜室处于真空状态时，绝对不能升起钟罩，否则提升机构将被损坏。

7. 充气完毕，应将充气阀立即关好。

思考题

1. 真空泵与扩散泵的工作方式有何不同之处？

2. 为什么不可以直接用扩散泵对镀膜室内部抽高真空？

参考文献

［1］王魁香，韩炜，杜晓波. 新编近代物理实验［Z］. 长春：吉林大学实验教学中心，2007.

［2］杨邦朝，王文生. 薄膜物理与技术［M］. 成都：电子科技大学出版社，1994.

（王大伟）

六、低 温 实 验

实验 6.1　小型制冷装置制冷量和
制冷系数的测量

引言

　　小型制冷装置通常是指家用电冰箱、冷藏箱以及小型空调等。利用半导体热电效应制冷的装置，因其制冷量一般比较小，故可看作是小型制冷装置。由于小型制冷装置与人们的日常生活及工作密切相关，已经形成需求量很大的产业。另一方面目前广泛用于小型制冷装置中压缩式制冷循环的制冷剂主要是卤代烃类（氟利昂），这类制冷剂对大气层的臭氧层有破坏作用，特别是普遍用于家用电冰箱的氟利昂 R_{12} 对大气臭氧层的破坏相当严重。联合国环境署的成员国已签订了保护臭氧层的议定书。我国政府也规定逐步减小 R_{12} 的使用，2010 年全面禁止使用 R_{12}。因此，从节能的角度看，小型制冷装置制冷量和效率的测量，对其制冷性能的检测及改进无疑是至关重要的。而从各国为执行蒙特利尔议定书而努力探索新的制冷原理及寻求新的制冷剂这一发展趋势看，各种新型制冷循环的设计与制冷剂的开发，最终都离不开对不同条件下制冷量及制冷系数的检测。

实验目的

　　1. 了解压缩式制冷机的基本结构和工作原理，利用加热补偿测量不同温度下小型制冷机模拟系统的制冷量和能效比。

　　2. 通过对制冷系统压缩机排气口、进气口和冷凝器末端温度及压力的测量估测理论制冷系数。

　　3. 通过以上测量，学习和掌握对不同类型的制冷剂及不同灌注量的制冷剂对制冷量与制冷系数的影响进行研究的原理和方法。

实验原理

1. 热力学第二定律。

我们知道，热量是可以互相传递的。两个温度不同的物体放在一起，热量将从温度高的物体传递到温度低的物体，最终两物体的温度趋于相等；但是热量不能自发地由低温物体传到高温物体而不引起任何其他变化，这就是热力学第二定律的克劳修斯说法。这正像石头或水不可能自发地从低处向高处运动一样，但这并不是说石头或水在任何条件下都不可能由低处移到高处，在外界足够大的力的作用下石头或水就能由低处移向高处，这个外界作用力称为补偿。同样，不能把热力学第二定律的说法理解为："不可能把热量从低温物体传到高温物体。"消耗一定的能量，通过某种逆向热力学循环（如理想的卡诺循环），热量就能自低温物体传到高温物体。针对这种循环的不同应用目的，可以把这样的过程称为热泵（对热端的利用）或制冷（对冷端的利用）。

2. 制冷原理。

制冷的方法很多，主要有相变（如汽化）制冷、气体绝热膨胀制冷和半导体制冷（珀尔帖效应）三种。其中汽化制冷的应用最为广泛，它是利用液体汽化时的吸热效应实现制冷的。蒸气压缩式、吸收式、蒸气喷射式和吸附式都属于液体汽化制冷方法。其制冷循环的共同点是都由制冷剂汽化、蒸气升压、高压蒸气液化和高压液体降压四个过程组成。液体汽化形成蒸气，利用该过程的吸热效应制冷的方法称液体蒸发制冷。当液体处在密闭的容器内时，若容器内除了液体和液体本身的蒸气外不含任何其他气体，那么液体和蒸气在某一压力下将达到平衡，这种状态称饱和状态。如果将一部分饱和蒸气从容器中抽出，液体就必然要再汽化出一部分蒸气来维持平衡。我们以该液体为制冷剂，制冷剂液体汽化时要吸收汽化潜热，该热量来自被冷却对象，只要液体的蒸发温度比环境温度低，便可使被冷却对象变冷或者使它维持在环境温度下的某一低温。为了使上述过程得以连续进行，必须不断地从容器中抽走制冷剂蒸气，再不断地将其液体补充进去。通过一定的方法将蒸气抽出，再令其凝结为液体后返回到容器中，就能满足这一要求。为使制冷剂蒸气的冷凝过程可以在常温下实现，需要将制冷剂蒸气的压力提高到常温下的饱和压力，这样，制冷剂将在低温低压下蒸发，产生制冷效应；又在常温和高压下凝结向环境温度的介质排放热量。凝结后的制冷剂液体由于压力较高，返回容器之前需要先降低压力。由此可见，液体蒸发制冷循环必须具备以下四个基本过程：制冷剂液体在低压下汽化产生低压蒸气；将低压蒸气抽出并提高压力变成高压气；将高压气冷凝为高压液体；高压液体再降低压力回到初始的低压状态。其中将低压蒸气提高压力需要能量补偿。

图 6.1.1 是单级蒸气式压缩制冷系统，它由压缩机、冷凝器、膨胀阀和蒸发器组成。目前市售的电冰箱、空调器等小型制冷机大多采用这种制冷模式。其工作原理如下：制冷剂在压力 P_0、温度 t_0 下沸腾，t_0 低于被冷却物体的温度。压缩机不断地抽吸蒸发器中的制冷剂蒸气，并将它压缩至冷凝压力 P_k，然后送往冷凝器，在压力 P_k 下等压冷凝成液体，制冷剂冷凝时放出热量 Q_k 传给冷却介质，与冷凝压力 P_k 相对应的冷凝温度 t_k 一定要高于冷却介质的温度，冷凝后的液体通过膨胀阀或节流元件进入蒸发器。当制冷剂通过膨胀阀时，压力从 P_k 降到 P_0，部分液体液化，剩余液体温度降至 t_0，于是离开膨胀阀的制冷剂变成温度为 t_0 的气液两相混合物。混合物中的液体在蒸发器中蒸发，从被冷却的物体中吸取它所需要的蒸发热。混合物中的蒸气通常称为闪发蒸气，在它被压缩机重新吸入之前几乎不再起吸热作用。

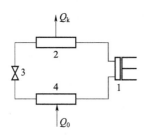

图 6.1.1　单级蒸气压缩式制冷

1—压缩机；2—冷凝器；

3—膨胀阀；4—蒸发器

在制冷循环的分析和计算中，压-焓图起着十分重要的作用，其结构如图 6.1.2 所示。图中临界点 K 左边的粗实线为饱和蒸气状态，$X=1$。饱和液体线的左边为过冷液体区，该区域内的液体称为过冷液体，过冷液体的温度低于同一压力下饱和液体的温度；干饱和蒸气线的左边是过热蒸气区，该区域内的蒸气称为过热蒸气，它的温度高于同一压力下饱和蒸气的温度；两条线之间的区域为两相区，制冷剂在该区域内处于气、液混合状态。图中共有六种等参数线簇：等压线 p 为水平线，等焓线 h 为垂直线，其余标有 t，s，v 和 x 的线簇分别为等温线、等熵线、等容线和等干度线。图 6.1.3 为目前我国较多制冷企业采用的 R_{134a} 制冷剂的压-焓图。

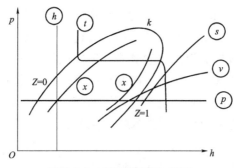

图 6.1.2　制冷循环压-焓图

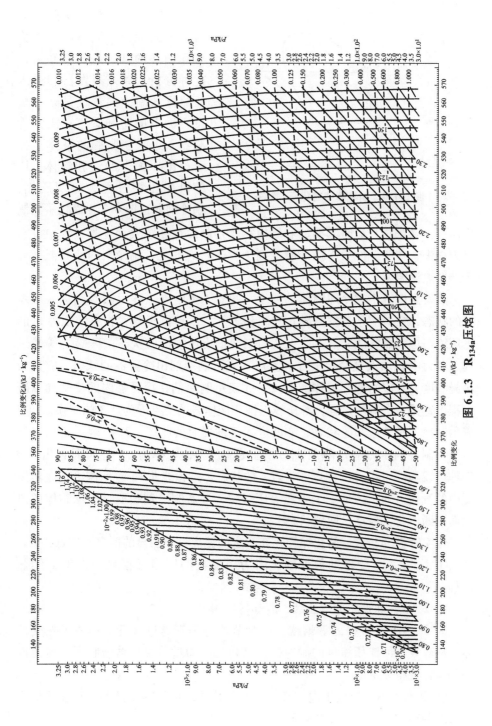

图 6.1.3 R_{134a} 压焓图

图 6.1.1 所示的制冷循环可以在压-焓图上进行简化分析，如图 6.1.4 所示，虽然这种分析与实际循环有一定的偏离，但是可以作为实际循环的基础进行修正。按此种分析，离开蒸发器和进入压缩机的制冷剂蒸气是处于蒸发压力下的饱和蒸气；离开冷凝器和进入膨胀阀的液体是处于冷凝压力下的饱和液体；压缩机的压缩过程为等熵压缩；制冷剂通过图 6.1.4 简化了的制冷循环，膨胀阀节流时其前、后焓值相等；制冷剂在蒸发和冷凝过程中没有压力损失；在各部件的连接处制冷剂不发生状态变化；制冷剂的冷凝温度等于外部热源温度。

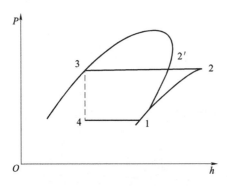

图 6.1.4 制冷循环简化压-焓图

蒸发温度等于被冷却物体的温度。图 6.1.4 中点 1 表示制冷剂进入压缩机的状态，它对应于蒸发温度 t_0 的饱和蒸气。该点位于与 t_0 相应的压力 p_0 的等压线与饱和蒸气线交点上。点 2 为制冷剂出压缩机的状态，1—2 为等熵过程，压力由 p_0 增大至冷凝压力 p_k。点 3 表示制冷剂出冷凝器的状态，它是与冷凝温度 t_k 对应的饱和液体。2—2'—3 表示制冷剂在冷凝器内的冷却和冷凝过程，这是一个等压过程，等压线与饱和液体线的交点即为点 3 的状态。点 4 表示制冷剂出节流阀的状态，亦即进入蒸发器时的状态。3—4 表示等焓节流过程，制冷剂压力由 p_k 降至 p_0，相应地温度亦由 t_k 降为 t_0，这即是说由点 3 作等焓线与等压线 p_0 的交点即为点 4 的状态。过程线 4—1 表示制冷剂在蒸发器中的汽化过程，这是一个等温等压过程，液态制冷剂吸取被冷却物体的热量而不断汽化，最终又回到状态 1。

但实际循环与这一简化循环存在一定的偏离，最明显的偏离有四点：

① 1—2 并非严格的等熵线，因为压缩机的压缩过程只是近似的绝热过程；

② 2—3 并非严格的等压线，$p_3 < p_2$；

③ 3—4 并非严格的等焓线，因为节流毛细管与进气管道构成了热交换器，从蒸发器回流压缩机的制冷剂温度较低，通过热交换器吸收了节流元件的热量，使得 $h_4 > h_3$；

④ 状态 1 不一定处于饱和蒸气线上，其原因也是热交换器的存在使得进气口的制冷剂温度进一步升高而进入过热蒸气区。

3. 制冷剂。

许多化学物质可以选为制冷剂。1834 年美国人珀金斯发明的第一台制冷器选用乙醚作为制冷剂，此后以二氧化碳和氨为制冷剂的压缩机相继出现。从 20 世纪 30 年代起，以美国杜邦公司 Freon 商标命名氟利昂制冷剂逐渐在全世界占主导地位，有代表性的牌号如 R_{12}，R_{11}，R_{22}，R_{14} 等。这些制冷剂具有优良的热学性质，无毒，不燃，能适应不同条件的制冷要求。但是 1970 年以来，科学界逐渐发现被称为地球生命"保护伞"的大气臭氧层浓度正在不断耗减，致使南极上空出现大片臭氧层空洞，太阳紫外线的直接辐照，威胁地球上的人类特别是南半球上的人类的健康，大量引发皮肤癌及其他疾病。最新的观察发现北极上空也已开始出现臭氧层空洞。经过长时间的研究，判定臭氧层的耗减与人类大量使用并排放氟利昂有关。进一步的深入研究，证实氯氟烃或溴氟烃类气体经紫外线分解分裂成自由的氯原子和溴原子，它们具有强烈的破坏臭氧层的作用。因此目前各国都在抓紧进行制冷剂的替代工作，我国对小型压缩机较多用 R_{134a} 替代 R_{12}。

4. 制冷量。

制冷量 Q_c 表示单位时间内制冷剂通过蒸发器吸收的被冷却物体的热量，它是表征制冷机制冷功率的重要物理量。为准确测量一定温度下的制冷量，可以采用热补偿的原理。即利用电加热器馈送热量至被冷却物体，使得被冷却物体单位时间内从电加热器获得的热量 Q_e 正好等于制冷剂吸收的热量 Q_c，在排除其他各种漏热途径的情况下，当被冷却物体维持温度不变时，$Q_e = Q_c$。Q_e 为流过加热器的电流与加热器两端电压降的乘积。

5. 制冷系数。

制冷机的实际制冷系数定义为

$$\varepsilon = \frac{Q_c}{p} \tag{6.1.1}$$

式中，p 为实际输入制冷机功率，对于全封闭小型压缩机是电功率。制冷系数 ε 是衡量制冷循环经济性的指标，常被称为制冷机的能效比（COP）。制冷系数越大，循环越经济。如果把制冷机视作逆向卡诺循环热机，并用 ε_c 表示其制冷系数，则

$$\varepsilon_c = \frac{T_c}{T_H - T_c} = \frac{1}{T_H / T_c - 1} \tag{6.1.2}$$

式中，T_c 表示低温热源的温度，T_H 表示高温热源的温度。该式表明，只要 T_H / T_c 的值小于 2，ε_c 即大于 1 而且随着 T_c 接近 T_H，ε_c 的数值迅速上升。实际制冷的制冷系数 ε 明显低于 ε_c，但它们随 T_H、T_c 的变化的趋势有一定的类

似性。

理论上，根据热力学第一定律，如果忽略位能与动能的变化（区别分子热运动动能与这里动能的关系，位能指制冷剂势能在管道空间上的变化），稳定流动的能量方程（所谓稳定流动就是指工质在流动情况下，流道中任何截面上的各种参数（如温度、压力、比体积、流速等）及质量流量都不随时间而改变；系统在单位时间内与外界的热量及功量的交换也不随时间而改变。实际热机的工作过程大多可认为是稳定过程）可以表示

$$Q + p = m(h_i - h_j) \tag{6.1.3}$$

式中，Q 和 p 是单位时间内加给系统的热量和机械功，m 是系统内稳定的质量流率，h 是比焓，即单位质量的焓值，下标表示状态点，分别对应于图 6.1.4 中各点。

对于节流阀，制冷剂通孔时绝热膨胀，对外不做功，方程式（6.1.3）变为

$$0 = m(h_4 - h_3)$$
$$h_4 = h_3 \tag{6.1.4}$$

表示等焓过程。

对于压缩机，如果忽略压缩机与外界环境所交换的热量，则式（6.1.3）变为

$$p_i = m(h_2 - h_1) \tag{6.1.5}$$

式中，p_i 为压缩机对制冷剂做功的功率，它与输入压缩机的电功率、电动机效率、机械效率以及其他耗损因素有关。通常对家用电冰箱的压缩机 p_i 仅为电功率的 0.2~0.3。

对蒸发器，被冷却的物体通过蒸发器向制冷剂传递热量 Q_c，因蒸发器不做功，故有

$$Q_c = m(h_1 - h_4) = m(h_1 - h_3) \tag{6.1.6}$$

这样理论上对可逆的绝热过程，制冷系数可以表达为

$$\varepsilon_i = \frac{Q_c}{p_i} = \frac{h_1 - h_3}{h_2 - h_1} \tag{6.1.7}$$

因而，只要参照图 6.1.4 所示的简化了的制冷循环，测量出制冷剂在压缩机进气口和排气口的温度与压力，从制冷机的压-焓图上查出 h_1 和 h_2 值，并由冷凝器末端的压力或温度按简化制冷循环推算出 h_3，即可得到理论上估算的制冷系数。当然，在实际的制冷循环中，节流元件与回气管道之间往往被设计成具有热交换功能，这样节流毛细管被冷却，$h_4 < h_3$，使得制冷系数 ε_i 增大。

实验装置

图 6.1.5 表示实验用的制冷装置和测量示意图，其中压缩机、冷凝器、过滤器、毛细管和进气管直接采用电冰箱的部件。这里的毛细管起着节流阀（当气体在管道中流动时，由于局部阻力，如遇到缩口和调节阀门时，其压力显著下降，这种现象叫作节流；工程上由于气体经过阀门等流阻元件时，流速大，时间短，来不及与外界进行热交换，可近似地作为绝热过程来处理，称为绝热节流）的作用，它的作用在于最后一段与压缩机进气管组成热交换器，使毛细管中即将流入蒸发器的液态制冷剂被进气管中的低温气态制冷剂进一步冷却，以达到提高制冷效率的目的。过滤器内填充了干燥的分子筛颗粒，用以吸附制冷机内可能存在的水分，避免在毛细管内或出气口处出现冰堵现象。蒸发器用直径为 6 mm、壁厚为 0.5 mm 的紫铜管模拟电冰箱蒸发管道的参数制成直径约 60 mm 的盘管，放入绝热良好的真空杯内。真空杯内充灌适量的乙二醇、乙醇与水的三元溶液，以浸没蒸发器为宜。搅拌器是为了使乙二醇、乙醇与水的三元溶液在蒸发器内的制冷液的吸热和加热器的放热之间迅速达到均匀的温度而设置的。压缩机的排气口、进气口以及冷凝器末端分别接有压力表以测量各相关点的压力。另外，三支镍铬-康铜热电偶接至排气口、进气口以及冷凝器末端测量这三点的温度。

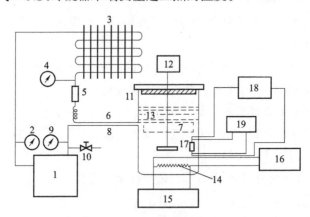

图 6.1.5 实验用制冷装置和测量示意图

1—压缩机；2—排气压力表；3—冷凝器；4—冷凝器末端压力表；5—过滤器；6—毛细管；7—蒸发器；
8—进气管；9—进气压力表；10—抽空灌液阀；11—真空保温杯；12—电动搅拌器；
13—乙二醇、乙醇水溶液；14—加热器；15—数字压力表；16—大功率直流
稳流电源；17—铂电阻传感器；18—恒温电源；19—数字电压表

电加热器及其测量回路的作用是产生焦耳热并通过电功率换算成单位时间馈送的热量，当此热量与制冷量相等时，杜瓦瓶内溶液维持不变。若电加

热热量大于制冷量，杜瓦瓶内升温，反之降温。监视和检测温度升降情况由插入真空杯内的铂电阻温度传感器及与之相连的测量电路完成。制冷机内充灌约80%的R_{12}（视具体情况做适当调整），它是目前电冰箱尚在使用的制冷剂，为无色无味透明的液体或气体，常温下无毒，高温下火焰呈蓝色并分解出有毒气体。

实验内容和步骤

1. 检查仪器，将制冷功率和制冷效率测量实验仪上的加热电流按时针旋调节至最小。

2. 接通实验仪的电源，观察制冷实验机蒸发器上面的微型搅拌电动机是否工作正常（一定要使电动机处于旋转状态），同时再次检查加热器电流是否为零。

3. 打开压缩机开关，压缩机启动，观察并记录各压力点的变化，压缩机排气口、进气口及冷凝器末端的压力（压力表的读数为相对于大气压的值）。

4. 观察并记录蒸发器温度下降情况，按分钟记录，直至最低温度附近。

5. 调节加热器输出电流，使蒸发器升温至-18 ℃附近，微调输出电流使加热功率和制冷量相当，温度保持不变，记录下此温度下的加热功率，即为该温度下制冷机的制冷量。

6. 改变电流使得蒸发器内的温度平衡于-12 ℃附近，记录该温度点的加热功率（制冷量）。

7. 在进行上述各点加热功率测量的同时，分别记录压缩机排气口、进气口及冷凝器末端的压力和温度，并记录压缩机功率。

8. 利用图6.1.3查出h_1，h_2，h_3和h_4。

9. 利用式（6.1.1）、式（6.1.7）及式（6.1.2）分别计算出上述两温度点附近的ε，ε_i值。

10. 如果时间充分可增加-6 ℃，0 ℃附近测量点。

注意事项

1. 压缩机停机后5 min内不要启动，以免启动电流太大。

2. 注意搅拌器是否正常工作。

思考题

1. 简述小型制冷装置制冷原理和整个制冷循环的过程。

2. 简述小型制冷装置制冷系数的测量原理和过程。

参考文献

［1］ 林宗涵. 热力学与统计物理学［M］. 北京：北京大学出版社，2007.

［2］ 沈维道. 工程热力学［M］. 北京：高等教育出版社，2006.

（孙　岳）

实验 6.2　低温电导率和交流磁化率的测试

实验目的

1. 了解低温的获得、测量和控温原理。

2. 通过低温电导率的测试实验，学生能够了解低温条件下的材料的电导率与温度的关系。

3. 通过低温交流磁化率的测试实验，学生能够了解低温条件下的材料的交流磁化率与温度的关系。

实验原理

电导率是物质传送电流的能力，是电阻率的倒数。其基本公式：$\sigma = 1/\rho = IL/VS$，其中，I 为样品电流；L 为样品长度；V 为实测电压；S 为截面积。但低温条件下材料的电导率也和温度有一定的关系，因此在低温条件下，如果 I 恒定不变，当实验温度改变时，V 会发生变化，这样低温条件下材料的电导率随温度的变化规律就可以通过 V 和 T（T 为实验时的温度）之间的关系表现出来。

交流磁化率的测量原理是利用楞次定律——空间磁通量变化会产生感应电动势。实验的装置最主要的部分是两组紧密靠近的线圈，一个为主要线圈，用来提供交流磁场；另一个为次级感应线圈，用来感应由于磁性材料的存在造成空间磁通量变化所感应出的电压。为了增加信噪比，两组线圈越靠近越好，同时圈数越多越好。另外，线圈的位置亦要确保固定好。为了使背景信号尽量趋近于零，次级线圈是反绕的。由于磁通量随时间的变化率正比于感应电压，因此感应电压的相位与主线圈所产生的交流磁场（交流电流）的相位相差 90°。当温度达到某一特定值时，顺磁态转变为磁有序态，因此会给出一个有限的磁化强度值（M），进而改变 B 的大小。以上的改变会使线圈附近的磁通量发生变化，因此，次级线圈的感应电压会有一个转折。这样低温条件下材料交流磁化率随温度的变化规律就可以通过次级线圈的感应电压和 T（T 为实验时的温度）之间的关系表现出来。

实验装置

本测试装置包括 CVM-200 型霍尔效应测试系统、TC202 型控温仪、低温恒温器、SR830 型锁相放大器，如图 6.2.1 所示。

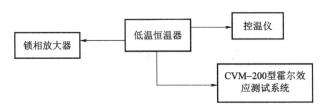

图 6.2.1 低温电导率和交流磁化率的测试装置

1. CVM-200 型霍尔效应测试系统。

CVM-200 型霍尔效应测试系统是由霍尔效应测量仪、样品电流源、直流数字微伏表三个部分组合而成的仪器。本实验主要应用到 CVM-200 型霍尔效应测试系统中的样品电流源、直流数字微伏表这两个部分。

（1）恒流源工作原理与特点。

恒流源输出是 0.1 nA~200 mA 范围内的直流电流，分为 6 挡量程，为便于调节又分为两组，各组均设有粗细调旋钮。恒流源的稳定性取决于参考电压、高增益运算放大器、放大输出电流驱动电路以及合理闭环控制能否满足系统要求。本实验主要应用此恒流源完成低温电导率测量实验。

（2）微伏表的工作原理与特点。

微伏直流数字电压表的核心部分是一个双斜式 $4\frac{1}{2}$ 位 A/D 转换器，高灵敏度低漂移输入放大器则用来提高仪表的测量灵敏度。本实验主要应用此微伏表，当我们通过 CVM-200 型霍尔效应测试系统中的恒流源设定好恒定不变的电流后，在低温条件下，每改变一次 T（实验时的温度）时，通过微伏表就可以发现 V 变化一次，记下每次 V 的值就可以画出 V—T 曲线，也就描绘出了低温条件下材料的电导率随温度的变化规律。

CVM-200 型霍尔效应测试系统的前面板如图 6.2.2 所示。

2. 控温仪。

TC202 温度控制仪（简称控温仪）专门用于低温实验的温度控制，具有分辨到 0.1 K 的数字显示、性能稳定、调节方便的特点，其输出是经可控硅移相、连续调制的直流低压加热电流，对其他测量仪器的电磁干扰小，使用安全。本实验主要应用此 TC202 型温度控制仪来设定和控制低温测电导率和交流磁化率时的温度。

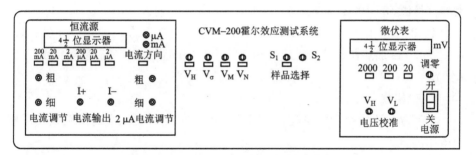

图 6.2.2　CVM-200 型霍尔效应测试系统

3. 低温恒温器。

本恒温器利用控制中心样品杆（简称样品杆）锥面间隙，改变汽化成泡条件来控制传到样品上的制冷量，通过控温仪控制加热，使样品的温度变化或恒定。当样品杆插到底，样品杆锥面间隙最小时，制冷量最小，适合做较高温度的测量。此时加热升温快，自然降温慢，需要用手轻轻提起 3～20 mm 样品杆，方可保持较快的降温速度。

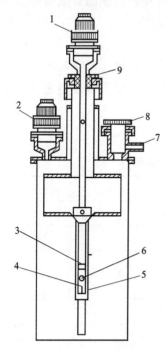

图 6.2.3　低温恒温器的结构示意图

1，2—19 芯密封接头；3—接线柱；4—交流磁化率线圈；5—加热器；6—低温电导样品；7—真空阀抽口；8—真空阀；9—中心样品杆

停止实验时应向上提升中心样品杆，防止因为热膨胀卡住样品杆，损坏恒温器。万一因为热膨胀卡住样品杆，千万不要强行抽取样品杆，可以考虑从旁边的液氮入口加入液氮，使中心样品杆锥面冷却收缩后抽出。

如前所述，为了保证变温实验的质量，应该在室温下将恒温器内的真空度抽至小于 2 Pa。由于恒温器内部装有低温吸气剂，低温下的真空绝热程度会明显提高。

本低温恒温器的结构如图 6.2.3 所示。

低温恒温器的样品杆上的 19 芯密封接头的 1，2，17，18 为 0.34 mm 外径高强度漆包铜线，其余为外径 0.12 mm 的高强度漆包铜线。从 1 到 8 供用户使用，19 为备用线，定义如下：

1，2 为电导测量电流引线；3，4 为电导测量电压引线；9，10 接锁相放大器信号源 50~100 Ω 输出；11，12 接锁相放大器输入；13，14 和 15，16 分别为 Pt100 铂电阻温度计的两端，分别接 7 芯航空接头的 1、2、3、4 针；17，18 针为 20 Ω 加热器，接最大输出为 20 V，1 A 的控温仪（7 芯航空接头的 6，7 针）。

4. 锁相放大器。

本实验主要应用 SR830 型锁相放大器来完成交流磁化率的次级线圈的感应电压测量。

实验内容和步骤

1. 把实验系统的各部位连线接好，把 CVM-200 型霍尔效应测试系统、控温仪、锁相放大器开关打开，并设定好 CVM-200 型霍尔效应测试系统的恒电流值，控温仪的恒温器温度 T，锁相放大器的频率值和振幅值。

2. 再一次检查，确定实验系统的各部位接线正确后，向低温恒温器加灌液氮。

3. 在实验报告数据表格里设定好实验温度值，当控温器显示的温度每到设定好的实验温度值时，读取样品温度 T，样品电流 I，实测电压 V_1，并填入实验表格。

4. 从锁相放大器里记下二次线圈中的信号 V_2，填入实验表格。

5. 实验结束后，立即把实验系统的 CVM-200 型霍尔效应测试系统、控温仪、锁相放大器开关关闭。

实验数据记录表如表 6.2.1 所示。

表 6.2.1　实验数据记录表

T/K	I/mA	V_1/mV	σ/s	V_2/mV

实验数据处理

据实验表格中的数据画出 V_1，V_2 随温度 T 变化的曲线，指出 V_1，V_2 随温度 T 变化的规律。

注意事项

1. 完成实验时一定要把样品杆提起松开，以防热膨胀损坏仪器。
2. 探测线圈不可接触有机溶剂。
3. 恒温器为薄壁结构，务必轻拿轻放，不可用暴力。

思考题

1. 低温电导率随温度变化的规律是什么？（结合 V_1—T 曲线说明）
2. 低温交流磁化率随温度变化的规律是什么？（结合 V_2—T 曲线说明）

参考文献

［1］阎守胜. 固体物理基础［M］. 北京：北京大学出版社，2003.
［2］阎守胜，陆果. 低温物理实验的原理与方法［M］. 北京：科学出版社，1985.

（孙　岳）

七、X 射线衍射

实验 7.1　X 射线衍射物相分析

实验目的

1. 了解 XRD 的产生原理和 X 射线与物质相互作用的原理。
2. 学习 XRD 的操作与分析方法。

实验原理

1. 概述。

1895 年伦琴（W. C. Roentgen）研究阴极射线管时，发现管的对阴极能放出一种有穿透力的肉眼看不见的射线。由于它的本质在当时是一个"未知数"，故称之为 X 射线。这一伟大发现当即在医学上获得非凡的应用——X 射线透视技术。1912 年劳厄（M. Von Laue）以晶体为光栅，发现了晶体的 X 射线衍射现象，确定了 X 射线的电磁波性质。此后，X 射线的研究在科学技术上给晶体学及其相关学科带来了突破性的飞跃发展。鉴于 X 射线的重大意义和价值，人们又以它的发现者的名字为其命名，称之为伦琴射线。X 射线和可见光一样属于电磁辐射，但其波长比可见光短得多，介于紫外线与 γ 射线之间，为 $10^{-2} \sim 10^2$ Å（1 Å $= 10^{-8}$ mm）（图 7.1.1）。X 射线的频率大约是可见光的 10^3 倍，所以它的光子能量比可见光的光子能量大得多，表现出明显的粒子性。由于 X 射线具有波长短光子能量大这个基本特性，所以，X 射线光学（几何光学和物理光学）虽然具有和普通光学一样的理论基础，但两者的性质却有很大区别，X 射线与物质相互作用时产生的效应和可见光迥然不同。

X 射线和其他电磁波一样，能产生反射、折射、散射、干涉、衍射、偏振和吸收等现象。但是，在通常实验条件下，很难观察到 X 射线的反射。对于所有的介质，X 射线的折射率 n 都接近于 1（但小于 1），所以几乎不能被偏折到任一有实际用途的程度，不可能像可见光那样用透镜成像。因为

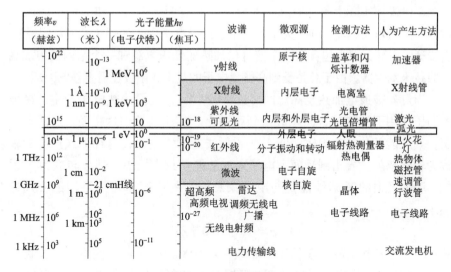

频率ν	波长λ	光子能量hν		波谱	微观源	检测方法	人为产生方法
（赫兹）	（米）	（电子伏特）	（焦耳）				
10^{22}	10^{-13}	1 MeV 10^6		γ射线	原子核	盖革和闪烁计数器	加速器
	1 Å 10^{-10}	1 keV 10^3		X射线	内层电子	电离室	X射线管
	1 nm 10^{-9}						
10^{15}			10^{-18}	紫外线 可见光	内层和外层电子	光电管 光电倍增管	激光 弧光
10^{14}	1 μ 10^{-6}	1 eV 10^0	10^{-19}	外层电子	人眼		电火花 灯
1 THz 10^{12}		10^{-1}	10^{-20}	红外线	分子振动和转动	辐射热测量器 热电偶	热物体
	1 cm 10^{-2}			微波	电子自旋		磁控管
1 GHz 10^9	21 cm氢线				核自旋	晶体	速调管 行波管
	1 m 10^0	10^{-6}		超高频 雷达			
1 MHz 10^6	10^2			高频电视 调频无线电 广播		电子线路	电子线路
	1 km 10^3		10^{-27}	无线电射频			
1 kHz 10^3		10^5	10^{-11}	电力传输线			交流发电机

图 7.1.1 电磁波谱

$n \approx 1$，所以只有在极精密的工作中才需考虑折射对 X 射线作用介质的影响。X 射线能产生全反射，但是其掠射角极小，一般不会超过 $20' \sim 30'$。

在物质的微观结构中，原子和分子的距离（$1 \sim 10$ Å）正好落在 X 射线的波长范围内，所以物质（特别是晶体）对 X 射线的散射和衍射能够传递极为丰富的微观结构信息。可以说，大多数关于 X 射线光学性质的研究及其应用都集中在散射和衍射现象上，尤其是衍射方面。X 射线衍射方法是当今研究物质微观结构的主要方法。

2. X 射线的产生。

现在人们已经发现了许多 X 射线的产生机制，其中最为实用的能获得有足够强度的 X 射线的方法仍是当年伦琴所采用的方法——用阴极射线（高速电子束）轰击对阴极（靶）的表面。各种各样专门用来产生 X 射线的 X 射线管工作原理可用图 7.1.2 表示。

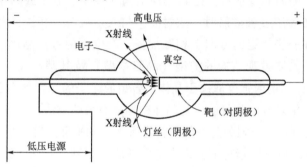

图 7.1.2 X 射线管的工作原理

　　X 射线管实际上是一只真空二极管，它有两个电极：作为阴极的用于发射电子的灯丝（钨丝）和作为阳极的用于接受电子轰击的靶（又称对阴极）。X 射线管供电部分至少包含有一个使灯丝加热的低压电源和一个给两极施加高电压的高压发生器。由于总是受到高能量电子的轰击，阳极还需要强制冷却。

　　当灯丝被通电加热至高温时（达 2 000 ℃），大量的热电子产生，在极间的高压作用下被加速，高速轰击到靶面上。高速电子到达靶面，运动突然受阻，其动能部分转变为辐射能，以 X 射线的形式放出，这种形式产生的辐射称为韧致辐射。轰击到靶面上电子束的总能量只有极小一部分转变为 X 射线能。靶面发射的 X 射线能量与电子束总能量的比率 ε 可用下面的公式近似表示：

$$\varepsilon = 1.1 \times 10^{-9} ZV \qquad (7.1.1)$$

式中，Z 为靶材组成元素的原子序数；V 为 X 射线管的极间电压（又称管电压），以伏特为单位。例如对于一只铜靶的 X 射线管，在 30 kV 工作时，$\varepsilon =$ 0.2%，而一只钨靶的 X 射线管在 100 kV 条件下工作时，也不过 $\varepsilon = 0.8\%$。可见 X 射线管产生 X 射线的能量效率是十分低的，但是，目前 X 射线管仍是最实用的发生 X 射线的器件。

　　因为轰击靶面电子束的绝大部分能量都转化为热能，所以，在工作时 X 射线管的靶必须采取水冷（或其他手段）进行强制冷却，以免阳极被加热至熔化，受到损坏。也是由于这个原因，X 射线管的最大功率受到一定限制，它取决于阳极材料的熔点、导热系数和靶面冷却手段的效果等因素。同一种冷却结构的 X 射线管的额定功率，因靶材的不同而大为不同。例如，铜靶（铜有极佳的导热性）和钼靶（钼的熔点很高）的功率常为相同结构的铁、钴、铬靶的两倍。

　　3. 晶体对 X 射线的衍射。

　　X 射线照射到晶体上发生散射，其中衍射现象是 X 射线被晶体散射的一种特殊表现。晶体的基本特征是其微观结构（原子、分子或离子的排列）具有周期性，当 X 射线被散射时，散射波中与入射波波长相同的相干散射波会相互干涉，在一些特定的方向上相互加强，产生衍射线。晶体可能产生衍射的方向取决于晶体微观结构的类型（晶胞类型）及其基本尺寸（晶面间距、晶胞参数等）；而衍射强度取决于晶体中各组成原子的元素种类及其分布排列的坐标。晶体衍射方法是目前研究晶体结构最有力的方法。

　　晶体的空间点阵可划分为一族平行且等间距的平面点阵 (h, k, l)，或者称晶面。同一晶体不同指标的晶面在空间的取向不同，晶面间距 $d (h, k, l)$ 也不同。设有一组晶面，间距为 $d (h, k, l)$，一束平行 X 射线射到该晶面上，入射角为 θ（见图 7.1.3）。对于每一个晶面，散射波的最大干涉强度的条件应该是入射角和散射角的大小相等，且入射线、散射线和平面法线三者在同一平面内（类似镜面对可见光的反射条件）。这是产生衍射的必要条件。

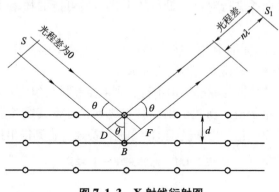

图 7.1.3   X 射线衍射图

4. 物相定性分析方法。

X 射线衍射物相定性分析方法有以下几种。

（1）三强线法。

① 从前反射区（$2\theta < 90°$）中选取强度最大的三根线，如图 7.1.4 所示，使其 d 值按强度递减的次序排列。

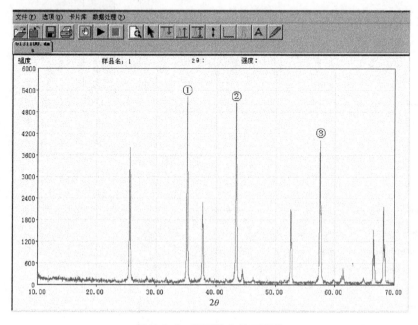

图 7.1.4   衍射谱中的三强线

② 在数字索引中找到对应的 d_1（最强线的面间距）组。

③ 按次强线的面间距 d_2 找到接近的几列。

④ 检查这几列数据中的第三个 d 值是否与待测样的数据对应，再查看第四至第八强线数据并进行对照，最后从中找出最可能的物相及其卡片号，如表 7.1.1 所示。

⑤ 找出可能的标准卡片，将实验所得 d 及 $I/I1$ 跟卡片上的数据详细对照，如果完全符合，物相鉴定即宣告完成。

如果待测样的数据与标准数据不符，则需重新排列组合并重复②~⑤的检索手续。如为多相物质，当找出第一物相之后，可将其线条剔出，并将留下线条的强度重新归一化，再按过程①~⑤进行检索，直到得出正确答案。

表 7.1.1 标准 PDF 卡片样片

33-1161   33-1162

d	3.34	4.26	1.82	4.26	SiO$_2$				★
I/I_1	100	22	14	22	Silicon Oxide			Quartz, low	

	SiO$_2$				
	d A	I/I_1	hkl	d A	I/I_1	hkl

Rad. CuKα_1 λ 1.540 598 Filter Mono. Dia.		4.257	22	100	1.228 5	1	220
Cut off I/I_1 Diffractometer I/I cor.		3.342	100	101	1.199 9	2	213
Ref. Nat. Bur. Stand. (U.S.) Monogr. 25, Sec. 18 (1981)		2.457	8	110	1.197 8	1	221
		2.282	8	102	1.184 3	3	114
Sys. Hexagonal S.G. P3$_1$21 (152)		2.237	4	111	1.180 4	3	310
a_0 4.913 3(2)b_0 c_0 S.405 3(4)A C 1.100 1		2.127	6	200	1.153 2	1	311
α β γ Z 3 Dx 2.649		1.979 2	4	201	1.140 5	<1	204
Ref. Ibid.		1.817 9	14	112	1.114 3	<1	303
		1.802 1	<1	003	1.081 3	2	312
		1.671 9	4	202	1.063 5	<1	400
$\varepsilon\alpha$ n $\omega\beta$ 1.544 $\varepsilon\gamma$ 1.553 Sign +		1.659 1	2	103	1.047 6	1	105
2V D 2.656 mp ColorColorless		1.608 2	<1	210	1.043 8	<1	401
Ref. Ibid.		1.541 8	9	211	1.034 7	<1	214
		1.453 6	1	113	1.015 0	1	223
		1.418 9	<1	300	0.989 8	1	402
Sample from the Glass Section at the National Bureau		1.382 0	6	212	.987 3	1	313
of Standards; ground single crystals of optical quality,		1.375 2	7	203	.978 3	<1	304
locality unknown, Pattern at 25 ℃.		1.371 8	8	301	.976 2	1	320
Silicon (a_0 = 5.430 88 Å) used as internal standard.		1.288 0	2	104	.963 6	<1	205
F$_{30}$ = 76.6(0.012 6,31). Quartz group.		1.255 8	2	302			
To replace 5-490.		6 reflections to 0.908 9					

（2）特征峰法。

对于经常使用的样品，其衍射谱图应该充分了解掌握，可根据其谱图特征进行初步判断，如图 7.1.5 所示。例如在 26.5°左右有一强峰，在 68°左右有五指峰出现，则可初步判定样品含 SiO_2。

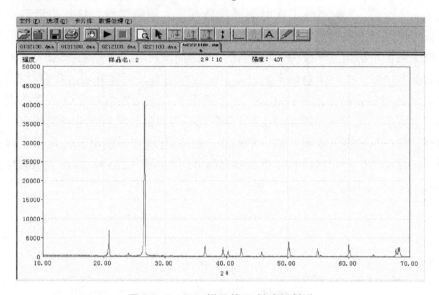

图 7.1.5 SiO_2 样品的 X 射线衍射谱

实验仪器

1. 概述。

X 射线多晶衍射仪（又称 X 射线粉末衍射仪）由 X 射线发生器、测角仪、X 射线强度测量系统以及衍射仪控制与衍射数据采集、处理系统几大部分组成。图 7.1.6 给出了 X 射线多晶衍射仪的构造示意图。

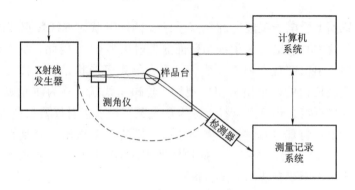

图 7.1.6 X 射线多晶衍射仪构造示意图

2. X 射线管。

衍射用的 X 射线管实际上都属于热电子二极管，有密封式和转靶式两种。前者最大功率不超过 2.5 kW，视靶材料的不同而异；后者是为获得高强度的 X 射线而设计的，一般功率在 10 kW 以上。密封式衍射用 X 射线管的结构如图 7.1.7 所示。X 射线管工作时阴极接负高压，阳极接地。灯丝附近装有控制栅，使灯丝发出的热电子在电场的作用下聚焦轰击到靶面上。阳极靶面上受电子束轰击的焦点便成为 X 射线源，向四周发射 X 射线。在阳极一端的金属管壁上一般开有四个射线出射窗口，实验利用的 X 射线就从这些窗口得到。密封式 X 射线管除了阳极一端外，其余部分都是玻璃制成的。管内真空度达 $10^{-5} \sim 10^{-6}$ 毛（Torr，即 mmHg 柱），高真空可以延长发射热电子的钨质灯的寿命，防止阳极表面受到污染。早期生产的 X 射线管一般用云母片作窗口材料，而现在的衍射用射线管窗口材料都用 Be 片（厚 0.25~0.3 mm），Be 片对 MoK_α、CuK_α、CrK_α 分别具有 99%、93%、80% 左右的透过率。

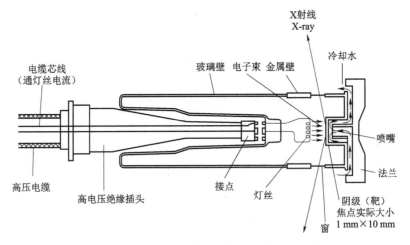

图 7.1.7 密封式衍射用 X 射线管结构示意图

阳极靶面上受电子束轰击的焦点呈细长的矩形状（称线焦点或线焦斑），从射线出射窗中心射出的 X 射线与靶面的掠射角为 6°。因此，从出射方向相互垂直的两个出射窗观察靶面的焦斑，看到的焦斑形状是不一样的，由出射方向垂直焦斑长边的两个出射窗口观察，焦斑呈线状，称为线光源；由另外两个出射窗口观察，焦斑呈点状，称为点光源。粉末衍射仪要求使用线光源，因而在衍射仪安装管子的时候，需检查所使用的 X 射线出射窗是否为线焦点方向（管子上有标记）。此外，还应选择使用适当的掠射角（要求测角仪或相机相对于靶面平面要有适当的倾斜角）。

3. 测角仪。

　　测角仪是衍射仪上最精密的机械部件，用来精确测量衍射角。图 7.1.8 表示的是卧式测角仪的光路系统，扫描圆平行于水平面；立式测角仪的光路与此类似，不同的是其扫描圆垂直于水平面。X 射线源使用线焦点光源，线焦点与测角仪轴平行。测角仪的中央是样品台，样品台上有一个作为放置样品时使样品平面定位的基准面，用以保证样品平面与样品台转轴重合。样品台与检测器的支臂围绕同一转轴旋转，即图 7.1.8 的 O 轴。

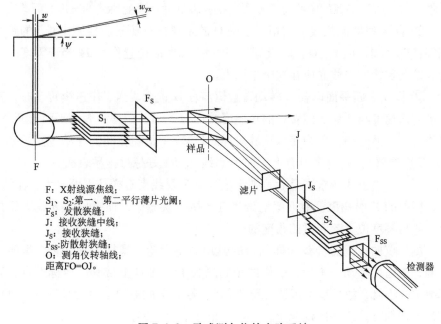

图 7.1.8　卧式测角仪的光路系统

测角仪光路上配有一套狭缝系统。

　　(1) Sollar 狭缝：即图 7.1.8 中的 S_1、S_2，分别设在射线源与样品和样品与检测器之间。Sollar 狭缝是一组平行薄片光阑，实际上是由一组平行等间距的、平面与射线源焦线垂直的金属薄片组成，用来限制 X 射线在测角仪轴向方向的发散，使 X 射线束可以近似地看作仅在扫描圆平面上发散的发散束。普析通用的衍射仪的 Sollar 狭缝的全发射角（2×薄片间距/薄片长度）为 4.5°。小的轴向发散引起的衍射角测量误差较小，峰形畸变也较小，减小轴向发散角有利于获得较佳的峰形、较佳的衍射角分辨率。

　　(2) 发散狭缝：即 F_S，用来限制发散光束的宽度。

　　(3) 接收狭缝：即 J_S，用来限制所接收的衍射光束的宽度。

　　(4) 防散射狭缝：即 F_{SS}，用来防止一些附加散射（如各狭缝光阑边缘的散射，光路上其他金属附件的散射）进入检测器，有助于减低背景。

后三种狭缝都有多种宽度的插片可供使用时选择。滤波片一般设置在样品与接收狭缝之间。

整个光路系统应满足如下要求：

① 发散、接收、防散射等各狭缝的中线、X 射线源焦线以及 Sollar 狭缝的平行薄片的法线等均应与衍射仪轴平行，并且它们的高度的中点以及检测器的窗口中心、样品的中心、滤波片的中心等均应同在衍射仪的扫描平面上。发散、接收、防散射等狭缝的中线位置不因更换狭缝插片（改变狭缝的宽度）而改变。

② 自 X 射线源焦线 F 到衍射仪轴 O 的距离和 O 到接收狭缝中线 J 的距离相等：FO＝OJ，以 F、O、J 三线严格共一平面时的位置作为 2θ 等于零度的位置。发散狭缝的中线亦应在这个平面上。

③ 样品表面平面以轴 O 转动，且恒与轴 O 重合。当 J 作连续转动时，其转动的角速度与样品表面转动的角速度之比为 2：1，以样品表面平面与 F 及 J 严格共一平面时的位置为接收狭缝对样品作 2：1 跟随转动的起始位置（亦称 θ 的零度位置），在这个位置上入射 X 射线光束正好掠过样品表面。

可见，当上述要求满足后，则无论入射 X 射线束对样品表面取为怎样的 θ 角，衍射的 X 射线束都能近似地聚焦进入接收狭缝中，而衍射角 θ 就等于接收狭缝自零度位置起转过的角度的一半。

测角仪的检测器转臂和样品台的驱动采用齿轮、螺杆传动。螺杆每转动一圈，主齿轮转动一个齿，每齿的角间隔为 1°。螺杆上带有一游标度盘，游标分 100 小格，故角度可以读准至 0.01°。测角仪 θ 或 2θ 分度的准确度，可以用标准多面柱体或经纬仪标定，可校正角度至<1′~2′。

④ X 射线强度测量记录系统。普析通用的 X 射线粉末衍射仪的 X 射线强度测量系统配用 NaI 闪烁检测器，以及由放大器、脉冲幅度分析器、计数率表等单元电路组成。

实验内容与步骤

1. 开机过程。

（1）开机前准备，打开冷却循环水电源。

① 设备开机前必须接通冷却水并检查冷却水流量（≥3.5 L/min），设备背面板上有压力表，用于显示和检查冷却水入口和出口压力。

② 当水流量检测装置或温控装置不能接通时，嗡鸣器响，高压不能开启（"X 射线开"按键失效）。

③ 可能出现的问题：冷却水流量小，水路有堵塞（如 X 光管水路被堵）。

（2）打开计算机电源。

（3）合上仪器主机总电源。分别打开前级机电源、温控器与照明灯电源、测量系统电源（分别位于机柜左下方插座面板上）。

（4）打开测量系统电源开关。

（5）接通 X 射线发生器电源。

首先按下面板上的"电源通断"开关，此时 X 射线发生器控制系统低压电路接通，面板上的 kV、mA 显示为"00"，总电源灯、水冷正常灯、准备就绪灯亮起。

可能出现的问题有以下几个：

① 总电源灯未亮——检查供电是否正常，高压控制机箱后的 30 A 保险盒（保险管 1、保险管 2 是否熔断）。

② 水冷正常灯未亮并伴有嗡鸣器响——检查水冷是否正常。

③ 准备就绪灯未亮——检查 kV 调节挡是否置于最低挡 15 kV 挡，mA 调节挡是否置于最低挡 6 mA 挡。

（6）开启 X 射线管高压。

注意：开启高压后，X 光管将产生射线，请注意射线防护。

① 若使用计算机调节，请参考（8）中"开启测量软件"的第②部分。

② 若使用手动调节，参照以下步骤：

a. 按下"X 射线开"按键，开启高压电路，开启高压后，观察 kV（高压）、mA（管流）表显示，高压、管流将缓慢升高到 15 kV、6 mA。

注意：在 kV、mA 表显示 15 kV、6 mA 约 30 s 后，才可以调节 kV、mA 挡。如设备长期未用（一周以上）或新更换 X 射线管，这一时间应相应增长（2~5 min）。

b. 将 kV、mA 表逐挡慢慢地调节至指定位置（对 Cu 靶射线管为 36 kV、20 mA）。

注意：kV、mA 应交替地调节，调节速度不宜过快，一般每增加 4 kV、4 mA，应稳定 2 s 后，再继续增加 1~2 挡 kV 及 mA。如设备长期未用（一周以上）或新更换 X 射线管，这一时间要增长（新 X 光管在第一次加高压时，应采用射线管老化步骤，每加一挡 kV 应稳定 3~5 min）。

（7）放置样品。

根据样品制作规范，制好样品，将其插入样品台。

（8）开启测量软件。

① 点击 LJ51 图标开始测量。LJ51 启动后，测角仪将自动执行一次"校读"，2θ 自动转到 10°，θ 自动转到 5°附近位置。计算机"校读"完成后，应检查测角仪刻度盘刻线所指示位置是否正确。

② X 射线管电压电流控制窗体自动弹出，选择好所需的工作高压和管流，然后点击"X 射线开"按钮，等待仪器自动升至工作高压和管流位置。

③ 利用叠扫菜单采集衍射图数据。

2. 关机过程。

(1) 关闭 X 射线高压电源。

① 关闭高压电源时，应首先将 kV、mA 挡交替地降至最低挡（15 kV、6 mA），按下"X 射线关"按键，关闭高压。

注意：kV、mA 应交替地向下调节，调节速度不应过快，一般每减少4 kV、4 mA，应稳定几秒钟后，再继续减少 1~2 挡 kV 及 mA。

② 关闭高压后，关断"电源通断"开关。

(2) 关闭测量系统。

应首先关闭测量系统检测器高压开关，然后关断测量系统电源开关。

(3) 关断前级控制机电源开关。

注意：在关闭前级控制机电源开关前，应首先退出 LJ51 程序。

(4) 在关闭高压 5 min 后，关闭 X 射线管冷却循环水。

数据处理

1. 测试完毕后，可将样品测试数据存入磁盘供随时调出处理。

2. 原始数据需经过曲线平滑、Ka2 扣除、谱峰寻找等数据处理步骤。

3. 最后打印出待分析试样衍射曲线和 d 值、2θ、强度、衍射峰宽等数据供分析鉴定。

实验报告及要求

1. 实验课前必须预习实验讲义和教材，掌握实验原理等必需知识。

2. 根据教师给定实验样品，设计实验方案，选择样品制备方法、仪器条件参数等。

3. 要求用设计性实验报告用纸写出实验原理，实验方案步骤（包括样品制备、实验参数选择、测试、数据处理等），选择定性分析方法，物相鉴定结果分析等。

4. 鉴定结果要求写出样品名称（中英文）、卡片号，实验数据和标准数据三强线的 d 值、相对强度及 (h, k, l)，并进行简单误差分析。

注意事项

X 射线对人体组织能造成伤害。人体受 X 射线辐射损伤的程度，与受辐射的量（强度和面积）和部位有关，眼睛和头部较易受伤害。

　　衍射分析用的 X 射线（属"软"X 射线）比医用 X 射线（属"硬"X 射线）的波长长、穿透弱、吸收强，故危害更大。所以，每个实验人员都必须注意对 X 射线的防护。人体受超剂量的 X 射线照射，轻则烧伤，重则造成放射病乃至死亡。因此，一定要避免受到直射 X 射线束的直接照射，对散射线也需加以防护，也就是说，在仪器工作时对其初级 X 射线（直射线束）和次级 X 射线（散射 X 射线）都要警惕。前者是从 X 射线焦点发出的直射 X 射线，强度高，它通常只存在于 X 射线分析装置中限定的方向中。散射 X 射线的强度虽然比直射 X 射线的强度小几个数量级，但在直射 X 射线行程附近的空间都会有散射 X 射线，所以直射 X 射线束的光路必须用重金属板完全屏蔽起来，即使小于 1 mm 的小缝隙，也会有 X 射线漏出。

　　防护 X 射线可以用各种铅的或含铅的制品（如铅板、铅玻璃、铅橡胶板等）或含重金属元素的制品，如含高量锡的防辐射有机玻璃等。

思考题

1. 简述 X 射线衍射分析的特点和应用。
2. 简述 X 射线衍射仪的结构和工作原理。
3. 粉末样品制备有几种方法？应注意什么问题？
4. 如何选择 X 射线管及管电压和管电流？
5. X 射线谱图分析鉴定应注意什么问题？

参考文献

［1］胡林彦，张庆军，沈毅. X 射线衍射分析的实验方法及其应用［J］. 河北理工学院工学院学报，2004，26（3）：83-86.

［2］杨于兴，等. X 射线衍射分析［M］. 上海：上海交通大学出版社，1989.

［3］吴旻. X 射线衍射及应用［J］. 沈阳大学学报（自然科学版），1995（4）：7-12.

（汪剑波）

八、声学实验

实验 8.1　音频信号检测

实验目的

1. 了解音频信号频率检测原理。
2. 掌握音频信号的频率以及衰减系数。

实验原理

1. 音频信号特性检测系统原理。

本实验所对应的音频信号检测系统结构框图如图 8.1.1 所示。

图 8.1.1　音频信号检测系统结构框图

检测系统性能参数包括以下几个：

测量频率范围：3.0~15 kHz（声音信号范围）；

电源：±15 V，+5 V；

工作电流：0.5 A；

显示刷新率：1 次/s。

2. 音频能量衰减参数的测量。

音频信号采样保持电路将放大后的音频波形中电压转变为数字信号，并记录下来，单位时间内电压下降的幅度即表征了衰减量的大小。通过信号发生器，产生不同的信号源，如正弦波、矩形波以及三角形波，然后将信号发生器的发出信号输送到放大器中，通过放大器再接入到接收探测器中。通过接收探测器，观察通过放大器后音频信号的频率以及振幅，并将其与信号发生器中的频率与振幅进行比较，观察通过放大器后信号的变化。

实验仪器

示波器、信号发生器、放大器等。

实验内容与步骤

1. 连接信号发生器、放大器以及示波器设备。

2. 调整信号发生器的信号，观察信号分别为正弦波、矩形波以及三角形波时通过放大器后波形的变化。

3. 利用示波器探测信号发生器发出信号的频率以及振幅，同时观察通过放大器后信号的频率以及振幅。

4. 通过实验数据（填入表 8.1.1 中）最终得到放大器对音频信号衰减（或放大）系数。

表 8.1.1　实验数据表

次数	信号发生器频率	信号发生器振幅	示波器 1 频率	示波器 1 振幅	示波器 2 频率	示波器 2 振幅
1						
2						
3						
4						
5						

思考题

衰减系数受哪些因素的影响？

参考文献

陈启兴. 通信电子线路 ［M］. 第 2 版. 北京：清华大学出版社，2013.

（王晓茜）

实验 8.2　超声光栅测量声波在液体中的速度

引言

1922 年布里渊（L. Brillouin）首次提出声波对光会产生衍射效应，这一假说在十年后得到了证实。近年来，随着激光技术的发展，声光相互作用又重新引起了人们的注意，已成为控制光的强度、传播方向等的实用方法之一，并得到日益广泛的应用。

实验目的

1. 了解液体中声波传播规律。
2. 利用超声驻波自身像法和二次干涉法测量液体中的声速。

实验原理

1. 液体中声波传播规律。

在液体中传播的超声波是一种纵向机械应力波，它是以液体密度呈周期变化来进行传播的。设液体静止时的密度为 δ_0，则当有超声波在液体中传播时，液体密度为

$$\delta = \delta_0 + \Delta\delta \tag{8.2.1}$$

式中，$\Delta\delta$ 是超声波引起的液体密度变化。若超声波以平面波的形式沿 x 轴正方向传播，则

$$\Delta\delta = \Delta\delta_m \times \sin\left(\frac{2\pi t}{T_s} - \frac{2\pi x}{\lambda_s}\right) \tag{8.2.2}$$

式中，$\Delta\delta_m$ 为液体密度变化最大值，T_s 为超声波的周期，λ_s 为超声波的波长。

图 8.2.1 给出了超声波行波在液体中传播某一瞬间的情形。如果在超声波前进方向上垂直地设置一个反射器，当调节它与波源间的距离使其为半波长的整数倍，即 $l = K \times \lambda/2$ 时，则可形成超声驻波。设前进波和反射波的传播方程分别为

$$\left. \begin{array}{l} \Delta\delta_1 = \Delta\delta_m \times \sin\left(\dfrac{2\pi t}{T_s} - \dfrac{2\pi x}{\lambda_s}\right) \\[3mm] \Delta\delta_2 = \Delta\delta_m \times \sin\left(\dfrac{2\pi t}{T_s} + \dfrac{2\pi x}{\lambda_s}\right) \end{array} \right\} \tag{8.2.3}$$

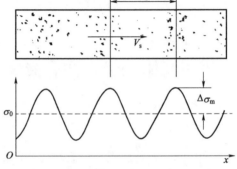

图 8.2.1　液体中超声波导致密度变化

二者叠加 $\Delta\delta = \Delta\delta_1 + \Delta\delta_2$ 得

$$\Delta\delta = 2\Delta\delta_{\mathrm{m}}\cos\left(\frac{2\pi x}{\lambda_{\mathrm{s}}}\right)\sin\left(\frac{2\pi t}{T_{\mathrm{s}}}\right) \tag{8.2.4}$$

式（8.2.4）说明叠加的结果产生了一个新的声波：振幅为 $2\Delta\delta_{\mathrm{m}}\cos\left(\dfrac{2\pi x}{\lambda_{\mathrm{s}}}\right)$ ，即在 x 方向上各点振幅是不同的，呈周期性变化，波长为 λ_{s}（即原来的声波波长），但不随时间变化；位相 $\dfrac{2\pi t}{T_{\mathrm{s}}}$ 是时间的函数，但不随空间变化，这就是超声驻波。由于液体的折射率与密度直接相关，因此液体密度的周期性变化，必然导致其折射率也呈周期性变化。计算表明，当在液体中形成超声驻波时，相应的折射率可表示为

$$n = n_0 + \Delta\delta = n_0 + \Delta n_{\mathrm{m}}\cos\left(\frac{2\pi x}{\lambda_{\mathrm{s}}}\right)\sin\left(\frac{2\pi t}{T_{\mathrm{s}}}\right) \tag{8.2.5}$$

式中，Δn_{m} 为超声波引起的折射率最大变化值，其他符号意义如前。相应的图像表示在图 8.2.2 中。

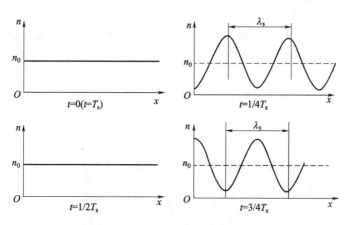

图 8.2.2　液体中超声驻波场导致密度变化

在光学上，任何装置只要它给入射光的相位和振幅加上一个周期性的空间调制都可以成为光栅，所以液体中的声波场使液体具有了光栅的性质，我们称其为超声光栅，其光栅常数等于超声波波长。考虑到光在液体中传播的速度约为 3×10^8 m/s，远大于超声波在液体中的传播速度 10^3 m/s，所以，可以认为光在通过液体的瞬间超声波所形成的超声光栅结构并没有发生变化。因此，超声光栅与一维光栅有着相似的作用，即光栅常数越小（超声波频率越高），其衍射作用越明显。当超声频率比较低时（如超声波频率在 2 MHz 左右时，液体中形成的超声光栅的光栅常数约为 1 mm），光的衍射效果可以忽

略，显现出的是光的直线传播效果，只能显示出光栅自身的影像，即超声驻波的像。

2. 超声驻波自身像法测量液体中声速。

按图 8.2.3 布置光路。从图 8.2.2 可以看出当 $t=0$ 时，液槽中液体折射率 n 为常数，光束均匀照射屏幕；当 $t=1/4T_s$ 时，液槽中液体折射率 n 呈周期性变化，使液槽的液体中好像分布着一排排条形"透镜"，每排间距为 λ_s。"透镜"有聚光作用，因此每条"透镜"都产生一条明条纹，则在屏上形成如图 8.2.4 中实线所示条纹分布，其中，每两条条纹的间距对应着液槽中的 λ_s。当 $t=1/2T_s$ 时，光均匀照射屏幕。当 $t=3/4T_s$ 时，由于每条"透镜"的位置与 $t=1/4T_s$ 的位置正好错开 $\lambda_s/2$，所以形成图 8.2.4 中虚线所示条纹分布。当 $t=T_s$ 时，开始第二个周期。由于 T_s 很短（微秒级），人眼不能分辨上述变化，只能看到由图 8.2.4 中实线和虚线共同组成的等间距的水平条纹，其中每条条纹的间距对应着液槽中的 $\lambda_s/2$，移动超声液槽则屏上条纹也相应地移动。若测出屏上条纹移动 N 条时液槽的移动量 Δy，则

$$\lambda_s = \frac{2\Delta y}{N}$$

如果超声波频率 ν_s 已知，则超声波在该液体中的传播速度可以求出，即

$$v_s = \lambda_s \times \nu_s$$

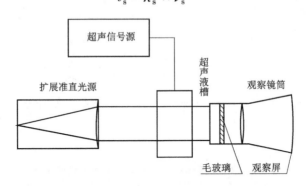

图 8.2.3　超声驻波自身像法测量液体中声速装置图

3. 二次干涉法测量液体中的声速。

二次干涉法测量液体中声速的装置如图 8.2.5 所示，由可以产生直径约 20 mm 的扩展平行激光系统、可调反射板、成像透镜与光屏组成。二次干涉法测量时，是把激光光束透过驻波产生的超声光栅作为物，利用成像透镜把这个物（超声光栅）的像显示在光屏上的方法来测量超声波驻波场的波长。由阿贝成像

图 8.2.4　超声驻波自身像法产生的条纹分布图

原理可知，光屏上看到的明暗条纹，是由透镜焦平面上超声光栅的傅里叶频谱作为子光源再组合（二次干涉）而成。此时，可以假设透镜焦距为 f，焦平面到光屏的距离为 L，光屏上的条纹间距为 p，则

$$\lambda_s = 2fp/L$$

$$v_s = \lambda_s \times \nu_s$$

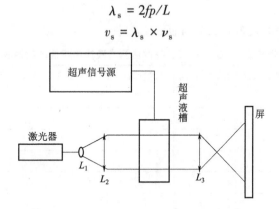

图 8.2.5　二次干涉法测量液体中声速装置图

本实验中，由于光屏处无法精确测量条纹间距，所以，采用精确移动超声液槽来改变屏上条纹的位置，故实验中需要测量的数据与自身像法相同。

实验仪器

本实验使用长春第一光学仪器厂生产的 CGS 型超声光栅声速仪。仪器由超声波液槽、激光扩展平行光源、扩展准直光源、超声波信号发生器、光学导轨等构成。

仪器中所使用的超声波信号发生器输出信号频率为 $\nu_s = 1\,710\,\text{kHz}$，频率稳定度在 10^{-5} 量级。仪器中提供的测微装置，精度为 $0.001\,\text{mm}$，量程为 $100\,\text{mm}$。

实验内容与步骤

1. 超声驻波自身像法测量液体中声速。

（1）使用扩展准直光源调节光路，使光源、超声液槽中超声光栅、观察镜筒在同一直线上，可以在观察镜筒中清晰观察到超声光栅的条纹图像。

（2）调节超声液槽下方的微动鼓轮，使观察镜筒中某一根条纹像移动到观察镜筒中的差丝原点，记录此时微动鼓轮的读数。调节微动鼓轮，使差丝原点移动到下个条纹并记录鼓轮读数。按照上述规律依次测量出数据表中的各个条纹的读数。

（3）根据读数求得声速。

2. 二次干涉法测量液体中声速。

去掉观察镜筒和扩展准直光源，换上激光扩展平行光源和光屏。实验具体步骤与上述相同。

实验数据

将实验数据填入表 8.2.1 与表 8.2.2 中。

表 8.2.1　超声驻波自身像法测量液体中声速的数据表

条纹数 Y_i	鼓轮读数/mm	条纹数 $Y_{i\pm40}$	鼓轮读数/mm	计算距离 $\Delta y = Y_i - Y_{i\pm40}$	驻波波长/mm
1		41			
2		42			
3		43			
4		44			
5		45			
6		46			
7		47			
8		48			
超声波长 $\lambda_s = \dfrac{2\Delta y}{N}$ 超声频率为 $\nu_s = 1\,710\ \mathrm{kHz}$ 声速 $v_s = \overline{\lambda}_s \times \nu_s$			波长平均值 $\overline{\lambda}_s$		

表 8.2.2　二次干涉法测量液体中声速的数据表

条纹数 Y_i	鼓轮读数/mm	条纹数 $Y_{i\pm40}$	鼓轮读数/mm	计算距离 $\Delta y = Y_i - Y_{i\pm40}$	驻波波长/mm
1		41			
2		42			
3		43			
4		44			
5		45			
6		46			
7		47			
8		48			
超声波长 $\lambda_s = \dfrac{2\Delta y}{N}$ 超声频率为 $\nu_s = 1\,710\ \mathrm{kHz}$ 声速 $v_s = \overline{\lambda}_s \times \nu_s$			波长平均值 $\overline{\lambda}_s$		

思考题

1. 误差产生的原因？
2. 是否可用白炽灯作光源？为什么？

参考文献

［1］廖延彪. 光学原理与应用［M］. 北京：电子工业出版社，2006.

［2］谢莉莎. 超声光栅实验原理及衍射条纹特点［J］. 广西物理，2006，27（1）：49-50.

［3］唐煜. 超声光栅衍射测量液体中声速的研究［J］. 江苏技术师范学院学报，2005，11（6）：12-16.

（王晓茜）

九、凝聚态物理实验

实验 9.1　居里点的测定

实验目的

1. 通过实验观察感应电动势随温度升高而下降的现象，初步了解铁磁材料在居里温度点（以下简称居里点）由铁磁性变为顺磁性的微观机理。

2. 学会利用示波器观测铁磁材料的磁滞回线，并用感应电动势法测定磁性材料的曲线 $\varepsilon \sim T$，并求出其居里点。

实验原理与装置

1. 基本原理。

铁磁物质的磁性主要来源于电子的自旋磁矩。在没有外磁场的情况下，铁磁物质中相邻原子的电子自旋磁矩平行排列，形成一个个自发磁化达到饱和状态的区域，称为磁畴。磁畴的几何线度可以从微米量级到毫米量级，形状一般并不规则，在不同材料或同一材料的不同区域有很大的差别。

在没有外磁场作用时，不同磁畴的自发磁化方向各不相同，如图 9.1.1 所示，因此，对整个铁磁物质来说，任何宏观区域的平均磁矩为零，铁磁物质不显示磁性。当有外磁场作用时，不同磁畴的磁矩方向趋于外磁场的方向，宏观区域的平均磁矩不再为零，这时铁磁物质显示出宏观的磁性，这一过程通常称为技术磁化。宏观区域的平均磁矩随着外磁场的增大而增大，当外磁场增大到一定值时，所有磁畴的磁矩沿外磁场方向整齐排列，如图 9.1.2 所示，任何宏观区域的平均磁矩达到最大值，这时铁磁材料的磁化就达到了饱和。由于在每个磁畴中电子自旋磁矩已完全整齐排列起来，所以铁磁物质的磁性要比顺磁物质的磁性强得多，其磁导率 μ 远远大于顺磁材料的磁导率。由于铁磁材料里的掺杂和内应力在外磁场去掉后阻碍着磁畴恢复到原来的退磁状态，因此在外加的交变磁场的作用下将产生磁滞现象。磁滞回线就是磁滞现象的直观表现。

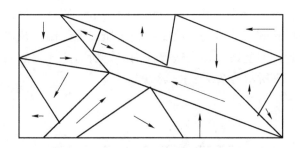

图 9.1.1　无外磁场时磁畴自发磁化方向

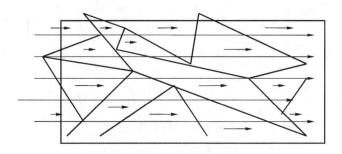

图 9.1.2　恒定磁场下磁畴磁化方向

由上述铁磁性的微观机理可以看出，物质的铁磁性与磁畴结构是分不开的，随着铁磁物质温度的升高，金属晶格热运动的加剧会影响磁畴磁矩的有序排列，但在未达到一定温度时，热运动不足以破坏磁畴磁矩基本的平行排列，此时任何宏观区域的平均磁矩仍不为零，物质仍具有铁磁性，只是平均磁矩随温度的升高而减小。当与 kT（k 为玻尔兹曼常数）成正比的热运动能量大到足以破坏磁畴内各原子的电子自旋磁矩的整齐排列时，磁畴被瓦解，这时与磁畴联系的一系列铁磁性质全部消失，铁磁物质便转变为顺磁物质，相应的铁磁物质的磁导率转化为顺磁物质的磁导率，并且磁滞现象消失，物质这一磁性转变温度称为居里点。

测量铁磁材料的居里点的方法有很多，例如磁称法、感应法、电桥法和差值补偿法等。它们都是利用铁磁物质磁矩随温度变化的特性，测量自发磁化消失时的温度。本实验采用感应法测量感应电动势随温度变化的规律，从而得到居里点 T_C。实验采用居里点测试仪，通过观察示波器上显示的磁滞回线的存在与否来定性观察这一转变过程，同时通过作感应电压（对应于磁导率）–温度曲线图来定量测量铁磁物质的这一转变温度。

2. 测量原理与装置。

由居里温度点的定义知道，铁磁物质的居里点的测量装置应该具备四个功能：提供使样品磁化的磁场，改变铁磁物质温度的温控装置，判断铁磁性是否存在的装置，测量铁磁物质铁磁性消失时所对应温度的测量装置。以上功能是由图 9.1.3 所示的系统装置实现的。

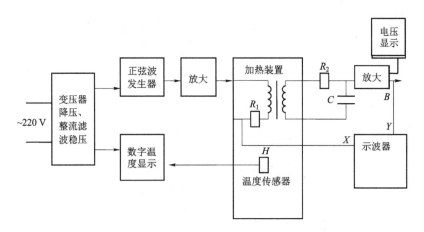

图 9.1.3 系统装置示意图

给绕在待测铁磁样品上的线圈 L_1 同一交变电流，如图 9.1.4 所示，产生一交变磁场 H，使铁磁样品往复磁化，铁磁样品中的磁感应强度 B 与磁场强度 H 的关系 $B = f(H)$ 为磁滞回线，如图 9.1.5 所示，其中 H_c 为矫顽场，B_r 为剩磁。

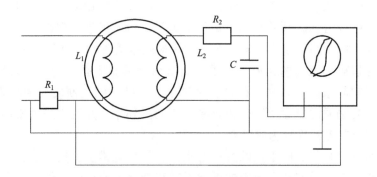

图 9.1.4 实验系统电路示意图

由于 H 正比于通入 L_1 的激磁电流 i，因此可以用 i 的信号来代表 H，为此在激励电路中串接一个采样电阻 R_1，将其两端的电压信号 U_{R1} 送入示波器的 X 轴输入以表示 H。B 是通过副线圈 L_2 中由于磁通量变化产生的感应电动势来

测定的，其感应电动势为

$$\varepsilon = - N_2 \frac{\mathrm{d}\phi}{\mathrm{d}t} = - N_2 S \frac{\mathrm{d}B}{\mathrm{d}t}$$

式中，S 为线圈的截面积，N_2 为次级线圈匝数。

将上式积分，得

$$B = \frac{1}{N_2 S} \int \varepsilon \mathrm{d}t$$

由此可见，铁磁样品的磁感应强度与副线圈 L_2 上的感应电动势的积分成正比，为此将 L_2 上的感应电动势经过 R_2C 积分电

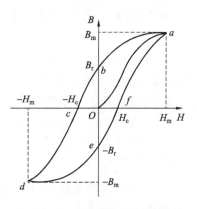

图 9.1.5　磁滞回线示意图

路，从积分电容 C 上取出 B 值，并加以放大处理后送至示波器的 Y 轴输入，这样在示波器上就得到了铁磁样品的磁滞回线。当铁磁样品被加热到一定温度时，示波器上的磁滞回线即行消失，对应于磁滞回线刚好消失时铁磁样品的温度即为铁磁样品的居里点 T_C。

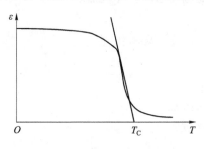

图 9.1.6　样品 $\varepsilon \sim T$ 关系示意图

我们可以通过测出 $\varepsilon \sim T$ 曲线来确定居里点 T_C。在 $\varepsilon \sim T$ 曲线斜率最大处作切线，与横坐标轴相交处即为居里温度 T_C，如图 9.1.6 所示。这时因为当温度处在居里点时，铁磁材料发生相变，磁性才发生突变，所以要在斜率最大处作切线。

实验内容与步骤

1. 用实验连接线将"电热丝"与"加热输出"相连，"温度传感器"与"温度传感器输入"相连。居里点测定仪面板上 X 轴、Y 轴分别与示波器的 X 轴、Y 轴用两根专用屏蔽线相连，插好样品。

2. 打开示波器及实验仪器的电源开关，将示波器打在 X-Y 功能上，调出磁滞回线，调节示波器的放大倍数到适中，同时转动"激磁电源调节"和"X 轴调节"旋钮使样品的磁滞回线达到最佳。

3. 顺时针转动"加热控制"旋钮，指示灯亮，电阻丝开始加热。加热速度的快慢看指示灯闪烁的快慢或温度显示数字上升的快慢。

4. 温度 T 每升高 5 ℃记下对应的感应电动势 ε 值，直到示波器上的磁滞回线消失或者电压显示到 10 mV 时停止加热，让其自然冷却。由于样品有

温度滞后效应，所以，加热的快慢对居里点 T_C 的测量会略有差异。注意在 $\varepsilon \sim T$ 曲线突降阶段需按每升高 1 ℃作一次电压的记录。

5. 在坐标纸上以温度 T 为横坐标轴，感应电动势为纵坐标轴作出曲线，在斜率最大处作切线，求出样品的居里点。

6. 换其他样品，步骤同上。

7. 实验完毕后，关闭电源，拆去各连接线。

注意事项

1. 转动"加热控制"与"激磁电源调节"旋钮时不要过猛，以免对仪器造成损坏。

2. 不要频繁调节"加热控制"与"激磁电源调节"旋钮，以免缩短其使用寿命。

3. 实验结束后一定要停止加热，以免温度过高损坏仪器。

4. 实验进行中要保持仪器清洁。

5. 加热装置的两端是电阻丝的两端，注意不要碰机壳。

思考题

1. 列举出测量磁性材料居里点的几种方法。

2. 对样品加热时为什么要控制升温速度？

3. 此实验的意义有哪些？

参考文献

[1] 吕斯骅. 基础物理实验 [M]. 北京：北京大学出版社，2002.

[2] 赵凯华，陈熙谋. 电磁学 [M]. 北京：高等教育出版社，1984.

（王大伟）

实验 9.2　磁电阻效应测量

实验目的

1. 了解正常磁电阻效应、各向异性磁电阻效应、巨磁电阻效应、隧道磁电阻效应和超大磁电阻效应的基本知识。

2. 掌握室温下磁电阻的测量方法。

实验原理

1. 磁电阻。

早在 1856 年就已发现有些材料的电阻率在外磁场的作用下会发生变化，这种物理现象就是磁电阻效应。通常将磁场引起的电阻率变化写成 $\Delta\rho = \rho_{(H)} - \rho_{(0)}$ ，其中 $\rho_{(H)}$ 和 $\rho_{(0)}$ 分别表示在磁场 H 中和无磁场时的电阻率。磁电阻的大小常表示为

$$MR = \frac{\Delta\rho}{\rho} \times 100\%$$

其中，ρ 可以是 $\rho_{(0)}$ 或 $\rho_{(H)}$ ，MR 是 magneto-resistivity 的缩写。根据材料和机理的不同，磁电阻分为以下几种。

（1）正常磁电阻（Ordinary MR（OMR））。

正常磁电阻是指传统的磁电阻效应中的磁电阻。在这种传统的磁电阻效应中，材料的电阻随着磁场的增加而增加。在低磁场条件下的 OMR 近似与磁场成正比，但一般数值很小，如大多数非磁性导体的 OMR 约为 $10^{-5}\%$。

（2）各向异性磁电阻（Anisotropic MR（AMR））。

在一些磁性金属和合金中，电阻与技术磁化相对应，即与从退磁状态到趋于磁饱和的过程相应的电阻变化，电阻既依赖于外加磁场的方向，也依赖于材料中电流的方向，这种现象称为各向异性磁电阻效应，此时的磁电阻就称为各向异性磁电阻（AMR）。通常取外磁场方向与电流方向平行和垂直两种情况来测量 AMR。令平行于磁场方向的电阻率为 ρ_P，垂直于磁场方向的电阻率为 $\rho_\perp$，理想退磁状态下的电阻率为 ρ_0，则 AMR 定义为

$$AMR = \frac{\rho_P - \rho_\perp}{\rho_0}$$

图 9.2.1 是 $Ni_{81}Fe_{19}$ 薄膜的磁电阻曲线，很明显 $\rho_P > \rho_{(0)}$，$\rho_\perp < \rho_{(0)}$，各向异性明显。AMR 一般较小（如磁性导体的 AMR 最大为 3%~5%），但由于它的饱和磁场比较小（$Hs \sim 10 Oe$），则磁场灵敏度（$S = \frac{MR}{\Delta H}$）很高，在读出磁头以及传感器中有广泛应用。

（3）巨磁电阻（Giant MR（GMR））。

1988 年，在分子束外延制备的 Fe/Cr 多层膜中首次发现其磁电阻低温下可达 50%（并且在薄膜平面上，磁电阻是各向同性的），远大于 AMR，故称为巨磁电阻，这种具有巨磁电阻的现象称为巨磁电阻效应。90 年代，人们又在 Fe/Cu、Fe/Al、Fe/Ag、Fe/Au、Co/Cu、Co/Ag 和 Co/Au 等纳米多层膜中观察到了显著的巨磁电阻效应。Co/Au 多层膜在室温下的磁电阻可达 60%~80%。

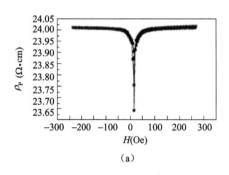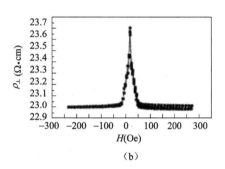

图 9.2.1　$Ni_{81}Fe_{19}$薄膜的磁电阻曲线

（a）电流方向与磁场方向平行；（b）电流方向与磁场方向垂直

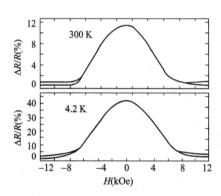

图 9.2.2　Fe/Cr 多层膜的巨磁电阻曲线

图 9.2.2 为 Fe/Cr 多层膜的巨磁电阻曲线。由图可见 Fe/Cr 多层膜室温下的巨磁电阻约为 11.3%，4.2 K 时约为 42.7%。图中高磁场部分的双线分别对应于 $(GMR)_P$ 和 $(GMR)_\perp$，其差值为 AMR 的贡献。该多层膜 AMR 的贡献在 300 K 和 4.2 K 下分别为 0.35% 和 2.1%，分别为其 GMR 的 1/30 和 1/20。

巨磁电阻效应主要是指金属多层膜和金属颗粒膜中的巨磁电阻现象，这种巨磁电阻的特点如下：

1）数值比 AMR 大得多。

2）基本上是各向同性的。

3）多层膜的巨磁电阻按传统定义：$GMR = \dfrac{\rho_{(H)} - \rho_{(0)}}{\rho_{(0)}} \times 100\%$ 是负值；常

采用另一种定义：$GMR = \dfrac{\rho_{(0)} - \rho_{(H)}}{\rho_{(0)}} \times 100\%$，用此定义则其数值为正。

4）在铁磁金属薄膜（简称磁层）和弱磁（或非磁性）金属薄膜（简称非磁层）交替生长的金属多层膜结构中，磁层内的磁化矢量分布于膜面内，不同磁层的磁矩通过层间的 RKKY 交换作用，层间的反铁磁耦合作用越强，饱和磁化所需要的磁化场越高，因此通常用饱和磁化场 H_S 来衡量层间反铁磁耦合作用的强弱。并且这种反铁磁耦合强度随非磁层厚度的增加而振荡衰减，同时磁电阻与非磁层厚度的增加也呈一种振荡衰减的规律，如

图 9.2.3 所示。

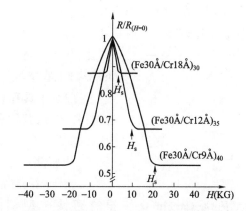

图 9.2.3　Fe/Cr 多层膜的 $R_{(H)}/R_{(0)}$ 与磁场的关系 （$T=4.2$ K）

$N=30$，35，60 代表（Fe/Cr）层数

5）不是所有多层膜都有大的磁电阻，有的很小，甚至只观察到 AMR，如 Fe/V 多层膜。

（4）隧道磁电阻（Tunneling MR（TMR））。

当用绝缘层（金属氧化物）代替金属多层膜中的非磁层（或弱磁层）时，也存在与 GMR 相似的近邻磁层间的反铁磁耦合和磁电阻。在这里，电子是靠隧道效应穿过绝缘层的，所以称此时的磁电阻为隧道磁电阻（TMR），具有 TMR 的现象称为隧道磁电阻效应。1994 年，人们发现 $Fe/Al_2O_3/Fe$ 隧道结在 4.2 K 的 TMR 为 30%，室温达 18%。之后在其他一些铁磁层/非铁磁层/铁磁层隧道结中亦观察到了大的磁电阻效应，目前磁电阻在室温下达 24% 的 TMR 材料已经制成。TMR 效应的饱和磁场非常低，所以磁场灵敏度 S 很高，其灵敏度比普通 MR 效应的磁场灵敏度高 10 倍，比 GMR 效应的磁场灵敏度高数倍；磁隧道结这种结构能耗小，性能稳定，所以在磁性随机存储器方面具有很好的应用前景。

（5）超大磁电阻（Colossal MR（CMR））。

1970 年首先在单晶 $La_{0.69}Pb_{0.31}MnO_3$ 中发现了 20% 的磁电阻，20 世纪 90 年代后期，人们在掺碱土金属稀土锰氧化物中发现其磁电阻可达 $10^3\%\sim10^6\%$，比前面几种磁电阻大很多，称之为超大磁电阻（CMR），具有 CMR 的现象称为超大磁电阻效应。

CMR 的特点是：

1）各向同性。

2）负的磁电阻特性，即磁场增大，电阻率降低。

3）随着温度的变化，磁电阻存在极值，并且极值对应的温度多数低于室温。这一特性与金属多层膜的磁电阻有着本质的差别。

4）CMR 的饱和磁场比较高，一般是几个特斯拉。

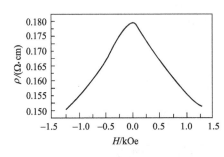

图 9.2.4 一种掺银的 La-Ca-Mn-O 样品在室温下的 CMR 曲线

图 9.2.4 是一种掺银的 La-Ca-Mn-O 样品在室温下的 CMR 曲线。

目前对于具有 CMR 效应的锰氧化物材料，降低其饱和磁场是将其推向应用的前提。

2. 电阻测量方法。

实验所用的样品是形状规则的掺银的钙钛矿型锰氧化物，成分为 $(La_{0.8}K_{0.2})_{0.9}MnO_3$，是块状的多晶材料，是各向同性的。本实验用共线的四探针法测量电阻。

实验装置

本实验装置主要由电磁铁、四探针样品架、数字毫特斯拉计、大功率恒流磁场电源、精密恒流电源和数字电压表等组成。

其主要技术指标如下：

1. 精密恒流电源：0~10 mA 可调，三位半数字显示，分辨率为 10 μA，稳定度为 0.5%，可换向。

2. 数字电压表：测量范围 0~20 mV，四位半数字显示，分辨率为 1 μV，精度为 1%。

3. 磁场电源：0~6 A 可调，三位半数字显示，稳定度为 0.5%，可换向。

4. 数字毫特斯拉计：测量范围 0~2 000 mT，四位半数字显示，分辨率为 0.1 mT，精度为 1%。

实验内容和步骤

1. 打开实验仪器和数字特斯拉计，数字表头亮。

2. 将样品杆拿出电磁铁气隙，调节数字毫特斯拉计的"调零"旋钮至表头指示为零（因磁铁有剩磁，不能在电磁铁气隙中调零）。

3. 将样品杆推回电磁铁气隙。

4. 调整精密恒流源输出，使测量电流（流过样品的电流）为 1 mA、2 mA、5 mA、10 mA（为便于计算，一般选取整数）。

5. 将磁场电源换向开关拨至"反向"，调节电流至最大值，记录此时的磁场值、恒流电源值和数字电压表值。

6. 改变磁场电流，测量磁场强度选一整数，测得数据。

7. 调节磁场大小，逐点记录恒流源输出电流值、数字毫特斯拉计显示的磁场值、数字电压表显示的电压值。

8. 当磁场调至最小值后，磁场电源换向开关拨至"正向"，仔细调节磁场电流使数字特斯拉计表头显示为零（$H=0$），此时的电压值即为零磁场的电压值。

9. 继续增大磁场，测量对应的磁场 H 及电压 V 的值（磁场大小每隔 20 mT 或 50 mT 或 100 mT 记录一组 H 和 V 值）。

10. 根据记录的数据计算与 H 对应的 $R_{(H)}$ 值。

11. 计算对应的 MR 值。

12. 画出以 H 为 X 轴，对应的 $MR = \dfrac{R_{(0)} - R_{(H)}}{R_{(0)}} \times 100\%$ 为 Y 轴的曲线。

思考题

1. 样品夹具采用材料有何要求？

2. 比较不同电流下的 MR~H 曲线，说明电流是如何影响实验结果的。如何更好地选取流过样品的测量电流的大小？

3. 测量中如何减小热效应对测量的影响？

4. 按前述步骤手动测出的磁电阻曲线与自动测出的磁电阻曲线有何异同？为什么？

参考文献

［1］沙振舜，黄润生. 新编近代物理实验［M］. 南京：南京大学出版社，2002.

［2］王魁香，韩炜，杜晓波. 新编近代物理实验［Z］. 长春：吉林大学实验教学中心，2007.

［3］冯端，金国钧. 凝聚态物理学［M］（上卷）. 北京：高等教育出版社，2002.

（冯玉玲）

实验 9.3 高温超导材料基本特性测试和 低温温度计的比对

实验目的

1. 了解超导材料的两个基本特性——零电阻和完全抗磁性。
2. 掌握测量超导材料的临界温度的方法以及做磁悬浮实验的方法。
3. 掌握低温温度计的比对和使用方法，以及低温温度控制的方法。

实验原理

1. 零电阻现象。

1911 年，卡麦林·昂纳斯（H. Kamerlingh Onnes，1853—1926）用液氦冷却水银线并通以几毫安的电流，在测量其端电压时发现，当温度稍低于液氦的正常沸点时，水银线的电阻突然跌落到零，这就是所谓的零电阻现象或超导电现象。通常把具有这种超导电性的物体，称为超导体；而把超导体电阻突然变为零的温度，称为超导转变温度。

如果维持外磁场、电流和应力等在足够低的值，则样品在此外部条件下的超导转变温度，用 T_c 表示。在一般的实验测量中，地磁场并没有被屏蔽，样品中通过的电流也并不太小，而且超导转变往往发生在并不很窄的温度范围内，因此通常引进起始转变温度 $T_{c,onset}$，零电阻温度 T_{co} 和超导转变（中点）温度 T_{cm} 等来描述高温超导体的特性，如图 9.3.1 所示。通常所说的超导转变温度 T_c 是指 T_{co}。

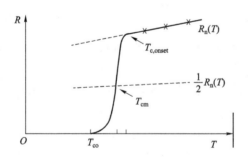

图 9.3.1 超导体的电阻转变曲线

由于数字电压表的灵敏度的迅速提高，用伏安法直接判定零电阻现象已成为实验中的常用方法。然而，为了判断超导态的电阻是否为零，或者说，为了用实验确定超导态电阻的上限，这种方法的精度还不够高。我们知道，当电感 L 一定时，如果 LR 串联回路中的电流衰减得越慢，即回路的时间常量 $\tau = L/R$ 越大，则表明该回路中的电阻 R 越小。实验发现，一旦在超导回路中建立起了电流，则无须外电源就能持续几年仍观测不到衰减，这就是所谓的持续电流。实际上，超导态即使有电阻，其电阻率也必定小于 $10^{-28}\ \Omega \cdot m$。这个值远远小于正常金属迄今所能达到的最低电阻率 $10^{-15}\ \Omega \cdot m$，因此可以认为超导态的电阻率确实为零。

2. 迈斯纳效应。

1933 年，迈斯纳（W. F. Meissner，1882—1974）和奥克森菲尔德（R. Ochsenfeld）把锡和铅样品放在外磁场中冷却到其转变温度以下，测量样品外部的磁场分布，他们发现，不论是在没有外磁场还是有外磁场的情况下使样品从正常态转变为超导态，只要 $T < T_c$，在超导体内部的磁感应强度 B_i 总是等于零，这个效应称为迈斯纳效应，表明超导体具有完全抗磁性。

这是超导体所具有的独立于零电阻现象的另一个最基本的性质。迈斯纳效应可以通过磁悬浮实验直观演示。当一个永久磁体放置到超导样品下表面附近时，由于永久磁体的磁通线不能进入超导体，在永久磁体与超导体之间存在的斥力可以克服超导体的重量，而使小超导体悬浮在永久磁体表面一定的高度。用磁悬浮实验可直观形象地描述超导体的这种抗磁性。

在超导现象发现以后，人们一直在为提高超导临界温度而努力，然而进展却十分缓慢，1973 年所创立的纪录（Nb_3Ge，$T_c = 23.2\ K$）就保持了 12 年。1986 年 4 月，缪勒（K. A. Muller）和贝德罗兹（J. G. Bednorz）宣布，一种钡镧铜氧化物的超导转变温度可能高于 30 K，从此掀起了波及全世界的关于高温超导电性的研究热潮，在短短的两年时间里就把超导临界温度提高到了 110 K，到 1993 年 3 月已达到 134 K。这一突破使超导体的使用温区从液氦温区（~4.2 K）提高到了液氮温区（~77.4 K），超导体从此也就被冠以"高温超导体"之名。迄今为止，已发现 28 种金属元素（在地球常态下）及许多合金和化合物具有超导电性，还有些元素只在高压下才具有超导电性。

温度的升高，磁场或电流的增大，都可以使超导体从超导态转变为正常态，因此常用临界温度 T_c、临界磁场 B_c 和临界电流密度 j_c 作为临界参量来表征超导材料的超导性能。

3. 金属电阻随温度的变化。

对于各种类型的材料，电阻随温度变化的性质是不相同的，它反映了物质的内在属性，是研究物质性质的基本方法之一。

在合金中，电阻主要是由杂质散射引起的，因此电子的平均自由程对温度的变化不太敏感，如锰铜的电阻随温度的变化很小，实验中所用的标准电阻和电加热器就是用锰铜线绕制而成的。

在绝对零度下的纯金属中，理想的完全规则排列的原子（晶格）周期场中的电子处于确定的状态，因此电阻为零。温度升高时，晶格原子的热振动会引起电子运动状态的变化，即电子的运动受到晶格的散射而出现电阻 R_i，称为本征电阻。理论计算表明，当 $T > \theta_D/2$ 时，$R_i \propto T$，其中 θ_D 为德拜温度。

实际上，金属中总是含有杂质的，杂质原子对电子的散射会造成附加的电阻 R_r，称为剩余电阻。在温度很低时，例如在 4.2 K 以下，晶格散射对电阻的贡献趋于零，这时的电阻几乎完全由杂质散射所造成，它近似与温度无关。当金属纯度很高时，总电阻可以近似表达成：$R = R_i(T) + R_r$，在液氮温度以上，$R_i(T) \gg R_r$，因此有 $R \approx R_i(T)$。例如，铂的德拜温度为 225 K，在 63 K 到室温的温度范围内它的电阻 $R \approx R_i(T)$，近似地正比于温度 T。然而，精确的测量就会发现它们偏离线性关系，在较宽的温度范围内，铂的电阻温度关系如图 9.3.2 所示。我们已给出本装置中铂电阻温度计的电阻温度关系表，可以根据测得的电阻查出所对应的温度值。

4. 半导体电阻以及 pn 结的正向电压随温度的变化。

半导体具有与金属不相同的电阻温度关系，一般而言，在较大的温度范围内，半导体具有负的电阻温度系数。此外，在恒定电流下，硅和砷化镓二极管 pn 结的正向电压也会随着温度的降低而升高，如图 9.3.3 所示。由图可见，用一只二极管温度计就能测量较宽范围的温度，且灵敏度很高。

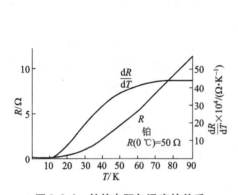

图 9.3.2　铂的电阻与温度的关系

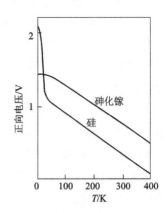

图 9.3.3　硅和砷化镓二极管 pn 结的正向电压与温度的关系

5. 温差电偶温度计。

当两种金属所做成的导线连成回路，并使其两个接触点维持在不同的温度时，该闭合回路中就会有温差电动势存在。如果将回路的一个接触点固定在一个已知的温度，例如液氮的正常沸点 77.4 K，则可以由所测量得到的温差电动势确定回路的另一接触点的温度。

进行低温物理实验时，离不开温度的测量。对于各个温区和各种不同的实验条件，要求使用不同类型的温度计。例如，在 13.8 K 到 630.7 K 的温度范围内，常使用铂电阻温度计。锗和硅等半导体电阻温度计具有负的电阻温度系数，在 30 K 以下的低温具有很高的灵敏度，利用正向电压随温度变化的 pn 结制成的半导体二极管温度计，在很宽的温度范围内具有较高的灵敏度。

实验装置

实验装置包括低温恒温器（俗称探头，其核心部件是安装有高临界温度的超导体、铂电阻温度计、硅二极管温度计、铜—康铜温差电偶及 25 Ω 锰铜加热器线圈的紫铜恒温块）；不锈钢杜瓦容器和支架；PZ158 型直流数字电压表（$5\frac{1}{2}$ 位，1 μV）；BW2 型高温超导材料特性测试装置（俗称电源盒），以及一根两头带有 19 芯插头的装置连接电缆和若干根两头带有香蕉插头的面板连接导线；磁悬浮演示仪。

1. 低温恒温器和不锈钢杜瓦容器。

为了得到从液氮的正常沸点 77.4 K 到室温范围内的任意温度，我们采用如图 9.3.4 所示的低温恒温器和不锈钢杜瓦容器。液氮盛有在不锈钢真空夹层杜瓦容器中，借助手电筒我们可以通过有机玻璃盖看到杜瓦容器的内部，拉杆固定螺母（以及与之配套的固定在有机玻璃盖上的螺栓）可用来调节和固定引线拉杆及其下端的低温恒温器的位置。低温恒温器的核心部件是安装有超导样品和温度计的紫铜恒温块，此外还包括紫铜圆筒及其上盖，上、下挡板，引线拉杆和 19 芯引线插座等部件。包围着紫铜恒温块的紫铜圆筒起均温的作用，上挡板起阻挡来自室温的辐射热的作用。

一般而言，本实验主要用低温恒温器和不锈钢杜瓦容器测量超导转变曲线，并在液氮正常沸点附近的温度范围内（例如 140 K 到 77 K）标定温度计。为了使低温恒温器在该温度范围内降温速率足够缓慢，又能保证整个实验在 3 个小时内顺利完成，我们安装了可调试定点液面指示计，学生在整个实验过程中可以用它来简便而精确地使液氮面维持在紫铜圆筒底和

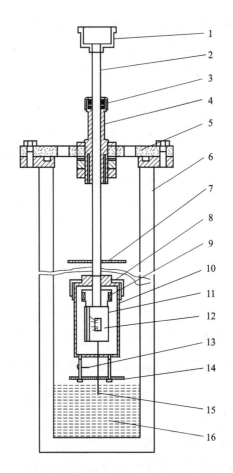

1

2

3

4

5

6

7

8

9

10

11

12

13

14

15

16

图 9.3.4   低温恒温器和不锈钢杜瓦容器的结构

1—引线插座；2—引线拉杆；3—拉杆固定螺母；4—拉杆固定螺栓；5—有机玻璃盖；
6—不锈钢杜瓦容器；7—上挡板；8—紫铜圆筒上盖；9—锰铜加热器线圈；
10—紫铜圆筒；11—紫铜恒温快；12—超导样品；13—可调式定点液
面计；14—下挡板；15—温差电偶和液面计（参考端）；16—液氮

下挡板之间距离的 1/2 处。在超导样品的超导转变曲线附近，如果需要，还可以利用加热器线圈进行细调。由于金属在液氮温度下具有较大的热容，因此当我们在降温过程中使用电加热器时，一定要注意紫铜恒温块温度变化的滞后效应。

为使温度计和超导样品具有较好的温度一致性，我们将铂电阻温度计、硅二极管和温差电偶的测温端塞入紫铜恒温块的小孔中，并用低温胶或真空脂将待测超导样品粘贴在紫铜恒温块平台上的长方形凹槽内。超导样品

$Y_1Ba_2Cu_3O_7$ 与四根电引线的连接是通过金属铟的压接而成的。此外，温差电偶的参考端从低温恒温器底部的小孔中伸出（见图 9.3.5），使其在整个实验过程中都浸没在液氮内。

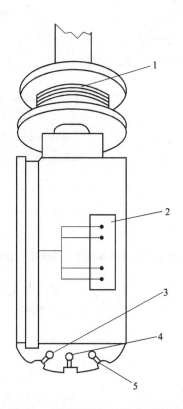

图 9.3.5 紫铜恒温块（探头）的结构

1—25 Ω 锰铜加热器线圈；2—高温超导样品；3—硅二极管温度计；

4—铜-康铜温差电偶测量端；5—铂电阻温度计

2. 电测量设备及测量原理。

电测量设备的核心是一台称为"BW2 型高温超导材料特性测试装置"的电源盒和一台灵敏度为 1 μV 的 PZ158 型直流数字电压表。

BW2 型高温超导材料特性测试装置主要由铂电阻、硅二极管和超导样品等三个电阻测量电路构成，每一电路均包含恒流源、标准电阻、待测电阻、数字电压表和转换开关等五个主要部件，如图 9.3.6 所示。

（1）四引线测量法。

四引线法电阻测量的原理性电路如图 9.3.7 所示。测量电流由恒流源提供，其大小可由标准电阻 R_n 上的电压 U_n 的测量值得出，即 $I = U_n / R_n$。

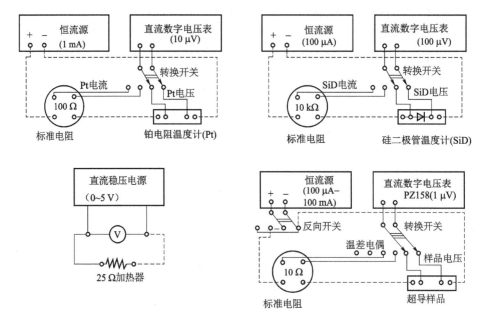

图 9.3.6　BW2 型高温超导材料特性测试装置实验电路图

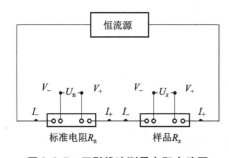

图 9.3.7　四引线法测量电阻电路图

如果测量得到了待测样品上的电压 U_x，则待测样品的电阻 R_x 为

$$R_x = \frac{U_x}{I} = \frac{U_x}{U_n} R_n \qquad (9.3.1)$$

由于低温物理实验的原则之一是必须尽可能减小室温漏热，因此测量引线通常是又细又长，其阻值可能远远超过待测样品（如超导样品）的阻值。为了减小引线和接触电阻对测量的影响，通常采用所谓的"四引线测量法"，即每个电阻元件都采用四根引线，其中两根为电流引线，两根为电压引线。

四引线测量法的基本原理是：恒流源通过两根电流引线将测量电流 I 提供给待测样品，而数字电压表则是通过两根电压引线来测量电流 I 在样品上所形成的电势差 U。由于两根电压引线与样品的接点处在两根电流引线的接点之间，因此排除了电流引线与样品之间的接触电阻对测量的影响；又由于数字电压表的输入阻抗很高，电压引线的引线电阻以及它们与样品之间的接触电阻对测量的影响可以忽略不计。因此四引线测量法减小甚至排除了引线和接触电阻对测量的影响，是国际上通用的标准测量方法。

（2）铂电阻和硅二极管测量电路。

在铂电阻和硅二极管测量电路中，提供电流的都是只有单一输出的恒流源，它们输出电流的标称值分别为 1 mA 和 100 μA。在实际测量中，通过微调我们可以分别在 100 Ω 和 10 kΩ 的标准电阻上得到 100.00 mV 和 1.000 0 V 的电压。

在铂电阻和硅二极管测量电路中，使用两个内置的灵敏度分别为 10 μV 和 100 μV 的 $4\frac{1}{2}$ 位数字电压表，通过转换开关分别测量铂电阻、硅二极管以及相应的标准电阻上的电压，由此可以确定紫铜恒温块的温度。

（3）超导样品测量电路。

由于超导样品的正常电阻受到多种因素的影响，因此每次测量所使用的超导样品的正常电阻可能有较大的差别。为此，在超导样品测量电路中，采用多挡输出式的恒流源来提供电流。在本装置中，内置恒流源共设标称为 100 μA、1 mA、5 mA、10 mA、50 mA、100 mA 的六挡电流输出。为了提高测量精度，使用一台外接的灵敏度为 1 μV 的 $5\frac{1}{2}$ 位的 PZ158 型直流数字电压表来测量标准电阻和超导样品上的电压，由此可以确定超导样品的电阻。在直流低电势的测量中，克服乱真电动势的影响是十分重要的。特别地，为了判定超导样品是否达到了零电阻的超导态，必须使用反向开关。实际上，即使电路中没有来自外电源的电动势，只要存在材料的不均匀性和温差，就有温差电动势存在，通常称为乱真电动势或寄生电动势。在低温物理实验中，待测样品和传感器往往处在低温下，而测量仪器却处在室温下，因此它们之间的连接导线处在温差很大的环境中。而且，沿导线的温度分布还会随着液面的降低、低温恒温器的移动以及内部情况的其他变化而随时间改变。所以，在涉及低电势测量的低温物理实验中，特别是在超导样品的测量中，判定和消除乱真电动势的影响是十分重要的。为了消除直流测量电路中固有的乱真电动势的影响，我们在采用四引线测量法的基础上还增设了电流反向开关，用来进一步确定超导体的电阻已为零。

（4）温差电偶及定点液面计的测量电路。

利用转换开关和 PZ158 型直流数字电压表，可以监测铜—康铜温差电偶的电动势以及可调试定点液面计的指示。

（5）电加热器电路。

BW2 型高温超导材料特性测试装置中，一个内置的直流稳压电源和一个指针式的电压表构成了一个安装在探头中的 25 Ω 锰铜加热器线圈提供的电路。利用电压调节旋钮可提供 0～5 V 的输出电压，从而使低温恒温器获得所需要的加热功率。

(6) 其他。

在 BW2 型高温超导材料特性测试装置的面板上，后面标有探头字样的铂电阻、硅二极管、超导样品和 25 Ω 加热器以及温差电偶和液面计，均安装在低温恒温器中。利用一根两头带有 19 芯插头的装置连接电缆，可将 BW2 型高温超导材料特性测试装置与低温恒温器连为一体，即图 9.3.6 中的实线表示内部已经连接好的电路；而虚线表示在实验开始时要求学生自己连接的电路。在每次实验开始时，学生必须利用所提供的带有香蕉插头的连接导线，把面板上用虚线连接起来的两两插座全部连接好。只有这样，才能使各部分构成完整的电流回路。

3. 磁悬浮演示仪。

高温超导体磁悬浮演示装置结构如图 9.3.8 所示：1 为超导样品块（$Y_1Ba_2Cu_3O_7$），临界温度 $T_c = 90$ K，尺寸为 $\phi18$ mm，厚约 10 mm；2 为铝盒，超导块四周用发泡聚乙烯隔热材料包围再放入铝盒内，它起隔热作用，使处于超导态的超导样品的温度缓慢变化，超导态可以保持一分钟左右，以便学生做演示实验；3 为由 300 块表磁为 0.4 T 的 Nd—Fe—B 永磁材料并排拼接而成的磁轨道，三排永磁材料的磁极按 S—N—S 相间排列，以对运动着的超导块形成一种磁束缚，使它不从磁轨道上滑出；4 为底座；5 是支架。

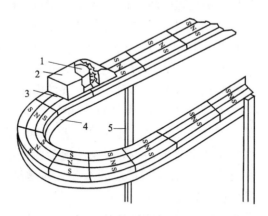

图 9.3.8　高温超导体磁悬浮演示装置结构图

实验内容步骤与要求

1. 液氮的灌注。

使用液氮时一定要注意安全。例如，不要让液氮溅到人的身体上，皮肤直接接触液氮可能造成烧伤，特别要防止液氮直接溅到脸部和眼睛，也不要把液氮倒在有机玻璃盖板、测量仪器或引线上；液氮气化时体积将急剧膨胀，切勿将容器出气口封死；氮气是窒息性气体，应保持实验室有良好的通风。液氮的液面位置在距离杜瓦容器底部约 30 cm 的地方。

2. 电路的连接。

将"装置连接电缆"两端的 19 芯插头分别插在低温恒温器拉杆顶端及"BW2 型高温超导材料特性测试装置"（以下称"电源盒"）右侧面的插座上，同时接好"电源盒"面板上虚线所示的待连接导线，并将 PZ158 型直流数字电压表与"电源盒"面板上的"PZ158"相连接。在学生做实验时，19 芯插头插座不宜经常拆卸，以免造成松动和接触不良，甚至损坏。

3. 室温检测。

打开 PZ158 型直流数字电压表的电源开关（将其电压量程置于 200 mV 挡）以及"电源盒"的总电源开关，并依次打开铂电阻、硅二极管和超导样品等三个分电源开关，调节前两支温度计的工作电流，使其分别是 1 mA 和 100 μA，测量并记录其室温的电压数据。原则上，为了能够测量得到反映超导样品本身性质的超导转变曲线，通过超导样品的电流应该越小越好。然而，为了保证用 PZ158 型直流数字电压表能够较明显地观测到样品的超导转变过程，通过超导样品的电流就不能太小。对于一般的样品，可按照超导样品上的室温电压为 50~200 μV 来选定所通过的电流的大小，但最好不要大于 50 mA，我们常调到 100 μV。最后，将转换开关先后旋至"温差电偶"和"液面指示"处，此时 PZ158 型直流数字电压表的示值应当很低。

4. 低温恒温器降温速率的控制及低温温度计的比对。

（1）低温恒温器降温速率的控制。

低温测量是否能够在规定的时间内顺利完成，关键在于是否能够调节好低温恒温器的下挡板浸入液氮的深度，使紫铜恒温块以适当速率降温。为了确保整个实验工作可在 3 小时以内顺利完成，我们在低温恒温器的紫铜圆筒底部与下挡板间距离的 1/2 处安装了可调式定点液面计。在实验过程中只要随时调节低温恒温器的位置以保证液面计指示电压刚好为零，即可保证液氮表面刚好在液面计位置附近，这种情况下紫铜恒温块温度随时间的变化大致如图 9.3.9 所示。

具体步骤如下：

1）确认已将转换开关旋至"液面指示"处。

2）为了避免低温恒温器的紫铜圆筒底部一开始就触及液氮表面而使紫铜恒温块温度骤然降低造成实验失败，可在低温恒温器放进杜瓦容器之前，先

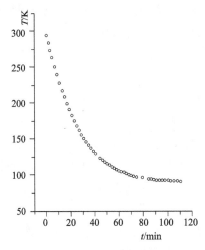

图 9.3.9　紫铜恒温块温度随时间的变化

用米尺测量液氮面距杜瓦容器口的大致深度，然后旋松拉杆固定螺母，并将低温恒温器缓缓放入杜瓦容器中，调节拉杆位置使得低温恒温器下挡板至有机玻璃板的距离略小于该深度，重新旋紧拉杆固定螺母。

当低温恒温器的下挡板碰到了液氮面时，会发出像烧热的铁块碰到水时的响声，同时用手可感觉到有冷气从有机玻璃上的小孔喷出。

3）当低温恒温器的下挡板浸入液氮时，液氮表面将会像沸腾一样翻滚并伴有响声和大量冷气的喷出，大约 1 min 后液面逐渐平静下来。这时，可稍许旋松拉杆固定螺母，控制拉杆缓缓下降，并密切监视与液面指示计相连接的 PZ158 型直流数字电压表的示值（以下简称"液面计示值"），使之逐渐减小到"零"（由于液面的不稳定性以及导线的不均匀性，一般液面计的示值不一定为零，可以有正或负几个微伏的示值。因此，在实验过程中不要强求液面计的示值为零，否则有可能使拉杆下移得太多），立即拧紧固定螺母。这时液氮面恰好位于紫铜圆筒底部与下挡板间距离的 1/2 处（该处安装有液面计）。伴随着低温恒温器温度的不断下降，液氮面也会缓慢下降，引起液面计示值的增加。一旦发现液面计示值不再是"零"，应将拉杆向下移动少许（约 2 mm，切不可下移过多），使液面计示值恢复"零"值（在液氮正常沸点到室温的温度范围内，一般材料的热导较差，比热较大，使低温装置的各个部件有明显的热惰性，在拉杆下移过程中，在液面计浸入液氮与液面计示值恢复"零"值之间稍有滞后，切不可一味将拉杆下移）。因此，在低温恒温器的整个降温过程中，我们要不断地控制拉杆下降来恢复液面计示值为"零"，维持低温恒温器下挡板的浸入深度不变。

（2）低温温度计的比对。

当紫铜恒温块的温度开始降低时，观察和测量各种温度计及超导样品电阻随温度的变化，大约每隔 5 min 测量一次各温度计的测温参量（如铂电阻温度计的电压、硅二极管温度计的正向电压、温差电偶的电动势），即进行温度计的比对。

具体而言，由于铂电阻温度计已经标定，性能稳定，且有较好的线性电阻温度关系，因此可以利用所给出的本装置铂电阻温度计的电阻温度关系表，由相应温度下铂电阻温度计的电阻值确定紫铜恒温块的温度，再以此温度为横坐标，分别以所测得的硅二极管的正向电压值和温差电偶的温差电动势值为纵坐标，画出它们随温度变化的曲线。尽管紫铜恒温块从温室到 150 K 附近的降温过程进行得很快（见图 9.3.9），仍可以通过测量对具有正和负的温度系数的两类物质的低温物性有深刻的印象，并可以利用这段时间熟悉实验装置和方法，例如利用液面计示值来控制低温恒温器降温速率的方法，装置的各种显示，转换开关的功能，三种温度计的温度和超导样品电阻的测量方法，等等。

5. 超导转变曲线的测量。

当紫铜恒温块的温度降低到 130 K 附近时，应注重测量超导体的电阻以及这时铂电阻温度计所给出的温度，测量点的选取可视电阻变化的快慢而定，例如在超导转变发生之前可以每 5 min 测量一次，在超导转变过程中大约每 0.5 min 测量一次，这样才能更准确地做出超导转变曲线。在这些测量点，应同时测量铂电阻温度计的测温参量，以便进行低温温度计的比对。由于电路中的乱真电动势并不随电流方向而改变，因此当样品电阻接近于零时，可以利用电流反向后的电压是否改变来判定该超导样品的零电阻温度。具体做法是，先在正向电流下测量超导体的电压，然后按下电流反向开关按钮，重复上述测量，若这两次测量所得的数据相同，则表明超导样品达到了零电阻状态。最后，画出超导体电阻随温度变化的曲线，并确定零电阻温度 T_{co}。

在上述测量过程中，对低温恒温器降温速率的控制依然是十分重要的。在发生超导转变之前，即在 $T > T_{c, onset}$ 温区，每测完一点都要把转换开关旋至"液面计"挡，用 PZ158 型直流数字电压表监测液面的变化。在发生超导转变的过程中，即在 $T_{co} < T < T_{c, onset}$ 温区，由于在液面变化不大的情况下，超导样品的电阻随着温度的降低而迅速减小，因此不必每次再把转换开关旋至"液面计"挡，而是应该密切监测超导样品电阻的变化。当超导样品的电阻接近零值时，如果低温恒温器的降温已经非常缓慢甚至停止，这时可以逐渐下移拉杆，使低温恒温器进一步降温，以促使超导转变的完成。最后，在超导样品已达到零电阻之后，可将低温恒温器紫铜圆筒的底部接触（不要深入）液氮表面，使紫铜恒温块的温度尽快降至液氮温度。在此过程中，转换开关应放在"温差电偶"挡，以监视温度的变化，也记录相关参量。

6. 磁悬浮现象观察。

（1）将装有超导样品的铝盒放到盛有液氮的广口小杜瓦瓶中，开始由于铝盒的温度高于液氮温度，铝盒表面会有气泡产生，待气泡消失后，铝盒中的超导样品即进入超导态。

（2）用竹夹子将铝盒夹至水平放置的磁轨道上方，稍加力，铝盒即以悬浮状态沿轨道旋转直至样品失超落到轨道上为止。

7. 实验要求。

（1）记录各温度下铂电阻、硅二极管和超导样品的电压值。

（2）根据公式（9.3.1）可以求出各温度下铂的、超导样品的电阻值，参考随设备提供的《铂电阻——温度关系表》，查出相应的温度值。将温度、铂电阻、硅二极管正向电压、超导样品电压及电阻列表，见表9.3.1。

表 9.3.1　实验数据表

温度 物理量	T_1	T_2	T_3	…	T_n
V（铂）					
R（铂）					
V（二极管）					
V（样品）					
R（样品）					

（3）画出 R（铂）、V（二极管）、R（样品）随温度变化的曲线，指出它们随温度变化的规律，确定超导体的零电阻温度 T_{co}。

注意事项

1. 所有测量必须在同一次降温的过程中完成，应避免紫铜恒温块的温度上下波动。如果实验失败或需要补充不足的数据，必须将低温恒温器从杜瓦容器中取出并用电吹风机加热使其温度接近室温，待低温恒温器温度计示值重新恢复到室温数据附近时，重做本实验，否则所得到的数据点将有可能偏离规则曲线较远。当然，这样势必会大大延误实验时间，因此应从一开始就认真按照本说明的要求进行实验，避免实验失败，并一次性取齐数据。

2. 恒流源不可开路，稳压电源不可短路。PZ158 型直流数字电压表也不宜长时间处在开路状态，必要时可利用随机提供的校零电压引线将输入端短路。

3. 为了达到标称的稳定度，PZ158 型直流数字电压表和电源盒至少应预热 10 min。

4. 在电源盒接通交流 220 V 电源之前，一定要检查好所有电路的连接是否正确。特别是，在开启总电源之前，各恒流源和直流稳压电源的分电源开关均应处在断开状态，电加热器的电压旋钮应处在指零的位置上。

5. 低温下，塑料套管又硬又脆，极易折断。在实验结束取出低温恒温器时，一定要避免温差电偶和液面计的参考端与杜瓦容器（特别是出口处）相碰。由于液氮杜瓦容器内筒的深度远小于低温恒温器引线拉杆的长度，因此在超导特性测量的实验过程中，杜瓦容器内的液氮不应少于 15 cm，而且一定不要将拉杆往下移动太多，以免温差电偶和液面计的参考端与杜瓦容器内筒底相碰。

6. 在旋松固定螺母并下移拉杆时，一定要握紧拉杆，以免拉杆下滑。

7. 低温恒温器的引线拉杆是厚度仅为 0.5 mm 的薄壁银管，注意一定不要使其受力，以免变形或损坏。

8. 不锈钢金属杜瓦容器的内筒壁厚仅为 0.5 mm，应避免硬物的撞击。杜瓦容器底部的真空封嘴已用一段附加的不锈钢圆管加以保护，切忌磕伤。

思考题

1. 在低温恒温器逐渐插入不锈钢杜瓦容器并接近液氮面的过程中，液面计指示值的变化有何规律？如何说明？如何判断低温恒温容器的下挡板碰到了液氮面？

2. 在"四引线法测量"中，电流引线和电压引线能否互换？为什么？

3. 确定超导样品的零电阻时，测量电流为何必须反向？该方法所判定的"零电阻"与实验仪器的灵敏度和精度有何关系？

4. 如果分别在降温和升温过程中测量超导转变曲线？结果将会怎样？为什么？

5. *零电阻常规导体遵从欧姆定律，它的磁性有什么特点？超导体的磁性有什么特点？它是否独立于零电阻性质的超导体的基本特性？

6. *利用硅二极管 pn 结正向电压随温度变化的关系，可以得到哪些物理信息？

（带 * 的为选做题）

参考文献

[1] 吴思诚，王祖铨. 近代物理实验 [M]. 第二版. 北京：北京大学出版社，1999.

[2] 王魁香，韩炜，杜晓波. 新编近代物理实验 [Z]. 长春：吉林大学实验教学中心，2007.

[3] 黄昆，韩汝琦. 固体物理学 [M]. 北京：高等教育出版社，1985.

（冯玉玲）

实验 9.4　pn 结特性研究

实验目的

1. 掌握 pn 结的基本原理及常见形式。
2. 了解 LD 和 LED 的发光原理及主要参数。
3. 掌握测试常温和变温 pn 结电流电压特性的方法。

实验原理

近年来，半导体在社会的各个方面得到了广泛的应用，而 pn 结是半导体器件的基本构成形式。掌握 pn 结特性对于器件特性的分析是极为重要的。本实验将通过对 pn 结宏观特性的测定，讨论 pn 结的几个主要特性，从而掌握 pn 结器件的基本特性及应用。

1. 多数载流子和少数载流子。

半导体材料有两种导电形式，或主要依靠电子导电，或主要依靠空穴导电。前者称为 n 型材料，后者称为 p 型材料。在 n 型材料中，参与导电的除电子（多数载流子）以外，还有少量空穴（少数载流子）。相反，在 p 型材料中空穴是多数载流子，电子是少数载流子。载流子的产生是由材料晶格振动或吸收其他形式的能量引起的，其浓度关系为

$$n \cdot p = CT^3 \exp[-E_g/(kT)] \tag{9.4.1}$$

即电子浓度 n 和空穴浓度 p 的乘积趋于某一常数，该常数由半导体材料的性质和温度所决定。式中 E_g 是材料的禁带宽度，是一个确定的能量值，k 为玻尔兹曼常数。理论分析还证明：

$$n \cdot p = n_i^2 = CT^3 \exp[-E_g/(kT)] \tag{9.4.2}$$

式中，n_i 是本征载流子浓度，对于某种半导体材料，n_i 是温度的函数。

所谓本征载流子是指半导体材料在没有杂质和缺陷的情况下，本征激发后产生的电子和空穴。这时，导带中的电子浓度 n 应等于价带中空穴的浓度 p，即：

$$n = p = \{CT^3 \exp[-E_g/(kT)]\}^{1/2} \tag{9.4.3}$$

实际的半导体材料总是掺杂的，在常温下杂质几乎全部电离，可以近似认为 $n = N_D$ 或 $p = N_A$，N_D 为 n 型材料掺杂浓度，N_A 为 p 型材料掺杂浓度。于是，对于 n 型材料 $n = N_D$，其少子浓度 $p = n_i^2/N_D$，p 型材料 $p = N_A$，其少子浓度 $n = n_i^2/N_A$。在非常温状态下，n_i 浓度可近于或大于杂质浓度，公式

（9.4.3）给出的结果将是不准确的。以上讨论的浓度 n、p 与原子浓度比较是极小的，否则这个材料应归类为金属。

2. pn 结。

一部分掺有施主（n 型材料），而另一部分掺有受主（p 型材料）的半导体材料，其交界处就形成 pn 结，如图 9.4.1 所示。

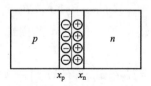

图 9.4.1　半导体材料交界处形成 pn 结

由于在 pn 结两侧存在着电子空穴的浓度差，导致 n 区电子向 p 区、p 区空穴向 n 区作扩散运动。其结果在 n 区边界形成一正束缚电荷区，在 p 区边界形成一负束缚电荷区，称为空间电荷区。伴随着空间电荷区的产生，将形成一个由 n 区指向 p 区的电场，称为内建电场。在该电场作用下，空穴将向 p 区，电子将向 n 区作漂移运动。显而易见，载流子的扩散运动同漂移运动是相反的，当两种运动达到相对平衡时，称为平衡 pn 结或稳态 pn 结。平衡 pn 结中，空间电荷区是一个高阻区域。由于内建电场的形成，空间电荷区存在一电势差，这个电势场的电势差称为 pn 结的接触电势差，以 V_D 表示，其大小为：

$$V_D = \frac{kT}{q}\left(\ln \frac{N_A \cdot N_D}{n_i^2} \right) \tag{9.4.4}$$

分析式（9.4.4）可以看出 V_D 取决于 n 区和 p 区的掺杂浓度以及半导体材料的性质，当然也包括环境温度的影响。

3. pn 结的正向注入。

当 pn 结加有正向电压 V_f 时，如图 9.4.2 所示，外加电场同内建电场方向相反，扩散运动由于空间电荷区电场的减弱将超过漂移运动，电子将流向 p 区。空穴流向 n 区成为非平衡载流子。在这种情况下，pn 结 p 区一侧将有电

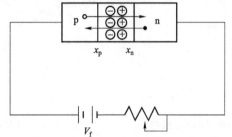

图 9.4.2　加正向电压时 pn 结内部电子–空穴的运动

子积累。经计算，其浓度为

$$n_{xp} = n_p \exp[qV_f/(kT)] \tag{9.4.5}$$

式中，n_p 是平衡时 p 区电子浓度，然后电子以这个浓度向 p 区内部扩散，在与 p 区空穴复合后形成外电流。

同样 n 区一侧也有空穴积累：

$$p_{xn} = p_n \exp[qV_f/(kT)] \tag{9.4.6}$$

这部分积累空穴同上述电子一样向 n 区内部扩散。正向注入的电流密度为：

$$j = j_0\{\exp[qV_f/(kT)] - 1\} \tag{9.4.7}$$

式中，j 随外加电压按指数规律增长，使 pn 结开始导通的电压称为正向导通电压。pn 结的正向导通电压随材料不同而有所差异，如前所述，正向电流密度 j 依赖于非平衡载流子的扩散，而非平衡载流子浓度正比于平衡时材料的少子浓度（参见式（9.4.5）及式（9.4.6）），因而禁带较宽的材料由于平衡少子数量较小，导通电压较高。

4. pn 结的反向抽取。

当 pn 结加有反向偏压 V_r 时，如图 9.4.3 所示，外加电场与内建电场方向相同，载流子的漂移运动将超过扩散运动，根据式（9.4.5）及式（9.4.6），pn 结在边界处的少子浓度为

$$n_{xn} = p_n \exp[qV_r/(kT)], \quad p_{xp} = n_p \exp[qV_r/(kT)] \tag{9.4.8}$$

可见边界处少子浓度由于抽取作用小于平衡时的浓度 n_p 和 p_n。p 区和 n 区中的少数载流子将以这个梯度向边界扩散。由式（9.4.7）知，其电流密度为

$$j = j_0\{\exp[qV_r/(kT)] - 1\} \tag{9.4.9}$$

而且 j 将取负值，电流由 n 区流向 p 区，式（9.4.7）和式（9.4.9）的曲线表示 pn 结的电流电压特性，如图 9.4.4 所示，它表示 pn 结的单向导电性。反向抽取电流值较小且随反向电压的变化不大，通常称为反向饱和电流。

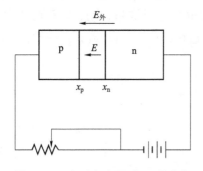

图 9.4.3　加反向电压时 pn 结内部电子-空穴的运动

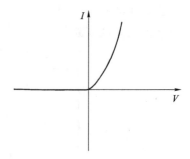

图 9.4.4　pn 结的单向导电性示意图

5. V_D 的测量（V_D 值只能用间接方法测量）。

经计算，pn 结电容同外加电压 V_B 和 V_D 有下列关系

$$C^\alpha = k(V_D + V_B) \tag{9.4.10}$$

式中，α 为一常数，若 α 为已知，在测得 C—V_B 几组数值后，作 $C^\alpha = k(V_D + V_B)$ 曲线，如图 9.4.5 所示，直线与横轴交点即为 $-V_D$。

求 α，取式（9.4.10）以 10 为底的对数

$$\lg C = 1/\alpha \lg k = 1/\alpha \lg(V_D + V_B) \tag{9.4.11}$$

这是一组 $\lg C$ 与 $\lg(V_D + V_B)$ 的线性方程，舍去 $1/\alpha \lg k$ 项，对于求取 α 值并无影响，此时方程（9.4.11）可以简化为

$$\lg C = 1/\alpha \lg k = 1/\alpha \lg(V_D + V_B) \tag{9.4.12}$$

考虑到 V_D 在零点几伏数量级，当 $V_B \gg V_D$ 时，式（9.4.12）可在一定条件下近似简化为：$\lg C = 1/\alpha \lg V_B$，相应的曲线如图 9.4.6 所示。

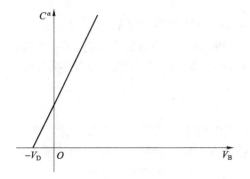

图 9.4.5　pn 结电容同外加电压关系　**图 9.4.6　pn 结电容同外加电压对数关系**

由此：

$$\alpha = (\lg V_{B2} - \lg V_{B1})/(\lg C_2 - \lg C_1) \tag{9.4.13}$$

在 $V_B = 10\text{ V}$ 时，由式（9.4.13）求出的 α 值，相对误差仅为 0.02。

实验装置

直流稳压稳流电源、数字电压表、万用表、信号发生器、频率计、示波器。

实验电路如图 9.4.7 所示。

实验内容与步骤

1. 按图 9.4.7 连接电路，然后做

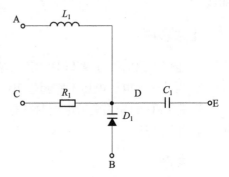

图 9.4.7　实验电路图

如下测量。

(1) 在 CB 两端接入稳压电源，C 端为正，B 端为负。

(2) 在 DB 间接入数字电压表，调节稳压电源的输出电压。使 DB 间电压 V_B 为 5 V，然后撤掉数字电压表测量线。

(3) 在 AB 两端接入信号发生器和频率计，在 BE 间接入示波器，调节信号发生器的振荡频率使示波器指示的振幅值最大，此时电路呈谐振状态。注：谐振频率 $f = \dfrac{w}{2\pi} = \dfrac{1}{2\pi(LC)^{1/2}}$；根据实验中所使用的 L 的大小，可以计算得出 $C = 1/(4\pi^2 f^2 L)$。

(4) 记录 BD 两端电压 V_{B1} 和上面的谐振频率 f_1。

(5) 撤掉信号发生器、频率计和示波器，重复 (2)、(3)、(4) 步骤，分别记录当 $V_{B2} = 10$ V，$V_{B3} = 15$ V，$V_{B0} = 0$ 时对应的谐振频率 f_2, f_3, f_0；（$V_{B0} = 0$ 时，应撤掉稳压电源与 C 点间的连线）。

(6) 按 C 的值分别计算出 f_1, f_2, f_3, f_0 所对应的电容 C_1', C_2', C_3' 和 C_0'。扣除示波器的输入电容 C_{in} 后，分别得到相应的 pn 结电容 C_1, C_2, C_3 和 C_0；然后按照 $\alpha = (\lg V_{B2} - \lg V_{B1})/(\lg C_2 - \lg C_1)$ 算出三个 α 值，求出它们的平均值。

2. 常温电流电压曲线测量。

将直流稳压电源、电阻、LED 串联到电路中。调节电源电压，用万用表测试电阻两端电压和 LED 两端电压，通过库仑定律计算出电路中的电流。共有五种颜色的 LED，每种测十组数据，绘出 LED 的电流电压曲线。

3. 变温电流电压曲线测量。

将直流稳压电源、电阻、LED 串联到电路中。调节电源电压，用万用表测试电阻两端电压和 LED 两端电压，通过库仑定律计算出电路中的电流。将 LED 浸入五个不同温度的水中，每种测十组数据，绘出 LED 的电流电压曲线。

注意事项

1. 连接电路时要注意 LED 的正负极。

2. 测试时，电源电压不宜超过 10 V。

3. 测 LED 的变温电流电压曲线时，pn 结部分完全浸入水中，但要保证水不接触到金属丝。

思考题

为什么 pn 结电流电压曲线会受温度的影响？

参考文献

［1］刘恩科，朱秉升，罗晋生. 半导体物理学［M］. 第七版. 北京：电子工业出版社，2011.

［2］陆栋，蒋平，徐至中. 固体物理学［M］. 第二版. 上海：上海科学技术出版社，2010.

［3］陈泽民. 近代物理与高新技术物理基础［M］. 北京：清华大学出版社，2001.

（楚学影）

实验 9.5　变温霍尔效应

引言

1879 年，霍尔（E. H. Hall）在研究通有电流的半导体在磁场中受力的情况时，发现在垂直于磁场和电流的方向上产生了电动势，这个电磁效应称为霍尔效应。研究表明，在半导体材料中，霍尔效应比在金属中大几个数量级，引起了人们对它的深入研究。

霍尔效应的研究在半导体理论的发展中起到了重要的推动作用，直到现在，霍尔效应的测量仍是研究半导体性质的重要实验方法。利用霍尔系数和电导率的联合测量，可以用来研究半导体的导电机理（本征导电和杂质导电）、散射机理（晶格散射和杂质散射），并可以确定半导体的一些基本参数，如：半导体材料的导电类型、载流子浓度、迁移率大小、禁带宽度、杂质电离能等。霍尔效应的研究技术也越来越复杂，出现了变温霍尔、高场霍尔、微分霍尔、全计算机控制的自动霍尔谱测量分析，等等。

根据霍尔效应原理制成的霍尔器件，可用于磁场和功率测量，也可制成开关元件，在自动控制和信息处理等方面有着广泛的应用。其理论基础依次为：电磁场理论、量子力学、固体物理和半导体物理。本实验拟在这方面开设题目以达到以下实验目的。

实验目的

1. 了解半导体中霍尔效应的产生原理，霍尔系数表达式的推导及其副效应的产生和消除。

2. 掌握动态法测量霍尔系数及电导率随温度的变化情况，了解霍尔系数和电导率与温度的关系。

3. 通过对不同温度条件下高阻 p 型 Si 的霍尔系数和电导率的测量，了解半导体内存在本征导电、杂质导电两种导电机制和晶格散射、杂质散射两种散射机制。

4. 通过数据处理，由霍尔系数的符号确定载流子的类型，并确定禁带宽度、净杂质浓度、载流浓度及迁移率等基本参数。

实验原理

1. 电导率 σ 与温度的关系。

硅的电导率与温度的关系如图 9.5.1 所示，这里可分为三个区域。

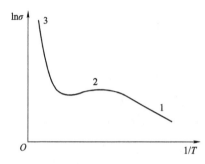

（1）杂质部分电离的低温区。在该区域内，不仅由杂质电离产生的载流子随温度升高而增加，而且迁移率在低温下主要取决于杂质散射，它随温度升高而增加。因此，在该温度区域内电导率 σ 随着温度的升高而增大。

图 9.5.1 硅的 $\ln\sigma$—（$1/T$）曲线

（2）杂质电离饱和的温度区。在该区域内杂质已经全部电离，但本征激发尚不明显，所以载流子浓度基本不变。这时在 p 型半导体中空穴浓度 p、电离杂质浓度 p_s 与受主杂质浓度 N_A 相等。这时晶格散射起主要作用，迁移率 μ 随温度升高而下降，导致电导率 σ 随温度的升高而下降。

在 300 K 温度下，p 型硅的电导率取决于晶格散射的空穴迁移率 $(\mu_{LP})_{300} = 480 \text{ cm}^2/(\text{V} \cdot \text{s})$，通过电导率的测量可以求得受主杂质浓度 N_A 和电离杂质浓度 p_s。在杂质电离饱和区，其他温度的迁移率 $(\mu_{LP})_T$ 与 $(\mu_{LP})_{300}$ 有下列关系

$$(\mu_{LP})_T = (\mu_{LP})_{300} \frac{\sigma_T}{\sigma_{300}} \tag{9.5.1}$$

因此，通过杂质电离饱和区的电导率随温度变化的曲线，可以求得 μ_{LP} 随温度的变化。作 $\ln\mu_{LP}$ — $\ln T$ 图，可以更清楚地看出晶格散射迁移率与温度成 $\mu_{LP} = AT^{-x}$ 的关系。

（3）产生本征激发的高温区。在该区域中，由于本征激发产生的载流子浓度随温度升高而指数地剧增，对电导率的影响远远超过迁移率 μ 随温度升高而下降的作用，因而电导率随温度的上升急剧增大。根据电中性条件，空

穴浓度

$$p = N_A + n = p_s + n \tag{9.5.2}$$

只考虑晶格散射，电导率

$$\sigma = pq\mu_{LP} + nq\mu_{LN} = q\mu_{LP}(bn + p) \tag{9.5.3}$$

式中，$b = \mu_{LN}/\mu_{LP}$。根据摩润（Morin）的结果，μ_{LN} 和 μ_{LP} 与温度有下列关系：

$$\mu_{LN} = 4.0 \times 10^9 T^{-2.6}\,(\mathrm{cm^2/V \cdot s})\,, \quad \mu_{LP} = 2.5 \times 10^8 T^{-2.6}\,(\mathrm{cm^2/V \cdot s})$$

$$\tag{9.5.4}$$

将式（9.5.2）代入式（9.5.3），可得

$$p = \left(\frac{\sigma}{q\mu_{LP}} + bp_s\right)/(b + 1) \tag{9.5.5}$$

$$n = \left(\frac{\sigma}{q\mu_{LP}} - p_s\right)/(b + 1) \tag{9.5.6}$$

式中，μ_{LP} 可以从前面求得的杂质电离饱和区的 $\ln\mu_{LP}$ — $\ln T$ 外推得到，其中 b 可以由式（9.5.3）得到。利用关系式 $n \cdot p = AT^3 e^{-E_g/k_B T}$，式中常数 A 与 p 型硅材料中的电子和空穴的有效质量有关，作出 $\ln(npT^{-3})$ — $1/T$ 曲线，用最小二乘法可以确定禁带宽度：

$$E_g = \frac{k_B \Delta\ln(npT^{-3})}{\Delta(1/T)} \tag{9.5.7}$$

式中，k_B 为玻尔兹曼常数，在室温（300 K）下硅的禁带宽度为 1.12 eV。

2. 霍尔效应。

（1）霍尔电压与霍尔系数。

如图 9.5.2 所示，样品的 x 方向上通以均匀的电流，如果在垂直样品表面且与电流垂直的 z 方向上加一磁场，则在样品的 y 方向上出现一横向电势差，这个电势差就是霍尔电压。

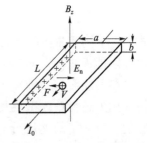

$$V_H = R_H \frac{IB}{d} \tag{9.5.8}$$

式中，V_H 与样品的厚度 d 成反比，与磁感应强度 B 和电流 I 成正比，比例系数 R_H 叫作霍尔系数。

图 9.5.2　霍尔效应示意图

霍尔电势差是这样产生的：当电流通过样品（假定为 p 型半导体）时，空穴有一定的漂移速度 v，垂直磁场对运动电荷产生一个洛伦兹力

$$\boldsymbol{F} = q(\boldsymbol{v} \times \boldsymbol{B})$$

式中，q 为电子电荷。洛伦兹力使电荷产生横向偏转，由于样品存在边界，所以有些偏转的载流子将在边界积累起来，形成一个横向电场 $\boldsymbol{E}$，直到电场对

载流子的作用力 $F = qE$ 与磁场作用的洛伦兹力相抵消为止，即

$$q(v \times B) = qE \qquad (9.5.9)$$

这时电荷在样品中流动时将不再发生偏转，霍尔电势差 V_H 就是由这个电场建立起来的。

如果样品是 n 型半导体，则横向电场与前者相反。所以 n 型半导体和 p 型半导体的霍尔系数符号不同，据此可以判断材料的导电类型。

（2）霍尔系数的简单推导。

设 p 型半导体的 $p \gg n$，样品的宽度为 w，通过样品的电流 $I = pqvwd$，则空穴的漂移速度 $v = I/(pqwd)$，并且代入式（9.5.9），可以得到

$$E = |v \times B| = \frac{IB}{pqwd}$$

上式两边各乘以 w，就可得到霍尔电势差

$$V_H = E \times w = \frac{IB}{pqd} \qquad (9.5.10)$$

与式（9.5.8）对比，可得到 p 型半导体的霍尔系数

$$R_H = \frac{1}{pq} \qquad (9.5.11)$$

对于 n 型样品，其霍尔系数

$$R_H = -\frac{1}{nq} \qquad (9.5.12)$$

由式（9.5.8）可得霍尔系数

$$R_H = \frac{V_H d}{IB} (10^4 \text{cm}^3/\text{C}) \qquad (9.5.13)$$

式中，V_H 为霍尔电势差，单位为 V；电流 I、磁感应强度 B 和样品厚度 d 的单位分别是 A、T 和 cm。

在上述简单的推导中均假设半导体中的载流子具有相同的速度。实际情况比上述简单模型要复杂得多，因为载流子并不是以一恒定速度 v 运动，它们具有一定的速度分布，并且不断受到散射而改变运动的速度。理论上严格地考虑了上述因素，霍尔系数的公式（9.5.11）和公式（9.5.12）应修正为

$$R_H = \left(\frac{\mu_H}{\mu_p}\right)\frac{1}{pq} \ \text{或} \ R_H = -\left(\frac{\mu_H}{\mu_n}\right)\frac{1}{nq} \qquad (9.5.14)$$

式中，μ_n 和 μ_p 分别为电子和空穴的电导迁移率；μ_H 为霍尔迁移率，$\mu_H = R_H \sigma$，它可以通过霍尔系数 R_H 和电导率 σ 计算得到。

（3）两种载流子的霍尔系数。

如果在半导体中同时存在数量级相同的两种载流子，那么在研究霍尔效应时，就必须同时考虑两种载流子在磁场中的偏转效果。在外电场和外磁场的作用下，漂移运动的电子和空穴在洛伦兹力的作用下都朝同一边积累，霍尔电场的作用使它们中间一个加强，另一个减弱，这样使横向的电子流和空穴流大小相等，由于它们的电荷相反，所以横向的总电流为零。假设载流子服从经典的统计规律，在球形等能面情况下，只考虑晶格散射及弱磁场近似（$\mu \cdot B \ll 10^4$，μ 为迁移率，单位为 $cm^2/(V \cdot s)$；B 的单位为 T），对于电子和空穴混合导电的半导体，可以证明

$$R_H = \frac{3\pi(p\mu_p^2 - n\mu_n^2)}{8q(p\mu_p + n\mu_n)^2} \tag{9.5.15}$$

令 $b = \mu_n/\mu_p$，则有

$$R_H = \frac{3\pi(p - nb^2)}{8q(p + nb)^2} \tag{9.5.16}$$

（4）p 型半导体的霍尔系数与温度的关系。

p 型半导体的霍尔系数与温度的关系如图 9.5.3 所示。图中表示的是绝对值，此曲线包括以下四个部分。

1）杂质电离饱和区。在这个区域内所有的杂质都已电离，载流子浓度保持不变。p 型半导体中 $p \gg n$，硅中 $b < 10$，$p \gg nb$，于是式（9.5.16）就简化为式（9.5.11）。在该区域内，霍尔系数 $R_H > 0$。

2）温度逐渐升高时，价带上的电子开始激发到导带，由于电子迁移率大于空穴迁移率，$b > 1$。当温度升高到使 $p = nb^2$ 时，霍尔系数 $R_H = 0$。如果取对数，就出现图 9.5.3 中标有"2"的这一小段。

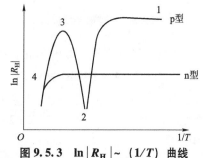

图 9.5.3　$\ln|R_H| \sim (1/T)$ 曲线

3）当温度再升高时，更多的电子从价带激发到导带，$p < nb^2$ 而使 $R_H < 0$，随后 R_H 会达到一个极值。此时，价带的空穴数 $p = n + N_A$，将它代入式（9.5.15），并且求 R_H 对 n 的微商。当 $n = N_A/(b - 1)$ 时，R_H 达到极值。

$$R_{Hm} = -\frac{3\pi}{8}\frac{1}{N_A q}\frac{(b-1)^2}{4b} = -R_{Hs}\frac{(b-1)^2}{4b} \tag{9.5.17}$$

式中，R_{Hs} 是杂质电离饱和区的霍尔系数。由上式可见，通过 R_H 极值及 R_{Hs}，可以估算电子迁移率与空穴迁移率的比值 b。

4）当温度继续升高到达本征范围时，载流子浓度远远超过受主的浓度，

霍尔系数与导带中电子浓度成反比,因此,随着温度的上升,曲线基本上按指数下降。由于此时载流子浓度几乎与受主浓度无关,所以代表杂质含量不同的各种样品的曲线都聚合在一起。n 型半导体的 $\ln|R_H| \sim (1/T)$ 曲线如图 9.5.3 所示,其分析比较简单,不再赘述。

3. 范德堡尔法测量任意形状薄片的电阻率及霍尔系数。

早期测量电阻率及霍尔系数所采用的样品如图 9.5.4 所示。M 和 N 为通电流的欧姆接触,而 O、P、Q 以及 R 为测量电压的接触点,箭头表示磁感应强度 B 的方向。为了测量准确,测量电压的接触点要足够小,以保持电流沿MN 方向均匀通过。但是接触点过小,将会增大接触电阻,给测量带来一定的困难。图 9.5.5 所示的桥式样品,虽然可以减小接触电阻,但容易破碎。而采用范德堡尔法,不仅样品形状可以任意选择,而且电压接触点也可以做得比较大。

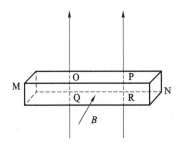
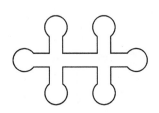

图 9.5.4　矩形条状样品　　　　　　图 9.5.5　桥式样品

考虑一任意形状、厚度为 d、中间没有空洞的薄样品,如图 9.5.6 所示,图中1,2,3,4 代表四个接触点,可以证明电阻率

$$\rho = \frac{\pi d}{\ln 2} \frac{R_{12,34} + R_{23,41}}{2} f \qquad (9.5.18)$$

式中

$$R_{12,34} = \frac{V_4 - V_3}{i_{12}}, \quad R_{23,41} = \frac{V_1 - V_4}{i_{23}}$$

其中 i_{12} 代表电流自 1 端流向 2 端。测量 4 端与 3 端之间的电位差,即可以求得 $R_{12,34}$。同样方法可以求出 $R_{23,41}$。f 因子只是 $R_{12,34}/R_{23,41}$ 的函数,如图 9.5.7 所示。f 因子与 $R_{12,34}/R_{23,41}$ 的关系为

$$\cosh\left\{\frac{(R_{12,34}/R_{23,41} - 1)}{(R_{12,34}/R_{23,41} + 1)} \frac{\ln 2}{f}\right\} = \frac{1}{2}\exp\frac{\ln 2}{f}$$

如果接触点在样品四周边界上且接触点足够小,样品厚度均匀且没有空洞。在垂直样品表面加一磁场,电流自 1 端流向 3 端,电流线分布与未加磁

场时将会一样，则霍尔系数 R_H 可以通过下列关系求得。

$$R_H = \frac{d}{B}\Delta R_{13,24} = \frac{d}{B}\frac{\Delta(V_4 - V_2)}{i_{13}} \tag{9.5.19}$$

式中，$\Delta(V_4 - V_2)$ 代表加磁场后 4 端与 2 端之间电位差的变化。

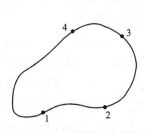

图 9.5.6 任意形状的样品

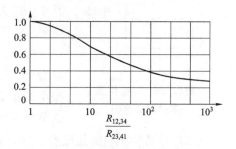

图 9.5.7 f—$R_{12,34}/R_{23,41}$ 曲线

4. 实验中的副效应及其消除。

在霍尔系数的测量中，会伴随一些热磁副效应、电极不对称等因素引起的附加电压叠加在霍尔电压 V_H 上，下面作些简要说明。

（1）爱廷豪森（Ettinghausen）效应。在样品 x 方向通电流 I_x，由于载流子速度分布的统计性，大于和小于平均速度的载流子在洛伦兹力和霍尔电场力的作用下，沿 y 轴的相反两侧偏转，其动能将转化为热能，使两侧产生温差。由于电极和样品不是同一材料，电极和样品形成热电偶，这一温差将产生温差电动势 V_E，有

$$V_E \propto I_x \cdot B_z \tag{9.5.20}$$

这就是爱廷豪森效应。V_E 方向与电流 I 及磁场 B 的方向有关。

（2）能斯特（Nernst）效应。如果在 x 方向存在热流 Q_x（往往由于 x 方向通以电流，两端电极与样品的接触电阻不同而产生不同的焦耳热，致使 x 方向两端温度不同），沿温度梯度方向扩散的载流子将受到 B_z 作用而偏转，在 y 方向上建立电势差 V_N，有

$$V_N \propto Q_x \cdot B_z \tag{9.5.21}$$

这就是能斯特效应。V_N 方向只与 B 方向有关。

（3）里纪—勒杜克（Righi-Ledue）效应。当有热流 Q_x 沿 x 方向流过样品，载流子将倾向于由热端扩散到冷端，与爱廷豪森效应相仿，在 y 方向产生温差，此温差将产生温差电势 V_{RL}，这一效应称里纪—勒杜克效应。

$$V_{RL} \propto Q_x \cdot B_z \tag{9.5.22}$$

V_{RL} 的方向只与 B 的方向有关。

（4）电极位置不对称产生的电压降 V_0。在制备霍尔样品时，y 方向的测量

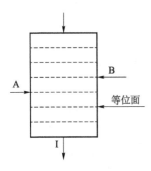

图 9.5.8 电极位置
不对称示意图

电极很难做到处于理想的等位面上，见图 9.5.8。即使在未加磁场时，在 A、B 两电极间也存在一个由于不等位电势引起的欧姆压降 V_0：

$$V_0 = I_x \cdot R_0 \qquad (9.5.23)$$

其中，R_0 为 A、B 两电极间所在的两等位面之间的电阻，V_0 方向只与 I_x 方向有关。

如果四个测量电极明显偏离正交对称分布，就会产生很大的欧姆压降 V_0。欧姆压降 V_0 叠加到很小的霍尔电压上，就会大大增加检出霍尔电压的测量误差，这就要求选用更高级的电压表。

（5）样品所在空间如果沿 y 方向有温度梯度，则在此方向上产生的温差电势 V_T 与 I、B 方向无关。

要消除上述诸效应带来的误差，可以通过改变 I 和 B 的方向，使 V_N、V_{RL}、V_0 和 V_T 从计算结果中消除，然而 V_E 却因与 I、B 方向同步变化而无法消除，但 V_E 引起的误差一般小于 5%，可以忽略。

实验时在样品上加磁场 B 和通电流 I，则 y 方向两电极间产生电位差 V，自行定义磁场和电流的正方向。改变磁场和电流方向，测出四组数据：

加 $+B$、$+I$ 时，$V_1 = +V_H + V_E + V_N + V_{RL} + V_0 + V_T$；

加 $+B$、$-I$ 时，$V_2 = -V_H - V_E + V_N + V_{RL} - V_0 + V_T$；

加 $-B$、$-I$ 时，$V_3 = +V_H + V_E - V_N - V_{RL} - V_0 + V_T$；

加 $-B$、$+I$ 时，$V_4 = -V_H - V_E - V_N - V_{RL} + V_0 + V_T$。

由以上四式可得

$$V_H + V_E \approx V_H = \frac{V_1 - V_2 + V_3 - V_4}{4} \qquad (9.5.24)$$

式中，V_E 引起的误差约为 5%，可以略去。将实验时测得的 V_1、V_2、V_3 和 V_4 代入上式，就可消除 V_N、V_{RL}、V_0 和 V_T 等附加电压引入的误差。

实验装置

本实验采用的测量装置如图 9.5.9 所示。图中装有样品架的玻璃杜瓦瓶安放在永磁魔环内，利用顶端的夹具固定样品架，使样品位于永磁魔环中央。杜瓦瓶可以上下移动并且安放在四个不同的固定位置，以控制样品与液氮相对位置。图的左侧是 BWH-1 型霍尔效应测试仪，利用该测试仪进行霍尔系数和电阻率的测量，同时实现对样品的温度控制。图中的玻璃小杜瓦瓶供盛冰水或者液氮，以此作为铜-康铜温差电偶测温的参考点。

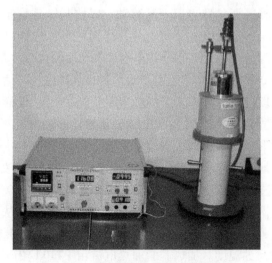

图 9.5.9　霍尔系数及电阻率测量装置

1. 样品的制备及安装。

本实验样品选用电阻率大于 2 500 Ω·cm 的 p 型硅片，加工成如图
9.5.10 所示叶状结构。采用叶状结构的样品可以适当增大电极面积，以减小
接触电阻。样品经有机溶剂、化学腐蚀清
除表面自然氧化层，最后用去离子水清洗
干净并烘烤干，利用有关掩模在样品上蒸
发出铝膜图形，最后在氮气中进行合金
（510 ℃，10 min），形成欧姆接触。

样品采用 Ablebond 公司生产的 84-3
绝缘胶或者用环氧树脂粘在陶瓷片上。环
氧树脂的配制方法是：618 环氧树脂
1.6 g，二氧化硅 3 g，二氧化钛 0.3 g，加

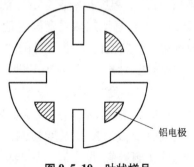

铝电极

图 9.5.10　叶状样品

热到 80 ℃~90 ℃调匀，再加入 647 酸酐 1.4 g，经调匀后即可使用。粘好的
样品还需在 70 ℃~90 ℃烘烤三小时，120 ℃烘烤两小时，150 ℃烘烤两
小时。

电极引线可采用超声压焊或者热压焊，电极引线与导线之间用纯锡焊接。
然后用晶体管图示仪或者万用表检查所作的电极是否为欧姆接触；最后把装
有样品的陶瓷片固定在偏心配置的半圆柱加热器上，同时使样品处在整个样
品架的轴线上。

2. 温度控制和测量。

本实验设备可测样品的温度范围为 77 K~450 K。样品架放在一个杜瓦瓶

内，充以液氮的杜瓦瓶位置可以上下移动，以控制样品与液氮相对位置。样品的加热器是一个偏心配置的铜半圆柱，半圆柱上有绝缘材料隔层，在绝缘层上绕有加热电阻丝，一个 PT100 铂电阻放在加热器内以测量加热器的温度。该加热器由一个 0~40 V 可调直流稳压电源提供加热电流，适当调节可调直流稳压电源的输出以控制加热速度（加热速度不宜过快），使样品温度尽快地达到平衡。样品被固定在加热器上，在加热器和样品的外部还绕两层绝缘层，以便在样品周围形成一个小的恒温空间。整个加热器和样品被装在一个紫铜套内。为了正确地测定样品温度，在这恒温空间内靠近样品处置有一对铜-康铜温差电偶，其冷端放在盛有冰水的小杜瓦瓶内（若进行 0 ℃ 以下低温测量时，应选择液氮温度作参考点）。铜-康铜温差电动势直接从 BWH-1 型霍尔效应测试仪上"样品温度"表上读出，并从附录中"铜-康铜热电偶热电势简表"中查出样品的温度。加热器的加热电流由 PT100 铂电阻、ALTEC 温度控制器、固态继电器和加热直流稳压电源组成的系统进行自动控制。

3. 温度控制系统操作。

（1）打开 BWH-1 型霍尔效应测试仪后面板上的总电源开关；打开仪器前面板上"样品温度"电源开关，这时 mV 表就显示出样品的温度（热电势）；打开"温度控制仪"的电源开关，仪表的上行显示加热器温度的测量值（PV），下行显示加热温度设定值（SV）；打开"样品加热源"的电源开关，根据温度设定值的大小，利用"输出调节"旋钮适当调节加热源输出电压（输出电压一般选择 10~20 V 即可）。

（2）"温度控制仪"设定及自动控温。按▲键或▼键可设定或者修改温度设定值，本温度控制仪设定值修改范围为 -199 ℃ ~ 400 ℃。为了防止样品的电极引线被熔断，温度控制仪温度设定值不要超过 170 ℃。当仪表处于 PV/SV（测量值/设定值）显示状态，连续按下 PAR 键 3 s，仪表上行显示出第一个参数的代码 tunE，下行显示出该参数的值 off（停止 PID 自整定）。按▲键使该参数为 on（启动 PID 自整定），然后逐一按下 PAR 键，使所有的参数代码不作任何修改地通过，直至处于 PV/SV 显示状态。这时下行显示器交替出现 tunE 和温度设定值，表示仪器在自动调整参数。当测量值在设定值附近振荡 1.5 个周期，PID 自整定完毕，温度控制仪就按照自动调整的最佳参数运行。仪表上的"A/M"键是"自动/手动"控制方式的双向无扰切换键。学生做实验时，一般采用自动控制方式，仪表运行时不要随便切换。

4. 永磁魔环。

图 9.5.11 所示是永磁魔环内外磁场分布情况。永磁魔环是一截全部由永磁材料——铌铁硼制成的空心圆柱体。永磁材料沿空心圆柱体的圆周作有规

律变化，在永磁魔环中部横截断面上形成了如图 9.5.11 所示的磁场分布，利用一段细铁丝可以形象地观察到永磁魔环内的这种分布。这里设计和制作的永磁魔环内磁场在 0.4 T 左右，以满足弱场测量条件的要求。实验时应该用高斯计正确地测定永磁魔环中央（用塑料直尺决定中央位置）磁场强度及均匀性。

图 9.5.11 永磁魔环

为了消除热磁副效应对霍尔电压测量的影响，需要改变磁场方向而保持磁场强度不变。本实验使用的永磁魔环可以绕其轴线转动，亦即通过旋转永磁魔环达到改变磁场方向的目的。

应该注意的是：为了安全，金属制品、各类磁卡不要靠近永磁魔环。

5. 霍尔系数及电阻率测量。

本实验采用范德堡尔法测量电阻率及霍尔系数。样品电流 i 由恒流源供给，在待测电压信号足够大的前提下，尽量减小测量电流（小于 1 mA）以减小热磁效应。本实验样品电流采用 0.1 mA，选用恒流源 2 mA 电流挡（为本实验专设，适合高负载测量）。为了消除热磁副效应对测量结果的影响，利用恒流源的换向开关以变换测量电流的方向。当样品温度稳定以后，把"待测电压选择"的旋钮从指"调零"位置分别旋转到 V_{I}、V_{II} 和 V_{III} 位置。各个待测电压可以从"霍尔电压"表读出，读数时一定要注意待测电压的极性。

BWH-1 型霍尔效应测试仪上"待测电压选择"的使用：当把旋钮指向 V_{I} 表示时，测量电流由样品上欧姆接触点 1 流向接触点 2，用 i_{12} 表示，测量接触点 3 和 4 之间的电压，即 $V_{\mathrm{I}} = V_4 - V_3$，从而可以计算出电阻 $R_{12,\,34} = (V_4 - V_3)/i_{12}$。同样对于 V_{II} 和 V_{III} 含义见表 9.5.1。

表 9.5.1 实验数据表

旋钮指向	样品电流	待测电压	对应的 R
第一挡 V_{I}	i_{12}	$V_{\mathrm{I}} = V_4 - V_3$	$R_{12,\,34} = (V_4 - V_3)/i_{12}$
第二挡 V_{II}	i_{23}	$V_{\mathrm{II}} = V_1 - V_4$	$R_{23,\,14} = (V_1 - V_4)/i_{23}$
第三挡 V_{III}	i_{13}	$V_{\mathrm{III}} = V_4 - V_2$	$R_{13,\,24} = (V_4 - V_2)/i_{13}$

注意：在加热升温或者等待样品温度稳定过程中，应该把"待测电压选择"的旋钮指向"调零"位置。

实验内容

在老师指导下熟悉永磁魔环的磁场分布，样品、样品架及其在杜瓦瓶和永磁魔环中的安装要求。

1. 样品应处于永磁魔环中央；磁场方向与样品表面垂直：首先转动永磁魔环，使标有 $+B_m$ "↓" 箭头指向底盘上箭头 "→" 位置；然后转动样品架，使样品表面的法线方向（在加热器上方的圆铜片上已标出）与 $+B_m$ "↓" 在同一平面内，从而达到磁场方向与样品表面垂直，这时利用顶端的夹具把样品架的位置固定下来。

2. 学会正确地变换永磁魔环的磁场方向。

把永磁魔环上 $B=0$ "↓" 箭头指向底盘上箭头 "→" 位置，这时磁场方向与样品表面平行；再把永磁魔环分别左右旋转 90°，亦即使永磁魔环上 $+B_m$ 和 $-B_m$ 的箭头 "↓" 分别指向底盘上箭头 "→" 位置，从而达到垂直样品表面的磁场方向由正的磁场方向变换为负的磁场方向。

3. 根据式（9.5.18）和式（9.5.19）测量室温条件下样品的电阻率和霍尔系数。

开启 BWH-1 型霍尔效应测试仪的总电源开关，同时打开 "样品温度" 电源开关以显示样品温度。打开 "恒流源" 电源开关并且选择 2 mA 挡量程，当 "待测电压选择" 旋钮指向 V_I、V_{II} 和 V_{III} 中的任意一个，调节电流输出使测量电流为 0.1 mA。仅当样品温度显示稳定时，利用 "待测电压选择" 旋钮依次测量 V_I 和 $-V_I$；V_{II} 和 $-V_{II}$；$V_{III}(+I, 0)$ 和 $V_{III}(+I, +H)$；$V_{III}(-I, 0)$ 和 $V_{III}(-I, -H)$。这里的 V_I、V_{II}、$V_{III}(+I, 0)$ 和 $V_{III}(-I, 0)$ 是磁力线方向与样品表面平行时（亦即 $B=0$ 箭头 "↓" 指向底盘上箭头 "→" 位置时）测得的数值，其中 "−" 表示电流或者磁场反方向。$V_{III}(+I, 0)$ 和 $V_{III}(-I, 0)$ 分别表示电流沿着正、负方向时测得的不等位电势差，在数据处理时应该扣除。例如，当电流和磁场都为 "+" 方向时的霍尔电压 $\Delta V_{III}(+I, +H) = V_{III}(+I, +H) - V_{III}(+I, 0)$；而当电流和磁场都为 "−" 方向时，霍尔电压 $\Delta V_{III}(-I, -H) = V_{III}(-I, -H) - V_{III}(-I, 0)$；那么在该温度下的霍尔电压 V_H 取二者平均。

4. 选做：测量低温条件下样品的电阻率和霍尔系数。

在老师指导下往杜瓦瓶内倒入适量的液氮，当样品温度平衡于 80 K 左右时，测量样品的电阻率和霍尔系数。然后打开 "温度控制仪" 和 "样品加热源" 开关，为了低温部分的 $1\,000/T$ 的间隔均匀，温度 T 设定值建议选取 80 K，100 K，120 K，160 K，230 K 和 280 K。

5. 测量室温到 165 ℃温度范围内样品的电阻率和霍尔系数。

"温度控制仪" 的设定值建议选取 40 ℃，50 ℃，60 ℃，70 ℃，80 ℃，90 ℃，100 ℃，107 ℃，114 ℃，121 ℃，128 ℃，135 ℃，141 ℃，144 ℃，

147 ℃，150 ℃，153 ℃，156 ℃，159 ℃，162 ℃，166 ℃和 170 ℃。在电阻率和霍尔系数变化剧烈的区域，温度的间隔要适当减小一些，应注意霍尔系数极小值处的温度。测量数据及计算结果按表格形式列出（见附录示范表）。

6. 实验结束后，由老师检查数据并且检查仪器状况，然后逐一切断仪器电源。

实验报告要求

（1）根据实验测量结果，逐一算出不同温度条件下的电阻率 ρ 及霍尔系数 R_H。根据计算出的电阻率及霍尔系数，作 $\ln\rho \sim (1\,000/T)$ 和 $\ln|R_H| \sim (1\,000/T)$ 曲线，指出杂质电离饱和区的温度范围，并根据最高测量温度时样品的空穴浓度与杂质浓度（受主型）的比较结果，判断实验中样品是否已完全进入本征态范围。

（2）计算杂质电离饱和区内空穴迁移率 μ_{LP}，并且作出 $\ln\mu_{LP} - \ln T$ 曲线。假设 $\mu_{LP} = AT^{-x}$，计算出 A 及 x 值并与式（9.5.4）Morin 的结果：

$$\mu_{LN} = 4.0 \times 10^9 \, T^{-2.6} \, (cm^2/V \cdot s)，\mu_{LP} = 2.5 \times 10^8 \, T^{-2.6} \, (cm^2/(V \cdot s)) \text{ 作}$$

比较。

（3）利用实验数据及式（9.5.17）估算 b 值，并与利用式（9.5.6）在 $|R_H|$ 的极值温度下算出的 b 值进行比较，试讨论它们之间为何会有比较大的区别。

（4）利用 $(\mu_{LP})_{300} = 480 \, cm^2/(V \cdot s)$，以及从测得的 $\ln\rho \sim (1\,000/T)$ 曲线中查出 $T = 300$ K 时的电阻率，求出杂质浓度 N_A。

（5）在产生本征激发的温度范围内，利用式（9.5.5）和式（9.5.6）计算空穴浓度 p、电子浓度 n，式中 μ_{LP} 由杂质电离饱和区的 $\ln\mu_{LP} - \ln T$ 曲线外推得到，b 值可由 Morin 结果式（9.5.4）得到。作 $\ln(p \cdot n/T^3) \sim (1\,000/T)$ 曲线，并且利用 $n \cdot p = AT^3 e^{-E_g/k_B T}$，求出硅的禁带宽度 E_g。

附录一

处理实验数据时需知道的几个参数：样品厚度 $d = (1.00 \pm 0.02)$ mm；磁场强度 $B \approx 0.4$ T（正确数值用高斯计测定）；$f = 1$。

附录二

1. 涉及的课程及具体知识点。

（1）电动力学中关于洛伦兹力和霍尔效应部分；

（2）半导体物理中的霍尔效应原理及结构部分；

（3）热力学与统计物理中关于载流子的运动以及分布。

2. 提供的实验仪器设备及元器件（零件）清单。

实验设备：霍尔效应仪、直流辅助电源、万用表、杜瓦瓶、智能温度控制表。

元器件：美国 Lakeshore 公司 HGT‐2100 高灵敏霍尔探头，工作电流 <10 mA。

附录三

测量数据表（测量电流为 0.1 mA）

设定温度/℃									
样品温度/K									
V_{I} /V									
V_{II} /V									
$V_{\mathrm{I}} + V_{\mathrm{II}}$									
$- V_{\mathrm{I}}$ /V									
$- V_{\mathrm{II}}$ /V									
$- (V_{\mathrm{I}} + V_{\mathrm{II}})$									
$\rho /(\Omega \cdot \mathrm{cm})$									
$V_{\mathrm{III}}(+ I, 0)$									
$V_{\mathrm{III}}(+ I, + H)$									
$\Delta V_{\mathrm{III}}(+ I, + H)$									
$V_{\mathrm{III}}(- I, 0)$									
$V_{\mathrm{III}}(- I, - H)$									
$\Delta V_{\mathrm{III}}(- I, - H)$									
V_{H} /V									
$R_{\mathrm{H}} /(10^4 \mathrm{cm}^3 \mathrm{C}^{-1})$									
$\mu_{\mathrm{LP}} /(\mathrm{cm}^2/(\mathrm{V} \cdot \mathrm{s}))$									
$p /10^{12} \mathrm{cm}^{-3}$									
$n /10^{12} \mathrm{cm}^{-3}$									

附录四

此实验也可针对 InAs 等半导体材料、低阻抗材料或某些高阻抗材料按照如下内容选做实验。

实验装置

电输运性质测量系统主要包括：循环水冷系统、电磁铁电源、电磁铁−样品架、仪器柜−计算机、制冷压缩机、机械泵、冷头移动车。

实验内容

1. 实验准备工作。

（1）打开水冷室内机，进行 180 s 自检，然后将温度表中温度设定为 25 ℃；

（2）打开电磁铁电源；

（3）打开仪器柜电源，计算机等设备开机；

（4）将样品放到样品卡上，然后将样品卡插入样品杆中（注意样品卡的正反面）。

（5）调整电磁铁位置，使样品杆处于电磁铁中部（注意不要碰到高斯计探头）。

2. 不同磁场和不同温度下的 $I—V$ 特性曲线测量。

（1）实验参数设置：打开测试软件，新建一个霍尔效应测试程序，包含样品数量、样品类型、测试类型、样品阻值，并选择测试类型为变磁场或变温度。

（2）电极特性测量：选择要测试的样品，首先进行电极 $I—V$ 曲线测试。若测量结果显示为欧姆接触，说明样品卡电极接触良好，可进行后续实验；若测试结果提示"样品不均匀"，则不能开展此样品的相关实验，需更换样品重新测量电极特性。

（3）输出实验结果：双击所要测试的样品，输入样品的厚度及长度，点击确定并开始进行测量。在图片区可以获得各种参数随着磁场或温度变化的曲线。在表格区可以获得整个测试的中间数据和最终结果。

（4）低温下测量操作步骤：

1）首先令电磁场退磁并卸掉探头，然后用低温胶将样品粘在样品台上，并用银浆将样品上的电极与样品台连接；

2）在控制模式中选择查表模式将电流和磁场的关系进行标定；

3）对样品进行电极测试，测试结果理想后将真空罩安装在冷头上；

4）开压缩机进行抽真空约 20 min 左右；

5）选择测试类型为变温度，设定温度为 10 K，温度达到 10 K 后开始测试，选用其他温度时温度步进为 10 K。

3. 固定温度，电阻随着磁场变化的 $R-H$ 特性曲线测试。

在测试类型中选择变磁场，并在磁场变化栏中输入磁场变化范围，点击确定后即可进行测试，测试结果将在表格区及图片区呈现。

注意事项

1. 测试过程中，设备周围 1 m 以内不能存在铁磁性材料以免对磁场产生影响，严禁体内有铁磁性物质、心脏起搏器或装有其他铁磁性医疗辅助器械。

2. 测试完毕后最后关闭水冷机。

参考文献

[1] 普特来 E. H. 霍尔效应及有关现象［M］. 上海：上海科学技术出版社，1964.

[2] F. J. Morin and J. P. Maita. Phys. Rev. ［J］. 96：28，1954.

[3] 吴思诚，王祖铨. 近代物理实验［M］. 第二版. 北京：北京大学出版社，1994.

[4] 黄昆，谢希德. 半导体物理学［M］. 北京：科学出版社，1958.

[5] L. J. Van der Pauw. Philips Technical Review ［J］. 20：220，1958.

[6] 夏平畴. 永磁机构［M］. 北京：北京工业大学出版社，2000.

（楚学影）

实验 9.6　半导体发光器件的电致发光

实验目的

1. 了解半导体发光材料电致发光的基本原理。

2. 掌握半导体显微探针测试台、光纤光谱仪的使用。

3. 掌握半导体发光材料电致发光特性的测量方法。

实验原理

1. 辐射跃迁。

　　半导体材料受到某种激发时，电子产生由低能级向高能级的跃迁，形成非平衡载流子。这种处于激发态的电子在半导体中运动一段时间后，又回到较低的能量状态，并发生电子—空穴对的复合。复合过程中，电子以不同的形式释放出多余的能量。如跃迁过程伴随着放出光子，这种跃迁成为辐射跃迁。作为半导体发光材料，必须是辐射跃迁占优势。

　　半导体中的主要辐射复合过程包括：带边复合、电子从自由态到束缚态的复合、施主—受主对复合、等电子杂质束缚激子复合、通过深能级的复合等。带边复合包括导带电子与价带空穴复合、自由激子复合、束缚在中性或电离状态的浅施主和受主上的束缚激子复合等。导带的电子跃迁到价带，与价带空穴相复合，伴随着光子发射，称为本征跃迁。显然这种带与带之间的电子跃迁所引起的发光过程，是本征吸收的逆过程。如图 9.6.1（a）所示，对于直接带隙半导体，导带与价带极值都在 k 空间原点，本征跃迁为直接跃迁。由于直接跃迁的发光过程只涉及一个电子—空穴对和一个光子，其辐射效率较高。直接带隙半导体，包括 II～IV 族和部分 III～V 族（如 GaAs 等）化合物，都是常用的发光材料。如图 9.6.1（b）所示，间接带隙半导体中，导带和价带极值对应于不同的波矢 k，这时发生的带与带之间的跃迁是间接跃迁。在间接跃迁过程中，除了发射光子外，还有声子参与，因此，这种跃迁比直接跃迁的概率小得多，Ge、Si 和部分 III～V 族半导体都是间接带隙半导体，它们的发光比较微弱。

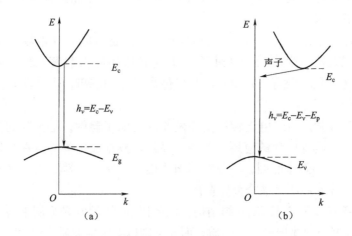

图 9.6.1　本征辐射跃迁

（a）直接跃迁；（b）间接跃迁

　　如果将杂质掺入半导体，则会在带隙中产生施主（Donor）及受主（Acceptor）的能级，因此又可能产生不同的复合而发出光。电子从导带跃迁到杂质能级，或杂质能级上的电子跃迁入价带，或电子在杂质能级间的跃迁都可以引起发光，这类跃迁称为非本征跃迁。间接带隙半导体本征跃迁概率很小，非本征跃迁起主要作用。

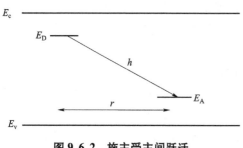

图 9.6.2 所示为施主与受主之间的跃迁。这种跃迁效率高，多数发光二极管属于这种跃迁机理。在施主—受主对的复合中，过剩电子、空穴先分别被电离的施主和受主俘获，然后中性施主上的电子隧道跃迁到中性受主并发射

图 9.6.2　施主受主间跃迁

一个光子。若把施主和受主看成点电荷，把晶体看作连续介质，施主与受主之间的库仑作用力使受激态能量增大，其增量与施主—受主杂质间距离 r 成正比，所发射的光子能量为

$$\eta\nu = E_g - (E_D + E_A) + \frac{q^2}{4\pi\varepsilon\varepsilon_0 r}$$

式中，E_D 和 E_A 分别为施主和受主的电离能，ε 是晶体的低频介电常数。对简单的替位施主和受主杂质，r 只能取一系列的不连续值，因此，施主—受主复合发光是一系列分离谱线，随着 r 的增大，成为一个发射带。

2. 电致发光。

根据不同的激发过程，可以有各种发光过程，如光致发光、阴极发光、电致发光等。

半导体的电致发光（EL），也称场致发光，是由电流（电场）激发载流子，将电能直接转变成光能的过程。EL 包括低场注入型发光和高场电致发光。前者是发光二极管（LED）和半导体激光器的基础。本实验只涉及这类 EL 谱的测量。

发光二极管是通过电光转换实现发光的光电子器件，是主要的半导体发光器件之一，具有广泛的应用，如各类显示、数据通信等。特别是通过白色发光二极管实现固体照明，不仅可以节省能源、减少污染，而且体积小、寿命长，因此固态照明已被全世界重视。

所有商用 LED 都具有 pn 结结构，因此以 pn 结的发光为例来说明注入发光机制。p 型半导体掺有受主杂质，而 n 型则掺有施主杂质，将两种材料放在一起，即得到 pn 结。n 型半导体中产生电子，p 型半导体中产生空穴，在其中间产生耗尽层。图 9.6.3 所示为发光二极管 pn 结的能带结构。pn 结处于平衡时，存在一定的势垒区，场也相应地减弱（图 9.6.3（b））。这样继续发生载流子的扩散，即电子由 n 区注入 p 区，同时空穴由 p 区注入 n 区。进入 p

区的电子和进入 n 区的空穴都是非平衡少数载流子，这些非平衡少数载流子不断与多数载流子复合而发光。

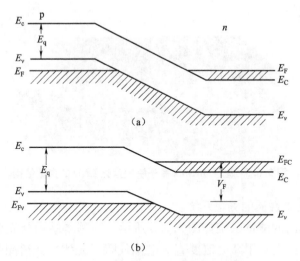

图 9.6.3　发光二极管 pn 结能带结构

（a）平衡状态；（b）在施加正向偏压时

如果采用异质结，发光效率可以得到显著提高。图 9.6.4 所示为由宽带隙半导体材料隔开的中间发光区，两种类型的过剩载流子从两侧注入并被限制在同一区域，过剩载流子数目显著提高。随着载流子浓度的提高，辐射寿命缩短，导致更为有效的辐射复合。如果中间有源区域减小到 10 nm 或更小就形成量子阱，由于其厚度与德布罗意波长相近，量子力学效应出现，载流子状态密度变得更高，从而可以获得很高的发光效率。这是目前商用 LED 的实际结构。

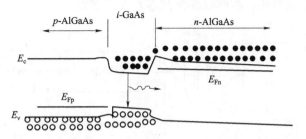

图 9.6.4　在双异质结中由宽带隙半导体材料隔开的中间发光区

对于 LED 应用，最重要的半导体材料包括：AlGaAs（覆盖从红光到红外的很宽的波长范围），InAlGaP（覆盖了红、橙、黄、绿可见光谱区域），InGaN（覆盖绿光、蓝光和紫外光谱），GaAsP（覆盖了从红外到可见光谱中部的很宽的波长范围）。InGaN 是可实现蓝光和紫外光的 LED 的重要材料，成为发展白光固态照明的关键材料。图 9.6.5 给出了基于 InGaN 量子阱的蓝光 LED 的典型结构。

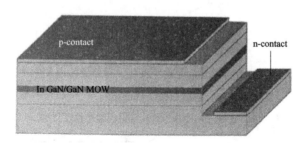

图 9.6.5　基于 InGaN 量子阱的蓝光 LED 的典型结构

3. 电致发光性质的测量系统。

电致发光谱的测量系统如图 9.6.6 所示，其基本结构与光致发光测量装置类似，主要区别是用高稳定度直流电源代替了光致发光谱测量中所用的激发光源。针对半导体发光器件的电致发光的测量中，电源与发光器件的连接通常在探针测试台上进行，由金属微探针压在发光器件上预制的电极表面形成欧姆接触，使直流电源输出的电压和电流无损耗地加到被测器件上。实际生产的 LED，其核心部分是包含制备半导体衬底上的量子阱的半导体晶片，称为 LED 芯片。通常在封装前单个 LED 芯片的面积小于 $1\ \mathrm{mm}^2$，因此探针与其电极的连接需要在显微镜下完成。图 9.6.7 是一台实验室常用的手动式半导体显微探针测试台，其基本结构包括支架平台、载物台、探针座以及显微系统。其中载物台可通过精密机械机构进行 $360°$ 自由旋转及 $X-Y$ 平移，配合探针座的移动保证被测芯片上的任意位置都能被点测到。载物台上有若干吸附孔，与真空泵连接，能够吸住被测芯片使其平贴于台面上，防止测试时滑

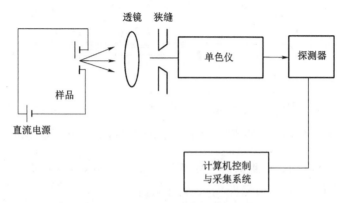

图 9.6.6　电致发光实验系统示意图

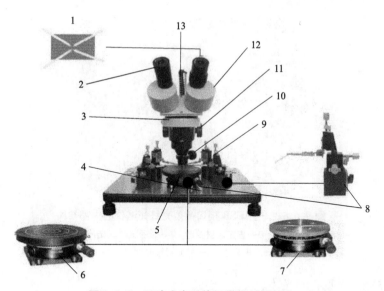

图 9.6.7　手动式半导体显微探针测试台

1—显微镜放大微区操作定位探针；2—目镜；3—固定显微镜旋钮；4—样品台 X 方向控制旋钮；
5—样品台；6—360°旋转承片台；7—除去承片台上的绝缘承片层，底部是铜承片层可用
来连接电极；8—三维微调架+探针臂+样品台 Y 方向控制旋钮；9—探针座；
10—吸附控制开关；11—调焦架；12—体视显微镜；13—CCD 接口

动。探针座上也包含高精度的 X-Y-Z 线性移动机构，用来移动探针精确点扎到预定的电极上。探针座通过磁力吸附于支架平台上，测试探针安装于探针座探针针杆上。用于电致发光测试的探针其针尖材质通常为钨，针杆材质为镍，具有小的接触电阻和高的柔性，能与被测芯片表面形成良好接触并不损伤芯片。探针针尖的曲率半径在 $1\sim20~\mu m$ 范围内可选。探针座上引出导线可与直流电源输出端连接。

本实验的光谱测量采用微型光纤光谱仪。这类光谱仪具有体积小、即插即用、检测速度快、配置灵活、操作方便等特点。图 9.6.8 为一台 USB 接口的微型光纤光谱仪的内部结构图，其中内置了先进的探测器和强大的高速电路系统。与扫描式单色仪相比，由于采用了线性探测器阵列，不需要转动光栅来工作，光栅永久固定，保证了性能的长期稳定，并能够实现高速检测，配合电子快门，全谱测量的最短积分时间可达到数毫秒。

USB 微型光纤光谱仪包括以下几个部分。

（1）SMA905 连接器。由光纤导入的信号线经由 SMA905 连接器进入光学平台，SMA905 连接器精确地对准光纤断面，固定狭缝、滤光片等。

（2）固定入射狭缝。信号光首先通过作为入射孔的固定狭缝，狭缝宽度的可选范围为 $5\sim200~\mu m$。狭缝固定在 SMA905 连接器中，和光纤端面对准。

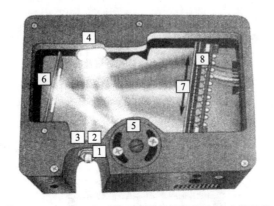

图 9.6.8　一台 USB 接口微型光纤光谱仪的内部结构

1—SMA905 连接器；2—固定入射狭缝；3—长通吸收滤光片；4—准直镜；
5—光栅；6—聚焦镜；7—探测器聚光透镜；8—探测器

（3）长通吸收滤光片。

（4）准直镜。将入射光准直后，投射到光栅上。

（5）光栅。

（6）聚焦镜。将一级衍射光谱聚焦到探测器面板上。

（7）探测器聚光透镜。被固定于探测器的窗片上，将通过狭缝高度方向的信号光聚焦到窄小的探测器像元上，提高采集信号光的效率。

（8）探测器。采用包含数千像元的线性 CCD 阵列，每个像元对不同波长的信号光产生响应，产生的电信号经过软件处理后得到完整的光谱。

实验仪器与材料

本实验所用到的实验仪器与材料主要有以下几种。

（1）手动式半导体显微探针测试台：1 台；

（2）探针座：2 只；

（3）探针：2 根；

（4）石英光纤（SMA905 接头）：1 根；

（5）卤钨灯光源（SMA905 接头）：1 台；

（6）高精度直流电源：1 台；

（7）微型光纤光谱仪：1 台；

（8）微型计算机：1 台；

（9）InGaN 或 AIGaAs LED 芯片：若干。

实验内容与步骤

1. 测试系统的连接与调整。

（1）用石英光纤连接探针测试台上光收集单元与卤钨灯光源，开启卤钨灯光源，根据被测样品在载物台上的实际位置调整探针测试台上光收集单元的位置与方向，使其出射光斑（定位光斑）照射于显微镜视野可及的区域，并以此作为实际的测试点位置。

（2）以导线连接探针座电极与直流电源输出端。开启直流电源，根据需要调整限流电流（如为 100 mA）。

（3）将被测 LED 芯片放置于载物台上，覆盖其上的吸附孔。开启真空泵和真空阀门开关，使芯片被稳固地吸附于载物台平面上。通过载物台平移机构将芯片移动到定位光斑位置。

（4）关闭卤钨灯光源。将石英光纤连接卤钨灯光源端改接到微型光纤光谱仪的输入端口，用 USB 连接线连接微型光纤光谱仪与计算机，开启光谱仪电源，启动计算机，启动光谱仪控制程序。

2. 探针与电极的连接。

（1）调节显微镜的倍率，以能够清楚观察探针尖端及 LED 芯片上电极为度。

（2）使用载物台上 X 轴/Y 轴平移机构移动载物平台，将待测电极移动至显微镜视野中央。

（3）待测点位置确认好后，再调节探针座的位置，将探针装上后可先通过目视将探针移到接近待测点的位置旁，再使用探针座上下、左右两个旋钮，慢慢通过显微镜观察将探针移至测试点。此时动作一定要小心，以防动作太大而碰伤芯片，将探针针尖轻触或稍微悬空到待测电极上（滑动探针在电极上留下划痕，视为接触）。

（4）调节探针座的 Z 轴旋钮使探针尖扎在待测电极上，确保针尖和电极良好接触，则可以通过连接的测试设备开始测试。

3. 电致发光的测量。

（1）调节直流电压源的输出电压 V（0～4 V），记录直流电压源的输出电流（驱动电流）I，绘制 LED 芯片的 I—V 曲线。将输出电流的数据记录在表 9.6.1 中。

表 9.6.1　直流电压源的输出电流

V/V	2.5	2.6	2.7	2.8	2.9	3	3.1	3.2	3.3	3.4	3.5	3.6	3.7	3.8	3.9	4
I/mA																

（2）通过微型光纤光谱仪测量与一组预定的驱动电流值对应的 LED 的电致发光谱，绘制光谱曲线。将相应的电流与电压值记入表 9.6.2 中。

表 9.6.2　LED 的电流与电压

I/mA	5	10	15	20	25	30	35	40	45	50
V/V										

（3）根据电致发光谱计算出发光峰的面积，绘制发光峰面积—驱动电流曲线。计算的面积记入表 9.6.3 中。

表 9.6.3　发光峰的面积

I/mA	5	10	15	20	25	30	35	40	45	50
面积										

注意事项

1. 使用光纤光谱仪时，尽可能在设置 dark spectrum 时不要关闭光源。如果需要关闭光源，请留足够的时间预热，等预热完毕，再重新存储参考值。

2. 如果改变以下参数必须设置新的 dark spectrum 值，如 integration，averaging，smoothing，fiber size 等。

思考题

1. 试举出几种典型的电致发光器件，并进行简要说明。
2. 介绍几种发光二极管在日常生活中的应用。
3. 比较发光二极管与光电二极管的工作机理。

参考文献

[1] 施敏，伍国珏. 半导体器件物理 [M]. 第三版. 西安：西安交通大学出版社，2008.

[2] DonaldA. Neamen. 半导体物理与器件 [M]. 第四版. 北京：电子工业出版社，2013.

[3] 沈学础. 半导体光谱和光学性质 [M]. 第二版. 北京：科学出版社，1992.

（李金华）

实验 9.7　蒸气冷凝法制备纳米颗粒

实验目的

1. 了解纳米科学技术的基本情况和纳米材料制备的主要技术。

2. 学习和掌握利用蒸气冷凝法制备金属纳米微粒的基本原理和实验方法，研究微粒尺寸与惰性气体气压之间的关系。

实验原理

纳米科学技术是 20 世纪 80 年代末诞生并正在蓬勃发展的一种高新科技，它是在纳米尺度内，通过对物质反应、传输和转变的控制来实现创造新材料、器件并充分利用它们的特殊性能，以及探索在纳米尺度内物质运动的新现象和新规律。

纳米是一个长度单位，简写为 nm，$1 \text{ nm} = 10^{-3} \text{ } \mu\text{m} = 10^{-6} \text{ mm} = 10^{-9} \text{ m}$。1 nm 等于 10 个氢原子一个挨一个排起来的长度，可见纳米是一个极小的尺寸。纳米尺度处于以原子、分子为代表的微观世界和以人类活动空间为代表的宏观世界的中间地带，也是物理学、化学、材料科学、生命科学以及信息科学发展的新领域。纳米不仅是一个空间尺度上的概念，而且是一种新的思维方式，即生产过程越来越细，以至于在纳米尺度上直接由原子、分子的排布制造具有特定功能的产品，它代表人们对自然科学的认识进入了一个新的层次。一般认为，在 $1 \sim 100 \text{ nm}$ 范围之间的物质组成的体系的运动规律和相互作用以及可能的应用都是纳米科技研究的内容。纳米材料与宏观材料相比具有以下一些特殊效应。

1. 小尺寸效应。

纳米材料的尺度与光波波长、德布罗意波长以及超导态的相干长度或透射深度等物理特征尺寸相当或更小，宏观晶体的周期性边界条件不再成立，导致材料的声、光、电、磁、热、力学等特性呈现小尺寸效应。例如各种金属纳米颗粒几乎都显现黑色，表明光吸收显著增加；许多材料存在磁有序向无序转变，导致磁学性质异常的现象；声子谱发生改变，导致热学、电学性质显著变化。曾有人利用高分辨率电子显微镜追踪拍摄超细金微粒，观察到微粒的外形、结晶态不停变化，特定界面的原子不断脱离平衡位置又不停地返回平衡位置，呈现出与常规材料不同的特性，被称为 living particle。纳米微粒之间甚至在室温下就可以合二为一，它们的熔点降低自然是意料中的结果。

2. 表面效应。

以球形颗粒为例，单位质量材料的表面积（称为比表面积）反比于该颗粒的半径，因此当半径减小时比表面积增大。例如将一颗直径 1 μm 的颗粒分散成直径为 10 nm 的颗粒，颗粒数变为 100 万颗，总比表面积增大 100 倍。表面原子数比例、表面能等也相应地增大，从而表面的活性增高。洁净的金属纳米微粒往往会在室温环境的空气中燃烧，如图 9.7.1 所示。表面有薄层氧化物时相对稳定，这是必须面对的问题，但是反过来也为优良的催化剂提供了现实可能。

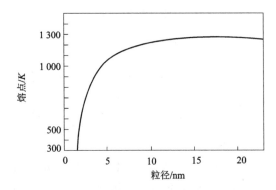

图 9.7.1 金微粒熔点与尺寸的关系

3. 量子尺寸效应。

传统的电子能带理论表明，金属费米能级附近电子能级是连续的，但是按照著名的久保（Kubo）理论，低温下纳米微粒的能级不连续。相邻电子能级间距 δ 与微粒直径相关

$$\delta = \frac{4}{3}\frac{E_F}{N} \tag{9.7.1}$$

式中，N 为一个微粒所包含的导电电子数，E_F 为费米能。

$$E_F = \frac{\hbar}{2m}(3\pi^2 n)^{2/3} \tag{9.7.2}$$

式中，$\hbar$ 为普朗克常数，m 为电子质量，n 为电子密度。若将微粒简单地看作球形的，则近似有

$$\delta \propto 1/d^3 \tag{9.7.3}$$

式中，d 为直径。由此可见随着微粒直径变小，电子能级间距变大。

久保理论中提及的低温效应按如下标准判断，即只在 $\delta > k_B T$ 时才会产生能级分裂，式中 k_B 为玻耳兹曼常数，T 为绝对温度。这种当大块材料变为纳米微粒时，金属费米能级附近的电子能级由准连续变为离散能级的现象称为量子尺寸效应。当能级间距大于热能、磁能、静磁能、静电能、光子能量或

超导态的凝聚能时，微粒的磁、电、光、声、热以及超导电性均会与大块材料有显著不同。以 Cu 纳米微粒为例，其导电性能即使在室温下也明显下降。对于半导体微粒，如果存在不连续的最高被占据分子轨道和最低未被占据的分子轨道能级，能隙变宽现象等亦称为量子尺寸效应。

4. 宏观量子隧道效应。

微观粒子具有穿透势垒的概率，称为隧道效应。近年来，人们发现一些宏观量，例如小颗粒的磁化强度，量子相干器件中的磁通量等亦具有隧道效应，称为宏观量子隧道效应。宏观量子隧道效应对纳米科技有着重要的价值，它是纳米电子学发展的重要基础依据。

此外，近十多年来，尚有"库仑堵塞与量子隧穿""介电限域效应"等新效应被发现。上述各种效应使得纳米材料呈现出与宏观材料显著不同的特性，甚至出现一些反常的现象，更加吸引着人们开拓和探索这一引人入胜的学科领域。

在整个纳米科技的发展过程中，纳米微粒的制备和微粒性质的研究是最早开展的。时至今日，纳米科技的领域已经迅速地扩大和深入，但要进入纳米领域，最好还是从纳米微粒的制备与测量起步。

利用宏观材料制备微粒，通常有两条路径。一种是由大变小，即所谓粉碎法；一种是由小变大，即由原子气通过冷凝、成核、生长过程，形成原子簇进而长大为微粒，称为聚集法。由于各种化学反应过程的介入，实际上已发展了多种制备方法。

（1）粉碎法。

图 9.7.2 所示为几种最常见的粉碎法。

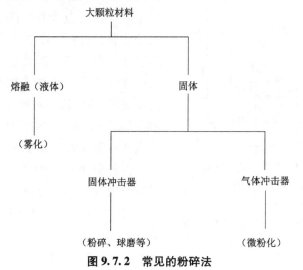

图 9.7.2 常见的粉碎法

实验室使用最多的是球磨粉碎。球磨粉碎一开始粒径下降很快,但粉碎到一定程度时,由冷焊或冷烧结引起的颗粒重新聚集过程与粉碎过程之间达到动态平衡,粒径不再变小。进一步细化的关键是阻止微晶的冷焊,这往往通过添加助剂完成。1988 年,Shingu 等利用高能球磨法成功地制备了 Al-Fe 纳米晶。发展至今,对于 bcc 结构的材料(如 Cr、Fe、W 等)和 hcp 结构的材料(如 Zr、Ru 等)的纳米微粒较易制备,但具有 fcc 的材料(如 Cu)难以形成纳米微晶。球磨粉碎法的缺点是微粒尺寸的均匀性不够,同时可能会引入杂质成分,但相对而言工艺较简单,产率较高,而且还能制备一些其他方法无法制备的合金材料。

(2)化学液相法。

化学液相法制备纳米微粒获得很大的进展,目前已发展成共沉淀法、水热法、冻结干燥法、溶胶—凝胶法等。利用化学液相法已制备成许多种类的纳米金属、非金属单晶微粒及各种氧化物、非氧化物以及合金(如 $CoFeO_4$,$BaTiO_3$)、固溶体(如 Al_2O_3,TiO_2)。

(3)气相法(聚集法)。

气相法制备纳米微晶可以追溯到古代,我们的祖先就曾利用蜡烛火焰收集炭黑制墨。文献记录表明,1930 年,Rufud 为了研究红外吸收,在空气中制备了 Ni 等 11 种金属的纳米微粒。1962 年,由于日本物理学家 Kubo(久保)提出量子尺寸效应,引起了物理学工作者的极大兴趣,促进了纳米微粒的制备及检测。1963 年,kimoto 等在稀薄氩气氛的保护下利用金属加热蒸发再冷凝,成功地制备了 20 多种金属材料的纳米微粒。时至今日,除了在加热方法上已发展了电阻加热法、等离子喷射法、溅射法、电弧法、激光法、高频感应法及爆炸法等各种方法,在制备原理上亦已发展了 CVD 法、热解法及活性氢—熔融金属反应法等。它们为不同的用途,提供各自适宜的制备方法。

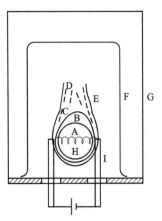

图 9.7.3　蒸气冷凝法制备纳米微粒的过程

A—原材料的蒸气;B—初始成核;C—形成纳米微晶;D—长大了的纳米微粒;E—惰性气体;F—纳米微粒收集器;G—真空罩;H—加热钨丝;I—电极

在各类制备纳米微粒的方法中,最早被采用并进行较细致实验研究的是蒸气冷凝法,其制备过程如图 9.7.3 所示。首先利用抽气泵对系统进行真空抽吸,并利用惰性气体进行置换。惰性气体为高纯 Ar、He 等，有些情形也可以考虑用 N_2 气。经过几次置换后，将真空反应室内保护气的气压调节控制至所需的参数范围，通常为 0.1～10 kPa 范围，与所需粒子粒径有关。当原材料被加热至蒸发温度时（此温度与惰性气体压力有关，可以从材料的蒸气压温度相图查得）蒸发成气相。气相的原材料原子与惰性气体的原子（或分子）碰撞，迅速降低能量而骤然冷却。骤冷使得原材料的蒸气中形成很高的局域过饱和，非常有利于成核。

图 9.7.4 显示成核速率随过饱和度的变化情况，成核与生长过程都是在极短的时间内发生的。图 9.7.5 给出了总自由能随核生长的变化，一开始自由能随着核生长的半径增大而变大，但是一旦核的尺寸超过临界半径，它将迅速长大。首先形成原子簇，然后继续生长成纳米微晶，最终在收集器上收集到纳米粒子。为理解均匀成核过程，可以设想另一种情形，即抽掉惰性气体使系统处于高真空状态，如果此时对原材料加热蒸发，则材料蒸气在真空中迅速扩散并与器壁碰撞而冷却，此过程即是典型的非均匀成核过程，它主要由容器壁的作用促进成核、生长并淀积成膜。而在制备纳米微粒的过程中，由于成核与生长过程几乎是同时进行的，微粒的大小与饱和度 P/Pe 有密切关系，这导致以下几项因素与微粒尺寸有关。

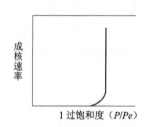

图 9.7.4　成核速率随过饱和度的变化　　**图 9.7.5　总自由能随核生长的变化**

① 惰性气体的压力，压力越小碰撞概率越低，原材料原子的能量损失越小，Pe 值降低较慢。

② 惰性气体的原子量越小，一次碰撞的能量损失越小。

③ 蒸发速率越快，P/Pe 越大。

④ 收集器离蒸发源越远，微粒生长时间越长。

实际操作时可根据上述几方面的因素调整 P/Pe 值，从而控制微粒的分布尺寸。

本实验仪采用电阻加热、气体冷凝法制备纳米微粒。

现在有许多物理测量方法可以用于检测微粒的尺寸分布或平均粒径（表 9.7.1）。

表 9.7.1 微粒尺寸的检测方法

测量方法	测量功能	适用的尺寸范围	使用的主要仪器
离心沉降法	等效直径	>25 nm	高速离心机，分光光度计或暗场法光学系统
气体吸附法（容量法或重量法）	比表面积	尺寸：1~10 nm 比表面积：0.1~1 000 m²/g	BET 吸附装置或重量法装置
光散射法	平均直径	约>3 nm	喇曼光谱仪
X 射线衍射峰宽法	晶粒平均尺寸	约<500 nm 常用于<50 nm	X 射线衍射仪
小角度 X 射线散射线	晶粒平均尺寸	约<100 nm	X 射线衍射仪
电子成像法（TEM）	直接观察粒子形貌并测量粒径尺寸	约>2 nm	透射电子显微镜
扫描隧道显微镜法（STM）	形貌与尺寸	宽范围	扫描隧道显微镜
穆斯保尔谱法	粒径分布		穆斯保尔谱仪
光子相关谱法			光子相关谱仪

实验设备

NDWH-218B 型超细颗粒制备实验仪由真空泵、真空度测量控制单元、蒸发速率控制单元、真空系统、超细微粒收集器和自动保护单元等部分组成。

NDWH-218B 型超细颗粒制备实验仪结构原理如图 9.7.6 所示。NDWH-

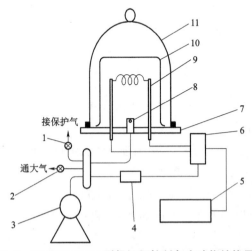

图 9.7.6 NDWH-218B 型超细颗粒制备实验仪结构原理图

1—保护气控制阀；2—卸荷阀；3—真空泵；4—真空测量单元；
5—蒸发功率测量单元；6—蒸发速率控制单元；7—真空室底座；
8—抽气口；9—加热器；10—微粒收集器；11—玻璃钟罩

218B 型超细颗粒制备实验仪的前后操作面板如图9.7.7、图9.7.8 所示。

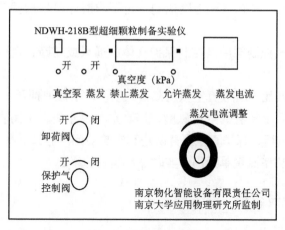

图 9.7.7　前操作面板

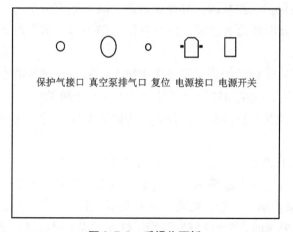

图 9.7.8　后操作面板

1. 玻璃钟罩置于仪器顶部真空橡皮垫上，平时钟罩内保持一定的负压，用以维护系统清洁。当需要制备微粒时，打开卸荷阀，大气进入钟罩，待钟罩内外气压平衡时即可拿起钟罩。

2. 钟罩下方倒置一只玻璃烧杯作为微粒收集器。

3. 加热器为螺旋形钨丝，通过铜电极接入蒸发速率控制单元，在真空状态下启动蒸发单元，加热器上可获得1 000 ℃以上的高温。

4. 真空室底座上装有抽气口，通过管道连接至分气包。同时，真空泵、真空度测量单元、保护气控制阀和卸荷阀也通过管道连接至分气包，与玻璃钟罩一起组成真空系统。

（1）真空度测量单元直接将真空室内的真空度显示在数字表上，同时控制蒸发控制单元，只有当真空度达到一定要求时才可以启动蒸发单元，以防止加热器损坏。

（2）保护气控制阀用以控制保护气体的通入或切断，也可调节保护气体的流量和压力。

（3）卸荷阀用于释放真空室的载荷，以便取下玻璃钟罩。

（4）真空泵上接有真空电磁阀，当真空泵停止时，关闭真空系统，同时释放真空泵的负压，保护真空泵并防止真空泵油倒灌进真空系统。

（5）蒸发功率测量单元用于实时显示蒸发功率。

实验内容与步骤

1. 准备工作。

（1）检查仪器的电源接线、保护气体连接管道是否正常，关闭电源开关；

（2）关闭保护气控制阀，打开卸荷阀，取下玻璃钟罩和微粒收集器，用脱脂白绸布、分析纯无水乙醇，仔细擦拭玻璃钟罩及微粒收集器内壁、真空室底座和电极；

（3）将螺旋形钨丝加热器安装在电极上。将用于制备纳米微粒样品的金属材料截成小段，挂在加热器上（每一圈上挂一至两段）；

（4）放好微粒收集器和玻璃钟罩，关闭卸荷阀，将蒸发功率控制手轮逆时针旋到底；

（5）接通电源开关，接通真空泵电源开关，真空泵开始工作，同时真空泵指示灯亮，真空度表数字减小，真空室内压力下降。当真空度尚未达到蒸发要求时，"禁止蒸发"指示灯亮，所有与蒸发相关的操作均被禁止；而当真空度达到蒸发要求时，"允许蒸发"指示灯亮，表示可以进行蒸发操作。

（6）关闭真空泵电源，观察真空室真空度应基本稳定，否则应检查钟罩是否安放妥当，保护气控制阀或卸荷阀是否关闭。找出原因，排除后重新检查。

（7）打开保护气控制阀，保护气体进入真空室，气压也随之增大。

（8）重复以上抽气—放气操作，直至能熟练操作。

（9）准备好干净的毛刷和存放纳米微粒样品的容器。

2. 制备纳米微粒。

（1）关闭卸荷阀和保护气控制阀，打开真空泵电源，抽气至"允许蒸发"指示灯亮；

（2）打开保护气体控制阀，接通保护气冲洗真空室约 5 min；

（3）关闭保护气控制阀，当"允许蒸发"指示灯亮后，打开"蒸发"开关，同时"蒸发"指示灯亮，然后顺时针缓缓旋转"蒸发电流调整"手轮，边旋转手轮边注意蒸发电流，同时观察钨丝。随着蒸发电流逐渐增大，钨丝逐渐变红进而发亮。当温度达到被蒸发材料的熔点时，材料开始熔化形成小球状。

（4）继续增大蒸发电流，微粒收集器表面开始发黑，表明蒸发已经开始。随着蒸发过程的进行，钨丝上被蒸发材料越来越少，最终全部被蒸发，此时将蒸发电流调整手轮回调至零位。

（5）打开卸荷阀，使空气进入真空室。当真空室内外压力平衡时，小心移开钟罩，取下微粒收集器，用毛刷轻轻将黑色粉末扫至杯底，然后倒入事先准备好的容器内并贴上标签。

注意事项

1. 为便于教学实验，真空钟罩为玻璃制品，拿取时应小心轻放。

2. 开、闭卸荷阀和保护气控制阀时用力要适当，不可暴力猛拧，也不必过度谨慎使用力不足而关闭不严。

3. 在真空度尚未达到蒸发要求时，如果蒸发电流调整手轮未能回复到零位，则"禁止蒸发"指示灯闪烁；当真空度达到蒸发要求而蒸发电流调整手轮未能回复到零位，则"允许蒸发"指示灯闪，只有首先将蒸发电流调整手轮回复到零位，才能进行蒸发操作。

4. 进行蒸发操作时，钨丝将会发出耀眼的光亮。尽管玻璃钟罩会阻挡绝大部分紫外线且工作时间也很短，但为安全起见，请注意防护眼睛。

5. 制成的纳米微粒极易弥散到空中，因此在收集时动作应轻缓。

6. 熔点太高的金属难以蒸发，而铁、镍等金属在高温下极易与钨发生合金化反应，因此要在较短的时间内完成蒸发（即闪蒸）。

7. 仪器在运行过程中，如发现真空泵不能正常停机或蒸发操作不能进行等异常时，按下后操作面板上的"复位"按钮，即可重新进行操作。

8. 真空泵刚开始工作时，真空泵排气口会有少量油雾排出，可用管道将其排到室外。

思考题

1. 真空系统为什么应保持清洁？

2. 为什么对真空系统的密封性有严格要求？如果漏气，会对实验有什么影响？

3. 从成核和生长的机理出发，分析不同保护气气压对微粒尺寸有何影响？

4. 为什么实验制得的铜微粒呈现黑色？

5. 实验制得的铜微粒的尺寸与气体压力之间呈什么关系？为什么？

6. 实验中在不同气压下蒸发时，加热功率与气压之间呈什么关系？为什么？

7. 不同气压下蒸发时，观察到微粒"黑烟"的形成过程有何不同？为什么？

参考文献

[1] 黄润生，沙振舜，唐涛. 近代物理实验 [M]. 第二版. 南京：南京大学出版社，2008.

[2] 张立德，牟季美. 纳米材料和纳米结构 [M]. 北京：科学出版社，2001.

[3] 宋晓敏. 蒸汽冷凝法制备纳米微粒实验的教学讨论 [J]. 实验技术与管理，2011，28 (10)：42-44.

（王雪萍）

十、应 用 技 术

实验 10.1　扫描电子显微镜分析实验

实验目的

1. 了解扫描电子显微镜的原理和结构。
2. 了解能谱仪的原理和结构。
3. 运用扫描电子显微镜、能谱仪进行样品微观形貌观察及微区成分的分析。

实验原理

1. 扫描电子显微镜的构造及原理。

扫描电子显微镜是利用细聚焦高能电子束在试样上扫描激发出各种物理信息，通过对这些信息的接收、放大和显示，实现对试样进行微区分析。扫描电子显微镜在结构上可分为五部分，即电子光学系统、扫描系统、信号接收与显示系统、样品移动与更换系统和真空系统。扫描电子显微镜的结构如图 10.1.1 所示。

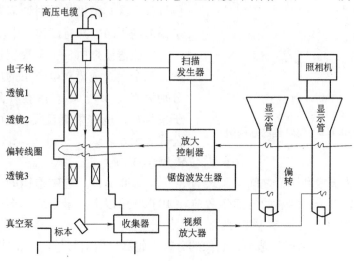

图 10.1.1　扫描电子显微镜的结构

（1）电子光学系统。

电子光学系统由电子枪及电磁透镜等组成。

电子枪是采用三级热阴极电子枪。普通灯丝做成 V 形，栅极为负偏压，阳极接地。要求电子枪的亮度高且电子能量散布小，目前常用的种类有三种，即钨（W）灯丝、六硼化镧（LaB6）灯丝、场发射（Field Emission）。热游离方式电子枪有钨（W）灯丝及六硼化镧（LaB6）灯丝两种，它是利用高温使电子具有足够的能量以克服电子枪材料的功函数能障而逃离。当在真空中的金属表面受到 108 V/cm 大小的电子加速电场时，会有数量可观的电子发射出来，其原理是高电场使电子的电位障碍产生 Schottky 效应，亦即使能障宽度变窄，高度变低，因此电子可直接"穿隧"通过此狭窄能障并离开阴极。电子是从很尖锐的阴极尖端所发射出来的，因此可得极细而又具有高电流密度的电子束，其亮度可达热游离电子枪的数百倍，甚至千倍。表 10.1.1 为钨灯丝、六硼化镧灯丝和场发射的性能比较。

表 10.1.1　钨灯丝、六硼化镧灯丝、场发射的性能比较

	电子能量散布/eV	发光强度/cd	真空度/mbar	寿命/h
钨灯丝	2	8	1.3 E-4	100
六硼化镧灯丝	1	40	2 E-7	2 000
场发射	0.2~0.3	3 000	5 E-9	10 000

注：1 mbar = 10^2 Pa。

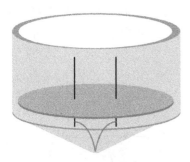

图 10.1.2　钨灯丝的结构图

本实验装置使用的是钨灯丝，其结构如图 10.1.2 所示。通常每周需要更换灯丝一次。更换灯丝时，需要将温纳尔帽清洗干净，并将灯丝对中。

电磁透镜是由三个会聚型透镜组成的，三个会聚透镜对电子束的压缩倍数分别为 M_1、M_2、M_3。落在样品上的电子束直径，也称束斑直径 d，可由下列公式表示。

$$d = d_0 / (M_1 \times M_2 \times M_3)$$

式中，d_0 为栅极和阳极之间交叉斑直径（30~50 μm）。电磁透镜的分辨率为 50 A，所以电子束的总的压缩倍数应在 10 000 倍以上。最末级的会聚镜也称为物镜，物镜上方装有物镜光阑，孔径分别为 0.1 mm，0.2 mm，0.3 mm，0.4 mm。物镜光阑孔径越小，图像的分辨率越高，但信号越弱，信噪比越低，背散射电子像衬度越低，景深越大；物镜光阑孔径越大，图像的分辨率越低，

但信号越强，信噪比越高，背散射电子像的衬度越高，景深越小。透镜的三种缺陷对光源的影响如图 10.1.3 所示。

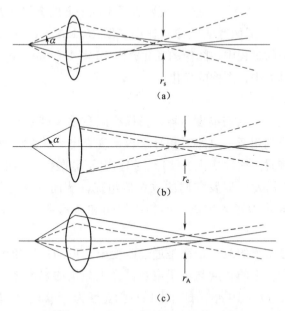

图 10.1.3　透镜的三种缺陷对光源的影响

扫描电子显微镜还装有 8 级像散消除器。像散是由于电磁透镜的会聚能力不对称造成的，如果不调节像散会造成图像变形。当图像的放大倍数不高时（低于 1 000 倍），像散对图像的影响不大；放大倍数越高，越需要消除像散；工作距离越大，像散对图像的影响越大，如图 10.1.4 所示。

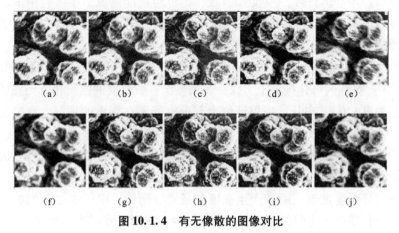

图 10.1.4　有无像散的图像对比

（a）欠焦；（b）欠焦；（c）聚焦；（d）过焦；（e）过焦；
（f）欠焦；（g）欠焦；（h）聚焦；（i）过焦；（j）过焦

图 10.1.3（a）球面像差，是由通过透镜中心与边缘的会聚能力不同而造成的；图 10.1.3（b）色差，是透镜对不同波长的电子束会聚能力不同造成的；图 10.1.3（c）像散，通过透镜同直径不同平面的会聚能力不同造成的。

图 10.1.4 为有无像散的图像对比图。图 10.1.4（a）~（e）为有像散时，欠焦到过焦的过程中，图像的变化；图 10.1.4（f）~（j）为无像散时，欠焦到过焦的过程中，图像的变化。

（2）扫描系统。

扫描系统主要包括扫描发生器、扫描线圈和放大倍率变换器。扫描发生器的基本原理是利用开关电路对积分电容反复充电、放电而产生一串锯齿波输出，它是随着时间线性变化的波形。扫描电子显微镜的扫描发生器由 X 扫描发生器、Y 扫描发生器及它们的放大器组成，从而实现行扫描和帧扫描，将锯齿波信号同步地送入镜筒中的扫描线圈和显示系统的显像管的扫描线圈上。

扫描电子显微镜的放大倍率是通过改变电子束的偏转角度来调节的。放大倍数等于显示屏上的宽度与电子束在试样上扫描的宽度之比。如果显示屏宽度为 150 mm，放大 10^4 倍，试样上的行扫宽度为 15 μm。扫描电子显微镜放大倍数为 20~150 000 倍率连续可调。

（3）信号的接收、放大与显示。

电子束与试样相互作用会产生多种信息，主要有二次电子、背散射电子及 X 射线等。扫描电子显微镜中采用不同的探测器可以接收不同的信号，如用正比计数器接收 X 射线，再加上晶体分光计则可组成波谱仪——电子探针；用 Si（Li）半导体计数，接收 X 射线，则可组成能谱仪，还可利用俄歇电子为信号做成俄歇谱仪等。由闪烁体及光电倍增管组成的以接收二次电子为主的仪器称为扫描电子显微镜。

二次电子的探测系统如图 10.1.5 所示。二次电子在收集栅的作用下（+500 V）打在闪烁体探头上，探头表面喷涂有数百埃的铝膜和荧光物质，闪烁体上加有+10 kV 电压，以保证绝大部分电子落在探头的顶部。在二次电子的轰击下闪烁体释放出光子束，沿着光导管传到光电倍增管的阴极上。光电阴极把光信号转变成电信号并加以放大输出，再经前置放大器放大后进入视频放大器，再到 CRT 的栅极上。显示屏的信号波形的幅度和电压受输入的二次电子信号强度调制，图像产生亮度和反差。所以，电子束在凸凹的样品表面上逐点扫描时产生的二次电子数量的多少直接影响着图像的亮度。

显示单元一般装有两个 CRT，一个供观察用，为长余辉显像管；另一个高分辨的短余辉 CRT，用于照相。

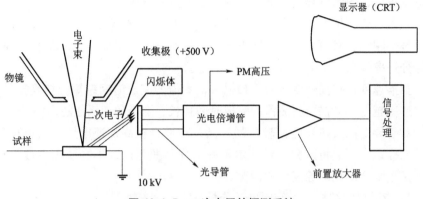

图 10.1.5 二次电子的探测系统

（4）样品移动与更换系统。

扫描电子显微镜样品台操作时，通过千分尺机构可实现 X、Y、Z 三个方向上的位移，也可使样品倾斜和旋转。具体指标为：

X 方向位移：0~80 mm；

Y 方向位移：0~40 mm；

Z 方向位移：5~35 mm；

倾斜角：-15°~ +90°；

旋转角：360°；

最大样品尺寸：ϕ150 mm×12 mm。

扫描电子显微镜样品台分专用样品台和特殊样品台，如半导体器件及微型电路测试样品台、大角度倾斜台、透射电子样品台、拉伸台、加热及冷却样品台、万能转向样品台及样品台自动移动装置等。

（5）真空系统。

从低真空到高真空是由逻辑电路执行的自动程序，20 min 可达到 10^{-5} Torr（1 Torr＝133.322 Pa），对水源供水和扩散泵超温有自行保护装置。试样更换是通过气阀局部破坏真空，一般两三分钟即可完成更换手续。更换灯丝时可以与镜筒主体隔离。

（6）扫描电子显微镜常用参数。

扫描电子显微镜常用参数主要有工作距离、加速电压、束斑、扫描速度等。

工作距离：样品表面到极靴的距离。在图像聚焦清楚时，焦距＝工作距离。工作距离越近，图像的分辨率越高，景深越小；工作距离越远，图像的分辨率越低，景深越大。

加速电压：加速电压越高，图像分辨率越高，背散射电子信号越强；加速电压越低，图像分辨率越低，背散射电子信号越弱。

束斑：束斑越大，二次电子、背散射电子、特征X射线的信号越强，图像分辨率越低；束斑越小，二次电子、背散射电子、特征X射线的信号越弱，图像分辨率越高。

扫描速度：扫描速度越快，扫描每幅图像的完成时间越短，信噪比越低；扫描速度越慢，扫描每幅图像的完成时间越长，图像的信噪比越高。

对于导电性及热稳定性较差的样品，不适合在高加速电压、大束斑、较慢的扫描速度下进行观察。对固定不好的样品照相时，不能使用较慢的扫描速度，否则会出现图像变形的情况。

2. 能谱仪的结构、工作原理及分析方法。

（1）能谱仪的结构。

X射线能谱仪亦称能量色散谱仪。它是通过检测元素的特征X射线（检测其特征能量）来分析样品微区成分的一种仪器。我国使用的能谱仪主要来自英、美、荷兰等国。其结构大致分为四部分：控制及指令系统、X射线信号检测系统、信号转换和储存系统、结果输出与显示系统。

（2）工作原理。

图10.1.6显示了能谱仪的工作原理框图。来自样品的X射线信号穿过薄窗（Be窗或超薄窗）进入冷冻的锂漂移硅检测器中，每吸收一个X射线光子就会打出一个光电子，光电子的大部分能量用于形成若干个空穴—电子对，在100 K温度下硅中产生一个空穴—电子对所需的平均能量为 $\varepsilon_{si} = 3.8$ eV。若某元素的一个X射线光子能量为E，那么它所能产生的空穴—电子对数目 $N = E/\varepsilon_{si}$，E不同则N不同。每一个X射线光子产生的空穴—电子对在外加偏压下移动而形成一个电荷脉冲，此脉冲经电荷灵敏的前置放大器转换成电压脉

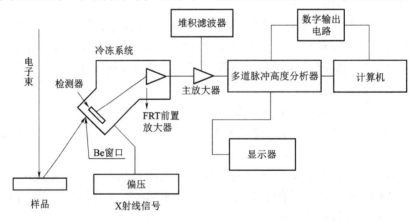

图 10.1.6 能谱仪的工作原理框图

冲，再经主放大器进一步放大、整形，最后送入多道脉冲高度分析器（MCA）。在那里脉冲按电压值被分类并在存储器中记下对应每种能量值的 X 光子数目，这些数字可以以谱线形式（横坐标代表道址（能量），纵坐标代表光子数目）显示在视屏上，或将 INCA 的内容直接存入计算机中作进一步处理（如峰识别、定量计算等）。

（3）能谱仪的分析方法。

1）能谱仪的校正及分析条件、参数的预置。

① 能谱仪的校正。

a. 能谱仪的全校正。

能谱仪必须经过全校正之后才能进入使用状态，它包括峰位校正、增益校正以及分析通道阀值的设置等。此校正是为确保把每个元素的特征 X 射线在显示器上准确定位，这与定性、定量分析密切相关。全校正不需要经常进行，平时可根据需要进行部分校正。

b. 能谱仪的定量校准。

定量校准也就是对能谱仪的增益的校准。定量分析前必须进行定量校准，因为 SEM 一般没有束流监测器，而束流的变化会引起谱峰高低（强弱）的变化（实际上就是能谱仪增益的变化）。定量校正就是用一个校准元素的谱峰，对能谱仪增益发生的小的变化做出校正。校准元素一般选用具有明显的、好的、确定的 K 系峰的元素（如 Fe，Co，Ni 等）。INCA 选用的是 Co，因为在通常的分析条件下，Co 的 K 系峰明显，且表面易抛光，不易氧化。校准的原理如下：定量分析前，在确定了现行的分析条件之后，先采集一个纯 Co 的谱峰，连同它的分析条件一同存入计算机，然后再采集分析谱（采集的条件要保持和采集 Co 谱峰的条件一样）。进行定量计算时，计算机首先对建立标样文件时采集的 Co 峰强度 $I_{Co原}$ 和现行分析条件下采集的 Co 峰强度 $I_{Co现}$ 进行比较，然后根据这个比值进行束流变化引起的能谱仪增益变化的校正。假如 $I_{Co原}/I_{Co现}=1/2$，则说明建立标样文件时收谱束流小，应把标样谱峰强度扩大一倍再进行定量计算。

应当注意的是：定量校准完成后，以后的现行分析谱采集条件要与采 Co 时一致，这才能保证校准的作用和定量的准确。如有变化就应重新校正。一般情况下，最后一次增益校准超过 2 h，计算机就会提醒你进行重新校正。

② 分析条件及参数的预置（只介绍主要的几个）。

a. 确定采谱的时间。

能谱仪数据采集时间通过下列三种方式来控制：预设活时间（Preset Live time）；预设实际时间（Preset real time）；预设积分计数（Preset integral）。这可在 Acquisition set-up 状态下任选，我们通常用预设活时间，可供选择的时间是 1~99 999 s，根据分析的内容进行预设。当分析元素的含量较少或计数率较低时，可预设较长时间，反之则短一些。定性分析一般选择 50~100 s 即可。定量分析时，为提高低含量元素分析的准确性，当计数率太低时可采用较长时间，可在 200 s 以上甚至 400~600 s。

b. 确定采谱条件。

a) X 射线脉冲处理器处理方式的设置。能谱仪 X 射线脉冲处理器有两种计数模式和六个处理时间。在 Acquisition Set-up 状态提供了三种处理方式的选择：

（a）最佳采集率（optimum acquisition rate）。这种处理方式，处理时间短（2 μs），一般需高计数率或做面分布时选用。此方式收谱快，死时间小，但谱变宽，分辨率降低。

（b）最好分辨率（best resolution）。选择它，处理时间最长（6 μs），可得到最好的分辨率，但要损失一些采集速率，一般分析轻元素时采用。

（c）任选（selectable）。选择这种方式，可以根据分析的需要确定处理器的处理条件（计数方式、处理时间、上限能量）。

b) 计数率的选择。计数率即每秒从探头后面的前置放大器输出的信号脉冲数目，单位为 CPS，它取决于可激发样品所用的电子束流大小，一般可通过调整束流使其保持在 1 000~3 000 CPS 范围内。记数率过低将延长分析时间，影响仪表效率，过高则因脉冲堆积容易引起能谱仪失真（如出现和峰等）。

c. 确定其他分析条件。

a) 加速电压（kV）：入射电子的能量（加速电压）必须大于分析元素的临界激发能。例如：FeKα 为 6.399 6 keV，如果加速电压选择为 5 kV 时，无法激发出 Fe 的 Kα 特征 X 射线。选择合适的过压比 $U = V_0/V_e = 2~3$，使试样中产生的特征 X 射线有较高的强度和较高的峰背比。线系选择不当，X 射线强度低，峰背比低。一般参考下列标准选择：

超轻元素（Be-O）：不大于 10 kV；

轻元素（F-K）：15~20 kV；

重元素（Ca-U）：20~30 kV。

b) 工作距离（WD）：WD 表示样品表面到极靴的距离，与 SEM 配套使用的能谱仪其工作距离 WD = 28 mm，只有这个距离才能保证 X 射线出射角 α = 30°，探头的收集效率最高。

c) 样品的几何位置：这对倾斜样品十分重要，包括空间位置（x, y, z）

及倾斜角（T），都要准确输入，这与定量分析结果密切相关。

2）定性分析（能谱仪进入 X-Ray Analysis 状态）。

定性分析包括数据采集和峰识别。

① 数据采集：采集的任务是在显示器上获得反映样品化学成分且有一定强度的 X 射线谱，它是定性、定量分析的重要环节，在分析条件、参数预设好以后，选择好分析区域（或点、或线、或面），给计算机采集指令（INCA 用鼠标点按 · 键），采集自动进行，直到满足终止条件采集结束。

② 峰识别：峰识别也就是定性分析，采集之后即可进行。视屏上显示两种可采用的方式：一种是自动峰识别（Auto ID），另一种是手动峰识别（Manual ID）。使用 Auto ID 时，计算机就会自动识别出现时谱上所有元素的线系，并可进行标识。使用 Manual ID，要识别一个未知元素的峰时，只要把箭头指向那个峰值，然后双击鼠标右键，所有可能的元素的线系都显示在视屏上的对话框里，然后根据样品所含元素的实际情况分析，选择可能的线系与现时谱加以比较再确定，进行标识。利用以上两种方式的任意一种都可以方便地确定现时谱上各个峰所对应的元素。但在实际分析时，常常发现现时谱上出现的某个峰根本不属于周期表中的任何元素，或者属于样品中不可能含有的元素，这就需要对这些虚假峰作进一步的分析与鉴别。这是定性分析的重要问题。

③ 虚假峰的识别：虚假峰的分析与鉴别是定性分析的重要内容，应特别注意。虚假峰主要有以下两种。

a. 叠加峰（和峰）。叠加峰是由信号脉冲堆积而引起的。放大器输出的信号是电压脉冲形式，如果在第一个脉冲上升的时间里紧接着到达第二个脉冲，此时模数转换器无法将其分开，于是把两个脉冲当作一个脉冲，使电压幅度增加，相应的高频时钟脉冲数目也增多。当发生脉冲堆积时，前、后两个脉冲都不再出现在它们原来的能量位置上，而在较高的能量处记下一个脉冲，反映到能谱图中则出现了对应于主峰能量之和的假峰，即叠加峰。叠加峰具有两个特征：一是叠加峰的能量精确地等于某一元素某主峰（如 Kα）的能量的二倍（A1 的 Kα 能量为 1.486 keV，其叠加峰就出现在 2.972 keV 处）或等于两个主峰的能量之和；二是叠加峰不具有精确的高斯峰形状，其高能侧稍尖锐些，而低能侧拖有尾巴，这是因为只有当两个脉冲精确地重合时才能产生最大能量，若两个脉冲稍有一点时间间隔，则叠加峰的能量会稍小于此最大值而呈现拖尾现象。尽管现代能谱仪中设置了"脉冲堆积抑制"，但在低能区（3 keV 以下）抑制效果较差。若采用较小的计数率可抑制叠加峰的干扰。

b. 逃逸峰。逃逸峰是由 Si（Li）固体探头引起的。X 射线进入探头后，若激发了 Si 的 K 层电子，而且 SiKα 射线从探头中逃逸出去，就会带走一部分能量，那么记录到的脉冲就相当于 $E-E_{Si}$ 的光子所产生的。这里 E 是入射 X 射线光子能量，E_{Si} 是 Si 的 Kα 光子能量（1.72 keV）。结果在能谱上除主峰之外，还会出现一个低于主峰 1.72 keV 的小峰，这就是硅逃逸峰。

3）定量分析。

所谓定量分析就是利用一个已知成分的标样（纯元素或化合物），测定样品中感兴趣元素与同种元素的标样的 X 射线的相对强度 K（$K=I_i/I_{(i)}$，I_i——标样 X 射线强度，$I_{(i)}$——样品中元素的 X 射线强度），得到 K 值后，由于存在几种效应（原子序数效应——（Z_i）；样品内的 X 射线吸收效应——（A_i）；荧光效应——（F_i）等），必须对它们进行修正（即 ZAF 修正），之后才能得出定量分析结果。

能谱仪有多种定量分析方式，主要包括以下几种。

① Windows Integrals；

② SEM Quant；

③ TEM Quant；

④ PB Quant；

⑤ Biq Quant。

其中 SEM Quant 为最常用的方法之一，在此仅对这种方法进行说明。

选用 SEM Quant：这种方式用于 SEM 下对块状平试样的定量分析，包括标样和无标样两种情况。

① 无标样定量分析。在仪器出厂前，厂家已在特定的试验条件下建立了一系列元素的标样文件，并拷入软盘中。所谓无标样分析，就是在定量分析时使用厂家提供的标样数据。分析过程大致如下：先定量校正，然后在定性分析的基础上，在 X-Ray Analysis 状态下用鼠标点按 %，在显示器上出现的元素周期表上选择要进行分析的元素，之后再进行定量计算。定量过程中的谱峰处理、各种因子的修正均由计算机按程序瞬间完成。分析结果全部显示在视屏上，其中包括元素的重量百分比和原子百分比，结果也可以直方图等形式显示。这些均可通过打印机输出。

② 有标样定量分析。所谓有标样定量分析，就是在定量分析时要使用在现行分析条件下建立的标准试样文件。这样的标样文件可以在定量分析时当场建立，也可以事先建好存入软盘。建立标样文件是一个相当精细的工作，它与定量分析的精度密切相关。

标样文件一旦建立，有标样定量分析就可以进行，其过程与无标样分析基本一样，只是在周期表上选择分析的某种元素时，同时要调用已建立的该种元素的标样文件。有标样定量分析的相对误差小于 1%，这比无标样定量分析的相对误差（10%左右）小得多。在对轻元素进行定量分析时，只能采用有标样定量分析。

元素 X 射线系的选择如图 10.1.7 所示。

自动选择的线系：① $Z<32$（Ge）时，选用 K 线系；选 Kα 辐射的强度大于 Kβ 辐射；② $32 \leqslant Z<72$（Hf）时，选用 L 线系；③ $Z \geqslant 72$（Hf）时，选用 M 线系。分析时为了避免试样中各元素之间的干扰（峰重叠），也可选用其他线系。

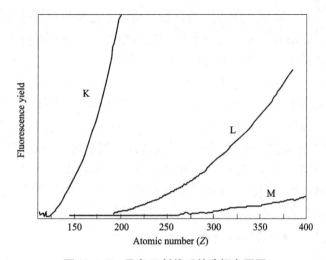

图 10.1.7　元素 X 射线系的选择参照图

低含量元素的标准偏差：

如果 Wight% = 0.2wt.%，Sigma = 0.12wt.%，则 wt.%小于 2σ，该元素不一定存在，因为 $\pm 1\sigma$ 置信度为 68.3%；$\pm 2\sigma$ 置信度为 95.4%；$\pm 3\sigma$ 置信度为 99.7%。一种元素的 2σ（例如 0.24wt.%）大于元素含量 wt.%（例如 0.2%）时，认为该元素没检测到或小于探测限。要证明该元素的存在，必须延长测量时间或者增加束流等，这属于低于检测极限技术。

4）元素的线分析与面分布。

能谱仪可对样品平面进行线扫描分析和面扫描分析，从而测出样品中某元素沿给定直线或在被分析区域内的分布情况，这对定性研究扩散层的成分梯度、元素在样品中的分布等是个行之有效的手段。做元素的线分析与面分布时，需要保证样品导电性良好，固定好，不出现飘移的情况；元素含量不能太低，否则信噪比较差，图像效果不好。

（4）样品要求。

要获得 X 射线精确的定量数据，除正确选用分析方式及有关参数外，还应注意下列影响因素。

1）有良好的导电性和导热性。

2）在真空和电子束轰击下稳定。

3）试样分析面平，垂直于入射束。

4）样品污染：污染来源一是在电子束的照射下，镜筒中碳氢化合物电离，形成非晶态碳层；二是有机溶剂清洗过的样品在电子束照射下，碳便沿样品表面往电子束照射区迁移和聚集，形成非晶质的碳层。污染使电子束进入样品前受散射，降低入射电子的能量，使信号的峰值强度改变，使分析结果产生误差。要消除污染，对镜筒中用高真空技术，对样品可进行加热或蒸发处理，用冷阱降低样品温度或尽量缩短分析时间等。

5）样品厚度的影响：试样厚度尺寸应大于 X 射线扩展范围（薄试样：厚度尺寸小于电子和 X 射线的穿透范围，它比同样成分的块体试样产生的 X 射线强度低，但空间分辨率更好）。

6）观察微区周围环境的影响。尽量选择观察的区域比周围区域高一些。如果周围区域高，一方面会吸收一部分 X 射线，影响 X 射线的强度；另一方面，观察区域激发出的特征 X 射线有可能将周围样品的成分的特征 X 射线激发出来，影响分析结果。

3. 扫描电子显微镜样品制备。

（1）对样品尺寸的要求。

扫描电子显微镜的样品尺寸一般要求比较宽，主要取决于样品台的尺寸。扫描电子显微镜的标准样品台规格前面已介绍过。

按上面规格要求，最大样品尺寸不得超过 150 mm×30 mm，然而通常是通过样品台的调整尽量制作成小型样品进行观察更为方便。样品上下表面应力求做到平行或接近平行为好。

（2）断口的保护方法。

无论是实物样品还是试件样品都应尽量保持其新鲜程度。待分析的试样不得用手摸或用棉纱擦，更不能让匹配断口表面相互摩擦或撞击。切下来的试样应放在干燥器内保存。如果需要长时间保存，试样表面可贴一层 AC 纸，观察时再揭下来或用丙酮充分溶解掉。低温处理的样品，为防止试样表面因结冰而生锈，处理后应立即放入无水酒精中，过一段时间再取出，然后按常规方法保存。

（3）被腐蚀断口的处理。

断口表面的腐蚀产物往往是断裂失效分析的重要依据，与造成断裂原因及发展过程有着密切联系的，应经过分析之后再进行清除，对污染不严重的样品可用 AC 纸多次粘贴，直至污染物尽可能消除为止，也可应用超声波清洗。AC 纸法和超声波法的优点是不损伤断口表面形态。对腐蚀严重的断口，上述办法不易清除断口表面污物，这时可采用化学清洗剂。不同材料应采用不同的化学清洗剂，但不论应用哪种化学方法清洗都会或多或少地损失表面形态细节，所以应用时一定要慎重对待。

（4）样品的喷镀。

扫描电子显微镜的样品应具有导电性，导电性差或不导电的样品观察时会伴随有放电现象，难以成像，如塑料、陶瓷、复合材料等。在观察非导电材料样品之前一定要进行喷镀。表面喷镀是在真空镀膜机上进行的，常用的喷镀材料以金或铂的效果最好。喷镀层太厚，会掩盖细节，并影响能谱分析结果；太薄，则造成覆盖不均匀。试样喷镀时，为了能得到均匀的覆盖层，最好应用倾转台或以一定的倾角对样品实行不同方向的喷镀。镀层厚度通常采用颜色的深浅来判断，但这只是一种经验的方法。

实验内容

1. 实验内容及操作步骤。

（1）样品制备。

1）用无水酒精在超声波清洗器中清洗样品表面附着的灰尘和油污。对表面锈蚀或严重氧化的样品，采用化学清洗或电解的方法处理。

2）对于不导电的样品，观察前需在表面喷镀一层 5~10 nm 的导电金属或碳膜。

3）由于信号探测器只能检测到直接射向探头的背散射电子，所以原子序数衬度观察只适合于表面平整的样品，实验前样品表面必须抛光。

4）对于粉末样品观察前需采用酒精或水做超声分散，再将液体样品滴于金属载物块上晾干；或将粉末样品直接用导电胶带粘贴在金属载物块上。

（2）仪器开机准备。

仪器开机准备包括打开电源、预热、样品室抽真空等步骤。

（3）表面形貌观察与成分分析。

1）采集并观察样品的二次电子图像，分析其形貌特征，测量其晶粒尺寸。

2）采用能谱分析方法，确定样品的成分。

3）采集并观察样品平整表面的背散射图像，了解其析出相和基体相特征。

4）采用能谱分析方法，判定样品析出相和基体相的成分差别。

2. 实验数据处理及结果分析。

1）复制所观察的样品的二次电子图像，简述其主要形貌特征，指出其晶粒尺寸范围；根据 X 射线能谱分析结果，确定其成分。

2）复制所观察的平整表面的背散射图像，分析其析出相和基体相特征。

3）复制样品各相的能谱图和成分数据表，分析各相的成分差别、灰度差别的原因。

注意事项

1. 样品高度不能超过样品台高度，并且样品台下面的螺丝不能超过样品台下部凹槽的平面。

2. 推拉送样杆时用力必须沿送样杆轴线方向，以防损坏送样杆。

思考题

本实验属于演示实验，实验后要求参加实验的同学按下列题目写出实验报告。

1. 扫描电子显微镜使用时为何要抽真空？

2. 对于非金属样品，用扫描电子显微镜观察前为何需在样品表面喷镀一层金属？

参考文献

[1] 奥脱莱. 扫描电子显微镜（第一册）[M]. 北京：机械工业出版社，1983.

[2] 杜学礼. 扫描电子显微镜分析技术 [M]. 北京：化学工业出版社，1986.

[3] 周维列，王中林. 扫描电子显微学及在纳米技术中的应用 [M]. 北京：高等教育出版社，2007.

（李金华）

实验 10.2　用扫描隧道显微镜观察
石墨表面的原子排列

引言

20 世纪 80 年代初，IBM Zurich 实验室的 Binnig 和 Rohrer 发明了扫描隧道显微镜 STM（Scanning Tunneling Microscope），并因此获得了 1986 年的诺贝尔物理学奖。当初他们的动机仅仅是为了了解很薄的绝缘体的局域结构、电子特性以及生长性质，可是当他们想到用"电子隧穿"可以进行局域探测后，STM 这个局域探测手段就应运而生了。STM 一出现，人们就被它的威力所震撼，STM 的问世实现了人类期盼直接观测原子的梦想，并在科学技术领域中迅速发挥出越来越大的作用，它的优点有以下几个。

1. 高分辨本领。它平行于表面的（横向）分辨本领为 0.1 nm，而垂直于表面的（纵向）分辨本领则远优于 0.1 nm，利用 STM 来研究固体表面的原子和电子结构已取得令人瞩目的成果。

2. STM 与其他显微镜的主要区别在于，它不需要粒子源，也不需要透镜来聚焦。

3. 和常规的原子级分辨仪器（如 X 光衍射及低能电子衍射等）相比，其优越性则在于，第一它能给出实空间的信息，而不是较难理解的波矢空间信息；第二它可以对各种局域结构或非周期结构（缺陷、生长中心等）进行研究，而不只限制于晶体或周期结构。

4. STM 不仅能提供样品形貌的三维实空间信息、给出表面的局域电子态密度和局域功函数等信息，而且还能在介观尺度上对表面进行可控的局域加工并对加工产生的纳米结构进行各种研究。这些前所未有的局域特性使 STM 成为在表面科学、纳米科技、介观物理以及生物化学上非常有价值的研究工具。

实验目的

1. 掌握扫描隧道显微镜的工作原理、调节和使用。

2. 用 STM 来观察石墨表面的原子排列，用此原子排列图来定标压电陶瓷的压电系数。

实验原理

1. 隧道效应。

在经典物理中，当一个粒子的动能 E 低于前方的势垒 V_r 时，它不可能越过此势垒，而是被弹回，即透射系数为零。然而，按照量子力学的计算，通常其透射系数不为零，也就是说，粒子可以穿越比它能量高的势垒，这个现象称为隧道效应。这是由粒子的波动性引起的，只有在一定的条件下，这种效应才会明显。经计算，透射系数

$$T \approx \frac{16E(V_r - E)}{V_r^2} e^{-\frac{2S}{\hbar}\sqrt{2m(V_r-E)}}$$

可见，透射系数 T 与势垒宽度 S、能量差 (V_r-E) 以及粒子质量 m 有着十分敏感的关系。随着 S 的增加，T 将按指数衰减，因此在宏观实验中，很难观察到粒子穿越势垒的现象。

2. STM 的工作原理。

STM 的工作原理是基于量子力学的隧道效应。STM 的核心是一个能在表面上扫描的针尖，将原子限度的针尖与待测样品表面分别作为电极（样品应具有一定的导电性），加一偏置电压 V_b，这样针尖/空隙/样品表面就构成电子隧道体系，当样品表面与针尖的距离约为 1 nm 时，在电场作用下，电子会穿越针尖—样品之间的势垒，产生隧道电流

$$I \propto B\exp(-KS) \tag{10.2.1}$$

式中，B 为与样品偏压 V_b 有关的系数，$K = \sqrt{2m\phi}/\hbar$，m 为自由电子的质量，ϕ 为有效平均势垒高度，S 为两电极间的距离。

可以算出，S 每改变 0.1 nm，隧道电流 I 就会改变一个量级，从而隧道电流几乎总是集中在间距最小的区域。

通过记录针尖与样品之间的隧道电流的变化就可以得到样品表面形貌的信息。STM 工作原理示意图如图 10.2.1 所示。

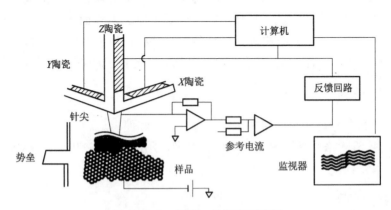

图 10.2.1　STM 工作原理示意图

根据隧道电流具有公式（10.2.1）这一特性，在 STM 中把针尖装在压电

陶瓷构成的三维扫描架上，通过改变加在陶瓷上的电压控制针尖的位置，在针尖和样品之间加上偏压 V_b（几毫伏～几伏）以产生隧道电流，再把隧道电流送回到电子学控制单元来控制加在 Z 陶瓷上的电压。工作时在 X、Y 陶瓷上施加扫描电压，针尖便在表面上扫描。扫描过程中表面形貌起伏引起的电流的任何变化都会反馈到 Z 陶瓷，使针尖能跟踪表面的起伏，以保持隧道电流的恒定。记录针尖高度作为横向位置的函数 $Z(X, Y)$ 得到表面形貌的图像，这便是 STM 最常用的恒定电流的工作模式，如图 10.2.2（a）所示。

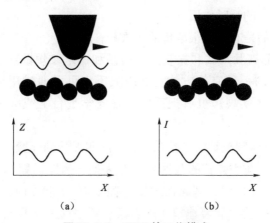

图 10.2.2　STM 的工作模式

（a）恒定电流模式；（b）恒定高度模式

STM 的另一种工作模式为恒定高度模式，如图 10.2.2（b）所示。此时控制 Z 陶瓷的反馈回路虽然仍在工作，但反应速度很慢，以致不能反映表面的细节，只跟踪表面的大起伏。这样，在扫描中针尖基本上停留在同样高度，而通过记录隧道电流的大小得到表面的信息。一般高速 STM 便是在此模式下工作。但由于在扫描中针尖高度几乎不变，在遇到起伏较大的表面（如起伏超过针尖样品间距的表面）时，针尖容易被撞坏。因此这种模式只适宜测量小范围、小起伏表面。

实验装置

1. STM 的构造。

STM 由减震系统、粗逼近系统和扫描架构成。

（1）减震系统。

隧道电流与针尖和样品间距的指数关系使 STM 的机械稳定性成为一个好的 STM 设计的关键。对于许多表面，尤其是金属表面，用 STM 得到的原子分辨图的起伏一般是 0.01 nm 或更小。这要求 STM 系统的机械稳定性要好于这个值的 10% 或更好。外部干扰下的 STM 性能是由以下两个因素决定的：到达 STM 的振动的量和 STM 对这些振动的反应的量。虽然增加 STM 本身的稳定性比使减震系统完美无缺要方便一些，但无疑改进减震系统可以使 STM 的性能得到大的改善。

STM 必须排除的有几种干扰：振动、冲击和声波干扰。振动是一种主要的干扰，它一般是重复和连续的，它源于 STM 所处的建筑物的共振，所涉及的频率一般在 1~100 Hz 之间，幅度为 0.5~150 nm；冲击是一种能量在很短时间内传到系统上的瞬时作用。

本系统配置的是有效但很廉价的多级减震系统。

1）用于阻尼高频声波和振动的是由沙和锯末装填的沙箱。这是把整个系统与震源隔离的一种有效方法。这级减震也可以通过用橡皮管或弹簧把整个系统吊起来而实现；也有把系统放在光学平台上或大的气垫上的更昂贵的方法。

2）用于隔离低频振动的是挂在系统内的四根长的弹簧。弹簧具有低通滤波的特性，这个性质由弹簧的共振频率 f_r 表征：当振动频率远低于共振频率时，振动的传递比约为 1，因此在此频率范围弹簧不起作用；当振动频率在共振频率附近时，振动被显著地放大；当振动频率远大于共振频率时，振动被削弱，削弱的程度依赖于阻尼，阻尼越小，弹簧对振动的削弱越厉害。因此，为了隔离振动，选择合适的弹簧是很重要的。弹簧要具有尽可能低的共振频率 f_r 和尽可能小的阻尼。

本系统中弹簧的伸长量约为 30 cm，因此其共振频率很低，约为 1 Hz，即几赫兹以上的低频振动可以比较好地被削弱，是比较理想的选择。

3）在 STM 底盘上加氟橡胶条使系统的性能进一步改善。几块大小不同的金属平板叠在一起，平板间用氟橡胶条相隔，由于橡胶条起弹簧和阻尼作用，它可以减小多种频率的振动。

（2）粗逼近系统。

粗逼近系统是 STM 设计的关键，STM 的差别主要在于设计上的差别。

粗逼近的目标是把样品移动到扫描架工作的范围内，并且要求它在不工作时要尽可能稳定地停在它的位置上，以减小振动的影响。因此粗逼近系统要求有精确的定位、较大的工作范围和牢固的结构。

本仪器所使用的粗逼近系统为蜗轮蜗杆变速装置，它由传递系数很低的高精度蜗轮蜗杆减速箱带动一根坚固的丝杠向前推动样品，系统的各个零件通过几个支点支撑，处于稳定且唯一的位置。

粗逼近的动作是通过计算机控制步进电动机来自动完成的。电流探测回路随时测量针尖和样品间的隧道电流，并把信号传输给计算机，计算机在确认电流信号为零时控制电动机带动蜗轮蜗杆前进；一旦探测到非零的隧道电流，电动机便立即止步，并发出警报。

这种设计的粗调节范围约为 1 cm，步幅为 50 nm/步，步进速度可变，保证了样品自动、快速并且安全地实现粗逼近。

（3）扫描架。

扫描单元的结构应该尽可能地牢固和稳定，以减少外界干扰的影响。

本仪器的扫描架是由两对陶瓷杆和一根陶瓷管支撑着的固定结构，两对陶瓷杆的材料、压电系数和长度是一样的，因此当 X、Y 陶瓷电压分别加在反极性并联的每对陶瓷杆上时，它们形成的互补结构可以有效地减少热漂移。管状的 Z 陶瓷具有较大的压电系数和较高的固有频率，使扫描架具有较大的动态范围。

2. STM 的电子学控制单元。

STM 由一台 PC 机与电子学单元控制，它们之间通过一块 8255 接口卡连接。电子学分为工作电源和隧道电流反馈控制与信号采集两部分。前一部分提供 X、Y 扫描电压和 Z 高压、后一部分则包括样品偏压、电动机驱动、隧道电流的控制和信号采集的模数转换等。出于安全考虑，STM 反馈回路为纯电子学的而非计算机介入，电子学控制单元框图见图 10.2.3。

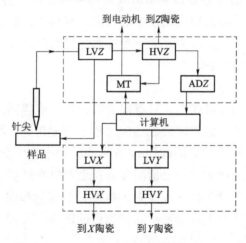

图 10.2.3 STM 系统的电子学控制单元框图

图中虚线画出了电子学系统的两个部分，方框和里面的字母代表电子学系统中的线路板和相应的名字，LVX、LVY、LVZ、HVX、HVY、HVZ 分别对应于低压和高压 X、Y、Z 电路板，MT 用来控制电动机，ADZ 用来进行模数转换。

3. 针尖及制备。

针尖由 0.5 mm 的钨丝经电化学腐蚀而成。针尖的形状直接关系到 STM 最高可达到的分辨率，因此经常地得到好的、可靠的针尖对 STM 来说是很重要的。好的 STM 针尖应该是在坚固的支柱上的突起很小的尖端，而长而尖的针尖在实验中容易振动和不稳定。得到好的针尖一般需要两步：实验前针尖的制备和实验中针尖的锐化。

（1）实验前针尖的制备。

我们用两种浓度不同的 NaOH 溶液在三种电压下进行针尖的电化学腐蚀。把清洁的钨丝垂直浸入 5 mol 的 NaOH 溶液中约 1 mm，在它与另外一个电极间加恒定的直流电流 50 mA。当在空气和液面交界处形成一个明显的缩颈并变得很细时，切断电源，把针尖移到溶液浓度较低的另一个容器中（1 mol 的 NaOH 溶液）。在 5 V 的交流电压作用下，缩颈将缓慢变得更细，直至缩颈断掉时立即切断电源。最后可在针尖上加几个脉冲电压，以得到稳定性好的针尖。做好的针尖必须经大量的清水冲洗后才能使用。

在针尖的制作过程中，变换溶液的浓度是为了在反应较缓的情况下更容易控制电化学腐蚀的强度，以抓住切断电源的最好时机。同交流电压相比，直流电压下样品表面产生的气泡较少，这有利于使腐蚀反应更集中在某些区域，如空气和液面的交界处，便于形成短的缩颈，最终得到短而尖的针尖；而交流电源下的腐蚀可以形成比较多的气泡，有利于把针尖表面钝化的膜腐蚀掉，使针尖光滑且尖。脉冲式电压则可通过控制脉冲宽度来控制腐蚀过程的强度，使针尖稳定性好。

（2）实验中针尖的锐化。

在有些表面，如金属表面，只有很尖的针尖才能得到高分辨的图像，这种针尖只有通过实验中的实时微观处理过程才可能得到。我们编在控制程序中的处理方法是在针尖和样品间加 ±2.5 V 的脉冲电压，脉冲的高度、幅度、间隔和次数看具体的针尖和表面情况而定；也可以在针尖和样品间加几伏到十几伏的大电压，使针尖处在场发射的状态，以清洁和锐化针尖。不过在这种处理过程中，往往发生针尖和样品间物质的转移，处理过程中针尖应该避开正在观察的表面。

实验内容与步骤

1. 准备样品、针尖。

本实验中用的样品是高定向热解石墨（HOPG），HOPG 已用银导电胶粘在金属样品台上。由于 HOPG 可被层状解理，因此在实验前可用胶纸解理，以得到清洁表面。把样品装入 STM 中，装样品时一定要用手压住减震块，以免推动它而扯断连线。把直径为 0.5 mm 的钨丝切断，然后按做针尖的步骤做两个针尖。

在装新针尖之前，先装一个旧的针尖来调节实验中所需的针尖长度，反复调节直到针尖与样品间距离在 1~2 mm 之间，然后根据记下的读数装好新针尖，最后固定好。安装和固定针尖时也要用手压住减震块，固定针尖时一定不能用力太大，以免破坏扫描架。

2. 熟练掌握控制和处理程序。

打开计算机和 STM 电子学控制系统，运行程序 DS289. EXE。这是 STM 的控制程序，通过菜单可以了解各种功能。STMP. EXE 是 STM 图像的处理程序。

3. 通过扫描和测量进而得到石墨的原子分辨像。

设置合适的隧道电流 I_t（如 1 nA）和样品偏压 V_b（如 300 mV），根据菜单提示开始粗逼近，进入隧道状态时，计算机会发出蜂鸣报警，然后退出粗逼近状态。在粗逼近过程中可用导线短路针尖和样品以确认整个回路通畅，计算机能发出警报。

（1）用 Z 陶瓷上的电压与隧道电流的关系判断针尖与样品之间是否进入隧道状态。改变隧道，电流 I_t 如由 1 nA 变到 6 nA，记下 Z 陶瓷电压的变化值，估算 Z 陶瓷的位移量，判断是否是隧道状态。如果针尖与样品是欧姆接触，I_t 与 Z 陶瓷电压关系如何？

（2）粗逼近时，当已进入隧道状态后用"Step forward"键测量走一步时 Z 陶瓷上电压的改变量，由仪器给出的步进量估算 Z 压电陶瓷的压电系数。

（3）改变 X 电压的扫描范围（自己选择数值）判断信号的性质，如何说明不是噪声？记下所测数值。

（4）在输入各个参数后可以开始扫描、记录数据。在得到全范围像之后，可以通过改变实验条件以得到更清晰的原子分辨像。

（5）在粗逼近菜单中选择退针，退 1 mm 之后停止。

4. 利用所得到的 HOPG 的 STM 图像确定 X，Y 压电陶瓷的压电系数，石墨单晶密排原子的间距是 2.46 Å。

思考题

1. 要得到一幅好的 STM 图像，你是如何选择实验室条件的？（I_t，V_b 和扫描时间应如何选择？）

2. 恒定电流模式和恒定高度模式各有什么特点？

参考文献

[1] 王魁香，韩炜，杜晓波. 新编近代物理实验 [Z]. 长春：吉林大学实验教学中心，2007.

[2] 曾谨言. 量子力学（卷Ⅰ）[M]. 第三版. 北京：科学出版社，2000.

（冯玉玲）

实验 10.3　原子力显微镜实验

引言

在当今的科学技术中，如何观察、测量、分析尺寸小于可见光波长的物体，是一个重要的研究方向。扫描隧道显微镜（STM）使人们首次能够真正实时地观察到单个原子在物体表面的排列方式和与表面电子行为有关的物理、化学性质。STM 要求样品表面能够导电，从而使得 STM 只能直接观察导体和半导体的表面结构。为了克服 STM 的不足之处，推出了原子力显微镜（AFM）。AFM 是通过探针与被测样品之间微弱的相互作用力（原子力）来获得物质表面形貌的信息，因此，除导电样品外，AFM 还能够观测非导电样品的表面结构，且不需要用导电薄膜覆盖，其应用领域将更为广阔。除物理、化学、生物等领域外，AFM 在微电子、微机械学、新型材料、医学等领域有着广泛的应用，以STM 和 AFM 为基础，衍生出一系列的扫描探针显微镜，有激光里显微镜、磁力显微镜。扫描探针显微镜主要用于对物质表面在纳米线上进行成像和分析。

实验目的

1. 了解原子力显微镜的工作原理。
2. 掌握用原子力显微镜进行表面观测的方法。

实验原理

AFM 的工作原理：

在原子力显微镜的系统中，可分成三个部分：力检测部分、位置检测部分、反馈系统。其主要工作原理如图 10.3.1 所示。

在 AFM 中有一个安装在对微弱力极敏感的微悬臂上的极细探针，当探针与样品接触时，由于原子之间存在极微弱的作用力（吸引或排斥力），引起微悬臂偏转。扫描时控制这种作用力恒定，带针尖的微悬臂将对应于原子间作用

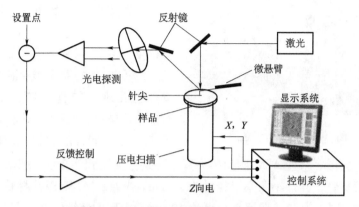

图 10.3.1　原子力显微镜的工作原理图

力的等位面，在垂直于样品表面方向上起伏运动，因而会使反射光的位置改变而造成偏移量。通过光电检测系统（通常利用光学、电容或隧道电流方法）对微悬臂的偏转进行扫描，测得微悬臂对应于扫描各点的位置变化，此时激光检测器会记录此偏移量，也会把此时的信号给反馈系统，以利于系统做适当的调整，将信号放大与转换从而得到样品表面原子级的三维立体形貌图像。

1. AFM 的核心部件。

AFM 的核心部件是力的传感器件，包括微悬臂（Cantilever）和固定于其一端的针尖。

根据物理学原理，施加到 Cantilever 末端力的表达式为

$$F = K \cdot \Delta Z$$

式中，ΔZ 表示针尖相对于试样间的距离；K 为 Cantilever 的弹性系数，力的变化均可以通过 Cantilever 被检测。

2. AFM 关键部位。

AFM 关键部位是力敏感元件和力敏感检测装置，所以微悬臂和针尖是决定 AFM 灵敏度的核心。为了能够准确地反映出样品表面与针尖之间微弱的相互作用力的变化，得到更真实的样品表面形貌，提高 AFM 的灵敏度，微悬臂的设计通常要求满足下述条件：① 较低的力学弹性系数，使很小的力就可以产生可观测的位移；② 较高的力学共振频率；③ 高的横向刚性，针尖与样品表面的摩擦不会使它发生弯曲；④ 微悬臂长度尽可能短；⑤ 微悬臂带有能够通过光学、电容或隧道电流方法检测其动态位移的镜子或电极；⑥ 针尖尽可能尖锐。

3. AFM 的针尖技术。

探针是 AFM 的核心部件，如图 10.3.2 所示。

目前，一般的探针式表面形貌测量仪垂直分辨率已达到 0.1 nm，因此足

 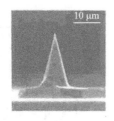

图 10.3.2　探针示意图

以检测出物质表面的微观形貌。但是，探针针尖曲率半径的大小将直接影响测量的水平分辨率。当样品的尺寸大小与探针针尖的曲率半径相当或更小时，会出现"扩宽效应"，即实际观测到的样品宽度偏大。这种误差来源于针尖边壁同样品的相互作用以及微悬臂受力变形。某些 AFM 图像的失真原因是针尖受到污染。一般的机械探针为金刚石材料，其最小曲率半径约为 20 nm。普通的 AFM 探针材料是硅、氧化硅或氮化硅，其最小曲率半径可达 10 nm。由于可能存在"扩宽效应"，针尖技术的发展在 AFM 中非常重要。其一是发展制得更尖锐的探针，如用电子沉积法制得的探针，其针尖曲率半径在 5~10 nm 之间；其二是对探针进行修饰，从而发展起针尖修饰技术。

探针针尖的几何物理特性制约着针尖的敏感性及样品图像的空间分辨率，因此针尖技术的发展有赖于对针尖进行能动的、功能化的分子水平的设计。只有设计出更尖锐、更功能化的探针，改善 AFM 的力调制成像（force modulation imaging）技术和相位成像（phase imaging）技术的成像环境，同时改进被测样品的制备方法，才能真正地提高样品表面形貌图像的质量。

4. AFM 的工作模式。

AFM 有三种不同的工作模式：接触模式（contact mode）、非接触模式（noncontact mode）和共振模式或轻敲模式（Tapping Mode）。

（1）接触模式。

接触模式包括恒力模式和恒高模式。在恒力模式中过反馈线圈调节微悬臂的偏转程度不变，从而保证样品与针尖之间的作用力恒定，当沿 X、Y 方向扫描时，记录 Z 方向上扫描器的移动情况来得到样品的表面轮廓形貌图像。这种模式由于可以通过改变样品的上下高度来调节针尖与样品表面之间的距离，因此样品的高度值较准确，适用于物质的表面分析。在恒高模式中，保持样品与针尖的相对高度不变，直接测量出微悬臂的偏转情况，即扫描器在 Z 方向上的移动情况来获得图像。这种模式对样品高度的变化较为敏感，可实现样品的快速扫描，适用于分子、原子的图像的观察。接触模式的特点是探针与样品表面紧密接触并在表面上滑动。针尖与样品之间的相互作用力是两者相接触原子间的排斥力，为 $10^{-11} \sim 10^{-8}$ N。接触模式通常就是靠这种排斥力来获得稳定、高分辨样品表面形貌图像。但由于针尖在样品表面上滑动及样品表面与针尖的黏附力，可能使得针尖受到损害，样品产生变形，故对不易变形的低弹性样品存在缺点。

（2）非接触模式。

非接触模式是探针针尖始终不与样品表面接触，在样品表面上方 5~20 nm 距离内扫描。针尖与样品之间的距离是通过保持微悬臂共振频率或振幅恒定来控制的。在这种模式中，样品与针尖之间的相互作用力是吸引力—范德华力。由于吸引力小于排斥力，故灵敏度比接触模式高，但分辨率比接触模式低。非接触模式不适用于在液体中成像。

（3）轻敲模式。

在轻敲模式中，通过调制压电陶瓷驱动器使带针尖的微悬臂以某一高频的共振频率和 0.01~1 nm 的振幅在 Z 方向上共振，而微悬臂的共振频率可通过氟化橡胶减震器来改变。同时反馈系统通过调整样品与针尖间距来控制微悬臂振幅与相位，记录样品的上下移动情况，即在 Z 方向上扫描器的移动情况来获得图像。由于微悬臂的高频振动，使得针尖与样品之间频繁接触的时间相当短，针尖与样品可以接触，也可以不接触，且有足够的振幅来克服样品与针尖之间的黏附力，因此适用于柔软、易脆和黏附性较强的样品，且不对它们产生破坏。这种模式在高分子聚合物的结构研究和生物大分子的结构研究中应用广泛。

5. AFM 中针尖与样品之间的作用力。

AFM 检测的是微悬臂的偏移量，而此偏移量取决于样品与探针之间的相互作用力，其相互作用力主要是针尖最后一个原子和样品表面附近最后一个原子之间的作用力。

当探针与样品之间的距离 d 较大（大于 5 nm）时，它们之间的相互作用力表现为范德华力（Vander Waals forces）。可假设针尖是球状的，样品表面是平面的，则范德华力随 $1/d^2$ 变化。如果探针与样品表面相接触或它们之间的间距 d 小于 0.3 nm，则探针与样品之间的力表现为排斥力（Pauli exclusion forces）。这种排斥力与 d^{13} 成反比变化，比范德华力随 d 的变化大得多。探针与样品之间的相互作用力为 10^{-9}~10^{-6} N，在如此小的力作用下，探针可以探测原子，而不损坏样品表面的结构细节。样品与探针的作用力还有其他形式，如当样品与探针在液体介质中相接触时，往往在它们的表面有电荷，从而产生静电力；样品与针尖都有可能发生变形，这样样品与针尖之间有形变力；特定磁性材料的样品和探针可产生磁力作用；对另一些特定样品和探针，可能样品原子与探针原子之间存在相互的化学作用，而产生化学作用力。但在研究样品与探针之间的作用力的大小时，往往假设样品与探针为特定的形状（如平面样品、球状探针），可对样品和探针精心设计与预处理，避免或忽略静电力、形变力、磁力、化学作用力等的影响，而只考虑范德华力和排斥力。

实验内容与测量结果

1. 实验内容。

本实验采用接触模式中的恒力模式：样品扫描时，针尖始终同样品"接触"，即针尖—样品距离在小于零点几个纳米的斥力区域。此模式通常产生稳定、高分辨图像。当沿着样品扫描时，由于表面的高低起伏使得针尖—样品距离发生变化，引起它们之间作用力的变化，从而使悬臂形变发生改变。当激光束照射到微悬臂的背面，再反射到位置灵敏的光电检测器时，检测器不同象限会接收到同悬臂形变量成一定比例关系的激光强度差值。反馈回路根据检测器的信号与预置值的差值，不断调整针尖—样品距离，并且保持针尖—样品作用力不变，就可以得到表面形貌图像。

依次按下面步骤开启实验仪器。

（1）依次开启电脑、控制机箱、高压电源、激光器。

（2）用粗调旋钮将样品逼近微探针至两者间距<1 mm。

（3）再用细调旋钮使样品逼近微探针：顺时针旋细调旋钮，直至光斑突然向 PSD 移动。

（4）缓慢地逆时针调节细调旋钮并观察机箱上反馈读数：Z 反馈信号稳定在-150~-250 之间（不单调增减即可），就可以开始扫描样品。

（5）读数基本稳定后，打开扫描软件，开始扫描。

（6）扫描完毕后，逆时针转动细调旋钮退样品，细调要退到底。再逆时针转动粗调旋钮退样品，直至下方平台伸出 1 cm 左右。

（7）实验完毕，依次关闭激光器、高压电源、控制机箱。

（8）处理图像，得到粗糙度。

2. 测量结果。

（1）A4 纸样品的表面形貌。

（2）PE 样品的表面形貌。

（3）Cu 样品的表面形貌。

从三个实验结果所测量的图貌给出样品的表面结构。从三维图像中物体的起伏情况给出样品表面各区域的粗糙度。

注意事项

防止针尖损坏：AFM 的针尖是整个仪器最脆弱的部分，一碰即断，所以应该防止一切物体与针尖直接接触。实验过程中针尖容易损坏的环节主要有两个，一是安装针尖的时候，二是进针的时候。本实验实验时针尖已安装好，所以在装样品和粗调时不要碰到针尖。

在装样品时维持样品表面的清洁，否则测量的图不清晰。

在实验过程中，桌面的振动会使扫描的图形出现一条缝。由于实验采用的是接触模式，周围环境的振动会影响图形的测量结果，因而开始扫描后应尽量保持实验桌的稳定，否则过大的振动会破坏图形。

思考题

1. AFM 探测到的原子力由哪两种主要成分组成？
2. 怎样使用 AFM 才能较好地保护探针？
3. 原子力显微镜有哪些应用？
4. 与传统的光学显微镜、电子显微镜相比，扫描探针显微镜的分辨本领主要受什么因素限制？
5. 要对悬臂的弯曲量进行精确测量，除了在 AFM 中使用光杠杆这个方法外，还有哪些方法可以达到相同数量级的测量精度？

参考文献

［1］蒋智强，等. 实例分析原子田径显微镜使用中的假像 ［J］. 大学物理实验，2013，26（3）：9-11.
［2］冉诗勇，王艳伟，杨光参. 原子力显微镜扫描成像 DNA 分子 ［J］. 物理实验，2011，31（11）：1-4.
［3］马全红，赵冰，张征林，朱争鸣. 原子力显微镜中探针与样品间作用力及 AFM 的应用 ［J］. 大学化学，2000，10，15（5）：33-36.

（汪剑波）